微波组件机电热耦合建模与影响机理分析

王从思　王　璐　王志海　编著

科 学 出 版 社

北　京

内 容 简 介

本书内容包含了近年来微波组件机电热耦合的主要进展与研究成果，介绍了微波组件机电热耦合的特点和发展现状，总结了耦合建模中涉及的微波电路基础以及振动环境模拟方法与散热技术，给出了微波组件机电热性能仿真软件的关键技术，着重论述了模块拼缝、金丝键合、钎焊连接和螺栓连接四种典型连接工艺的影响机理，详细阐述了多通道腔体耦合效应机理与散热冷板集成优化方法。

本书可作为微波组件设计和制造工程人员的参考书，也可作为高等院校相关专业高年级本科生和研究生的参考书，同时对从事相关科技研究的工作人员也有一定的参考价值。

图书在版编目（CIP）数据

微波组件机电热耦合建模与影响机理分析/王从思，王璐，王志海编著.
—北京：科学出版社，2018. 6
ISBN 978-7-03-057320-9

Ⅰ. ①微… Ⅱ. ①王… ②王… ③王… Ⅲ. ①微波元件-组件-研究
Ⅳ. ①TN61

中国版本图书馆 CIP 数据核字（2018）第 084676 号

责任编辑：李　萍／责任校对：郭瑞芝
责任印制：张克忠／封面设计：陈　敬

科学出版社 出版
北京东黄城根北街 16 号
邮政编码：100717
http://www.sciencep.com

艺堂印刷（天津）有限公司 印刷
科学出版社发行 各地新华书店经销
*
2018 年 6 月第 一 版 开本：720×1000 1/16
2018 年 6 月第一次印刷 印张：15 1/2
字数：312 000

定价：98.00 元

（如有印装质量问题，我社负责调换）

前　　言

微波组件是包括有源相控阵天线在内的电子信息系统关键部件之一，通过装在盒体内的微波器件来实现微波信号的功率放大、低噪声放大和变频等功能。微波组件的结构与散热设计、制造工艺以及复杂工作环境都会影响高频段电子信息系统的性能和功能，对互联工艺参数的科学调控则是微波组件传输性能稳健可靠的重要保障。随着组件集成化、轻量化、小型化的发展需求，微波组件机电热耦合理论与影响机理分析方法在高频段、高性能电子信息系统的设计、制造与服务过程中将发挥更加重要的作用。

目前由于微波组件制造互联工艺中各参数与传输性能的耦合理论不清、影响机理不明，组件制造过程中工艺对性能影响的关键点无法有效控制，缺乏微波组件制造工艺及性能的精准预测模型，在转实际产品时，微波组件性能与设计模型仿真性能偏差较大，导致产品调试工作难度很大、周期较长，并存在盲目性，从而增加了研制成本，甚至产品性能始终无法达标。因此，开展微波组件机械制造因素、散热参数与电磁性能的耦合建模与机理探究是一个非常具有挑战性和强烈工程背景的应用基础课题。随着微波组件工作频段、功率、带宽等性能指标的提高，微波组件机电热耦合技术在组件精巧工艺设计、精密高效加工、稳定可靠服役中将发挥更加重要的作用。

本书是关于微波组件制造互联工艺因素与性能调控方面的专著，从场路耦合的角度论述构建耦合传输模型和揭示工艺影响机理等方面涉及的仿真、实验、测试理论与关键技术，以说明近十年来微波组件机电热耦合的主要进展与研究成果，希望成为一本集先进性和实用性为一体的微波组件结构设计工具书。本书定性、定量地给出了制造互联工艺参数对电路传输性能的影响规律，并开展了相关实例验证，为实际工程中互联工艺手段改善与结构布局方案提供了理论基础与数据支持，以使高频微波组件互联工艺参数的设计更量化、更精密化；同时依据组件性能指标准确给出焊接工艺参数的定量精度，以实现微波射频组件设计理念与制造手段的重大创新，从而使微波组件的制造方法与工艺流程更高效，产品质量更优良。

本书是在作者多年研究微波组件机电热耦合技术的基础上整理、补充并完善而成的，在长期研究工作中，得到了中国空间技术研究院西安分院周澄、任联锋、刘菁、张乐、赵慧敏、李刚、张晓阳等，中国电子科技集团公司第三十八研究所李明荣、邱颖霞、朱大春、于坤鹏、胡骏、闵志先等，中国电子科技集团公司第十四研究所唐宝富、钟剑锋、张轶群、彭雪林、李斌、徐文华等，西安电子科技大学段宝岩院士、黄进、保宏、王伟、李申、李鹏、宋立伟、贾建援、朱敏波等专家与老师的支持与帮助，在此一并表示感谢。

在本书编撰过程中，作者实验室的全体博士和硕士研究生在书稿整理、图表绘制、程序编制、数据收集等方面都给予了大力帮助，在此表示感谢。

由于作者的水平和能力有限，书中难免存在不足之处，真诚希望读者批评指正。

作　者

2018 年 3 月

目　　录

第1章 绪 论

1.1 引 言

随着微波组件的发展日趋轻量化与小型化，电子元器件的排布变得更加密集，这就对微波组件在体积、电性能和可靠性方面提出了更苛刻的要求，同时对微波射频电路的加工工艺也提出了更高的标准[1-4]。多芯片组件以其自身可实现高密度、高可靠性的优点，被迅速应用于微波组件的设计、加工与组装过程中。多芯片组件技术是在高密度的多层互联基板上，采用微焊接与封装工艺把构成微波组件的各微波器件组装起来，形成高密度、高可靠性和高性能的微电子产品的技术[5-7]。在高速互联系统中，微波信号流经芯片内部连线、芯片封装引脚、PCB 板布线通道、过孔等，信号本身的电气特性使得其在任何传输路径上都有可能存在信号完整性问题。因此，微波组件内部的多芯片互联工艺手段显得极为重要，一方面保证了各器件间的级联；另一方面作为电气通道，保证了电磁信号的传输[8-10]。而互联工艺自身特点所导致的误差因素直接影响组件的微波传输性能，制约整个电子信息系统性能和功能的实现。

微波组件的工作性能在很大程度上也会受到工作环境的影响。在振动环境下，由于振动的疲劳效应和共振现象，可能出现组件性能下降、零部件失效、疲劳损伤甚至破坏的现象。另外，由于搭载平台运动导致微波组件发生随机振动，进而引起结构发生变形，最终必然导致组件性能发生变化，因此必须进行微波组件性能振动响应评估。同时，微波组件通常还是大功率的电子设备，其功率损失都是以热能形式散发出来，会造成设备温升。由于要满足小体积、高机动性、高灵敏度和宽频段的要求，微波组件已经进入了超高热流密度范围，因此考虑传输性能的微波组件散热和减重设计是一个严峻的技术问题[11-14]。

为此，本书针对微波组件内部机电热耦合特点和典型互联工艺，开展微波组件机电热耦合建模与互联工艺对传输性能影响机理研究，通过结构特征提取、电磁建模、仿真分析、优化设计和数据挖掘等过程，定性、定量地确定典型互联工艺参数对微波组件传输性能的影响规律。这些研究可为微波组件设计与制造提供理论方案和关键技术指导，具有重要的工程应用价值。

1.2　微波组件典型连接工艺及特点分析

图 1.1 是在电子信息系统中常用的微波组件，存在三种典型的连接工艺方式，即模块拼缝、钎焊连接和螺栓连接。在实际工程生产制造过程中，这些连接工艺的相关结构参数更多是靠技术人员的经验数据，缺乏相关的定量指导。而互联工艺参数对信号的传输性能影响很大，会产生严重的信号完整性问题。下面分别说明三种典型连接工艺的作用和存在的机电热耦合问题[15,16]。

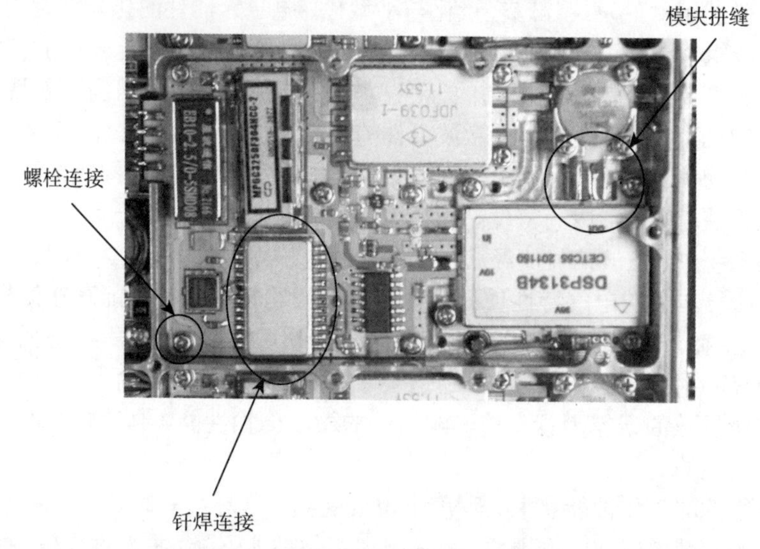

图 1.1　微波组件中的典型连接工艺

(1) 模块拼缝是一种实现电路基板间信号传输的典型连接方式，通过将跨越基板的铜质连接线焊接到电路基板的微带线上，实现电信号的传输。然而，此种跨越基板连接方式的电路特性尚不清楚，且受到电路基板实际尺寸的限制，电路基板间通常存在缝隙，且缝隙的大小和铜质连接线距离基板的高度没有相应的准确的理论指导。

(2) 钎焊连接主要应用在电路基板中芯片中间位置处接地，实现芯片的接地和信号连接。在芯片中间位置处需要大面积接地连接，但现有的钎焊工艺在再流焊接过程中，大量的放气物质在焊层形成时被包裹在焊料里面而没有排除，这样就会产生空洞，因此传统的钎焊存在钎焊空洞率的问题。钎焊空洞所处的位置、大小、形状和数目都会对芯片接地特性产生影响，造成电路信号传输产生误差，影响电路的传输性能，但是钎焊空洞的大小、位置和数目均缺乏定量分析手段。

(3) 螺栓连接是整个电路系统基板与承载结构框架的连接方式，一方面起固定电路基板的作用；另一方面，用来实现电路系统的地线与承载结构框架的电连接(即接地)。在实际生产装配过程中，螺栓连接的排布更多要靠工人经验，缺乏相应的理论指导。在承载结构受到外来随机振动的影响下，基板和结构框架都会有不同程度的变形。由于基板和结构框架的刚度不同，基板和结构框架会产生分离从而产生缝隙，导致基板的接地性能发生变化。

其他连接工艺也存在类似现象。例如，金丝键合互联的金丝直径、拱高、跨距、根数以及焊点位置都会对微波电路传输性能产生严重的影响。随着微波电路工作频率升高，金丝的集肤深度减小，微波电路的传输性能将严重恶化；在组件金属屏蔽腔体上存在孔缝，外部电磁通过这些孔缝进入屏蔽腔体后会产生谐振，对内部电子信息系统的正常工作造成较大影响，随着工作频率不断提高和器件密度不断增大，微波组件腔体电磁耦合效应逐渐变得严重起来。综上可见，应开展微波组件机电热耦合研究，确定典型互联工艺对组件传输性能的影响机理，给出性能敏感的关键互联工艺结构参数，从而为微波组件中典型互联工艺的设计与调试提供理论保障。

1.3 微波组件机电热耦合研究现状

微波组件机电热耦合问题是一个涉及面很广泛的基础理论问题，也是制约微波组件高性能、研究周期与成本的核心技术问题之一。长期以来，发达国家在微波组件机电热耦合问题的处理方面有一定的理论和方法作为指导，实际研制中也存在一定的经验调试环节，但远比国内调节环节少得多。国内关于微波组件由于研究技术薄弱、测试与试验手段落后等多方面因素，在组件性能影响机理方面所开展的研究既不系统也不够深入[17,18]。同时，国内一些工程技术人员，尤其是机械结构设计人员与工艺人员，从工程实践中发现了许多问题和矛盾：第一，虽然用尽各种方法、加工设备和手段，但仍难以满足电讯设计人员对组件工艺精度的要求；第二，在最终调试时不断发现，付出高昂代价而达到精度要求的组件并不一定能保证满足传输性能指标，而一些未达到精度要求的组件却可以满足。尽管机械结构设计与工艺人员开始思考这一问题，并从实践中归纳出一些经验，但缺乏一般指导意义。随着微波组件工作频段、带宽、功率等性能指标的提高，上述问题日趋突出。为此，近年来，国内外研究者从不同的角度与不同的层次对微波组件制造中的工艺控制与性能保障技术开展了一系列深入的研究。

1.3.1 微波组件的路耦合分析

对于微波组件电路的结构布局和机电热耦合问题 (结构工艺、环境热因素和电路性能)，多数学者通过对电路结构的布局、形状和尺寸进行电路等效，尝试构建微波组件的路耦合理论关系，挖掘结构尺寸因素对等效器件性能参数的影响机理，并与前后端进行级联与串联，研究整个组件电路的传输特性，从而得到电路结构性误差、工艺参数与微波组件电性能误差间的耦合关系。

本书所提及的路耦合是指微波组件电路结构、热、电性能之间的相互耦合关系，其主要研究内容如图 1.2 所示。路耦合区别于传统的多物理场耦合 (机械结构位移场、电磁场、温度场、应力场等)，在传输方式上，微波信号在组件电路传输线中传播为路 (在空气介质中为场)；在影响形式上，微波信号在电路上为传导传输，容易受到电路特性参数扰动的影响；在研究方法上，采用等效电路和等效器件参数的方式，即在微波组件电路结构中，噪声是各种误差的最终体现，阻抗是将结构特性和电路特性互联起来的中间变量，研究方法是将期望的系统性能转化成需要的阻抗和把物理设计转化成阻抗的特性，把物理结构转化为与之等效的电路模型。也就是说，将物理设计中线的长、宽、厚和材料特性转化成集总参数的描述形式，从而研究存在结构误差因素情况下整个电路的传输特性。在组件互联工艺中会使用金丝、金带、铜等金属材料，其物性参数 (介电常数、损耗角正切等) 也是影响电路性能的关键因素，这里路耦合分析方法是建立等效电路模型，考虑介电常数、损耗角正切等因素的影响，将这些因素等效到集总参数的表达形式，从而作为中间变量推导出物性参数与电性能之间的数学模型。

国际上围绕路耦合建模进行了大量的研究工作，也取得了一定的进展[19-22]：分析高频下的引线键合特性，并且从场路耦合角度出发，对比电磁仿真软件 HFSS 和电路仿真计算软件 ADS 的计算结果；对 75 ～ 110GHz 矩形波导的表面粗糙度效应进行研究，提出一种新的全波方法，采用相似性变换来导出周期性凹凸区域的特征值方程来模拟波导的表面粗糙度；利用静电场比拟方法作为耦合的边界条件，分析机电耦合中出现的静接触与滞后问题；研究 CMOS 工艺所产生的串扰、延迟等信号完整性问题；对静电–流体–结构全耦合问题采用了五种域边界法进行表述；研究印刷电路板的寄生效应及其对电磁兼容的影响关系，发现印刷电路板的寄生效应比较严重，且在实际制造过程中很难进行控制；研究同步开关噪声对高速数字设计的影响，使用叠加理论来模拟同步开关噪声的高速系统开发的电路模型；对低温共烧陶瓷中的接地通孔阵列进行优化，改善低温共烧陶瓷接地的稳定性；对微波多芯片互联中铜引线与金引线在不同温度下进行了应用比较，并给出了工程应用建议。

国内也有一些课题组对微波组件的互联工艺进行了研究探讨[23,24]：系统研究印制电路板设计过程中信号完整性问题；对电磁耦合、压电问题进行了深入研讨；从电磁能量的角度出发，利用多尺度法研究机电耦合的动力传输系统等；研究矩形波导内表面在粗糙的情况下产生的损耗问题；对微波组件中 BGA 焊点空洞问题进行了分析，探讨空洞特性对微波信号传输性能影响机理。

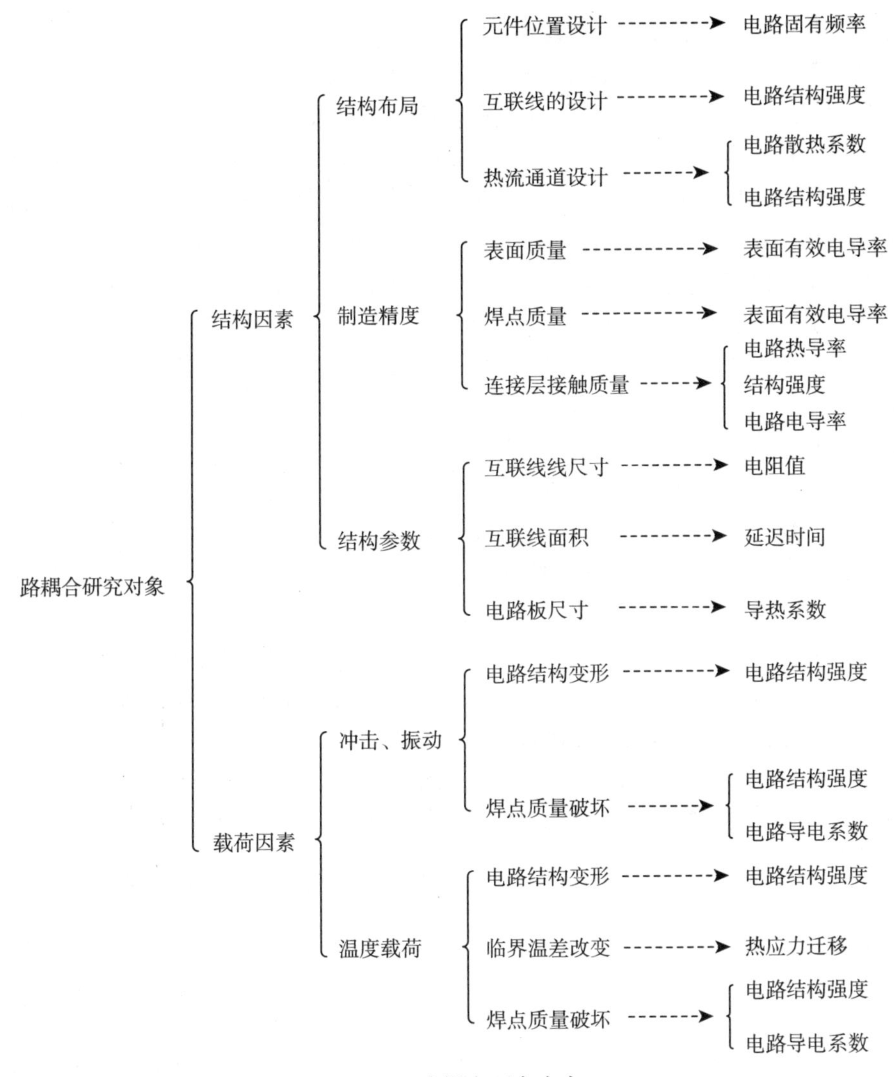

图 1.2 路耦合研究内容

总地来说，在传统技术中，工程人员更多是依靠经验数据进行电路工艺设计，未考虑结构参数与电性能之间的耦合关系，国内外学者目前更多是研究电路加工工艺、电磁兼容和信号完整性等耦合关系，对互联工艺的研究主要是局限于工艺过程与工艺手段，很少有学者采用路耦合思想来开展互联工艺参数对微波组件电路传输性能的影响研究。

1.3.2 组件互联工艺形态表征与建模

有源微波组件互联工艺的表征是实现影响机理挖掘和传输性能调控的重要基

础。Horng[25] 利用正形投影图方法推导出了金丝键合等效电路模型。Liang 等[26] 建立了用于微波功率晶体管的金属陶瓷封装的等效电路模型，通过实物测试验证了等效电路模型的准确性。Lee[27] 利用全波分析法和矩量法将键合金丝等效为多段传输线，分析任意形状互联线对微波和毫米波集成电路的宽带特性，并且计算键合线的阻抗损耗和辐射损耗。Alimenti[28] 提出了用于分析微带键合线互联特性的准静态方法，使用保角变换来评估键合线高度对微波电路传输性能的影响。Parks 等[29] 通过光学显微镜、扫描电子显微镜和电子背散射衍射研究焊料和焊点的组成，检查 Sn 颗粒状态，研究得出 Sn 从 SnAgCu 熔体中固化温度的变化导致 Sn 晶粒形貌的显著差异。Hong 等[30] 提出了一种多屏偏转仪来增加焊点测量的可测量的倾斜角度，并开发了适当的校准方法和形状重建算法。Sidharth 等[31] 对将 Surface Evolver 数据导入基于有限元的可靠性评估的策略进行了概述，对使用 Surface Evolver 工具的焊锡形状进行了预测并开展实验对其进行验证。Nishimura 等[32] 介绍了车辆电子部件中使用的芯片部件上焊点的最差热疲劳寿命，提出了使用实际尺寸的焊点来获得疲劳特性的等温疲劳试验方法，认为在控制故障的过程当中焊接点的形状也应该被考虑在内。Yang 等[33] 使用激光和红外回流焊接方法，在印刷电路板上制作表面贴装元件的 Sn-Ag 共晶焊点，并对焊点的微观结构进行了分析，找出了焊点与工艺参数之间的关联性。Lee 等[34] 用纯铜线研究了无铅焊锡系统的焊点黏合强度、剪切强度、界面金属间化合物的形成和分形形态之间的相互关系。Padilla 等[35] 使用 X 射线显微镜来显示无铅焊点的回流孔隙率，并且基于孔的确切几何尺寸构建三维模型，以进行中断剪切试验和断层扫描，以便在变形的几个阶段对焊点接头进行成像。Cugnoni 等[36] 讨论了无铅焊点的尺寸和约束效应，提出了依赖关系取决于时间、应变历史和温度，以及影响其微观结构的其他几何和加工参数。

在国内，西安电子科技大学基于焊点虚拟成形技术，对焊点组装质量检测与鉴别技术进行了研究，解决了焊点三维表面形状重构、焊点三维质量信息提取、焊点缺陷智能鉴别和焊点缺陷原因智能分析等问题[37]。东南大学微电子机械系统教育部重点实验室分析了键合线结构参数对射频电路传输性能的影响，提出了键合线的等效电路模型，通过电磁仿真软件验证了等效电路[38]。哈尔滨工业大学采用 Surface Evolver 软件对焊点形态进行电发热、热循环等有限元模拟研究，并对封装焊点进行了应力应变研究[39]。东南大学利用有限元数值模拟方法对焊点可靠性问题进行了分析，主要利用有限元方法模拟、分析焊点位置和焊点高度变化对焊点可靠性的影响，同时给出了在热循环下焊点的应力应变分布特征[40]。哈尔滨理工大学以几种典型 SAC/Cu 焊点为载体，借助纳米压痕技术手段，原位研究了微焊点的塑性及蠕变性能[41]。桂林电子科技大学基于最小能量原理和焊点形态理论，建立了 LCCC 器件焊点三维形态预测模型，并对焊点钎料桥连过程进行了模拟[42]。广东特种设备检测研究院提出了一种基于内聚力模型，可应用于同种钎料不同尺寸焊点在不同振动等级下的疲劳寿命预测模型，并通过实验对其可靠性进行了验证[43]。电子科技大学从等效电路的角度出发，建立了数字移相器中的 RF MEMS 开关中电性能参数和集总分布参数的耦合关系，随后在商用电磁仿真软件 HFSS 中建立了金丝键合三维模型，仿真分析了不同结构参数对微波特性的影响[44]。

1.3.3 互联参数与传输性能的关联方法

基于传输线理论，互联工艺参数可等效为等效电路的器件参数，因此微波组件互联形态参数与信号传输性能的关联方法是实现机电热影响机理定量分析的关键之一。Khoury 等[45] 对微波电路中金丝键合和铜线键合进行了分析，以评估温度对输入 (或输出) 阻抗和电容等电性能的影响。Kwon 等提出了一种利用射频阻抗分析和高斯过程对焊点进行有效寿命预测的方法，并基于互联模型，利用阻抗分析和粒子滤波来定量检测和预测互联故障[46]，并采用频域传输线矩阵法分析了金丝键合对微带电路传输特性的影响[47]。Putaala 等[48] 研究了在热循环试验中球栅阵列焊接器在高频段的性能。Voutilainen 等[49] 提出了一种基于非线性参数估计技术结合 Levenberg 算法的焊料互联故障时间估算方法，应用于前兆测量，并利用非线性估计参数进行故障时间估计。Wan 等[50] 提出了一种利用射频阻抗分析高频电子产品焊接工艺焊点的方法。Darveaux 等[51] 在微波组件中广泛收集 62Sn36Pb2Ag、60Sn40Pb 等焊料的数据，用于探讨焊点晶粒尺寸和金属间化合物分布的影响。Nah 等[52] 讨论了柔性基板上无铅倒装芯片电迁移引起的空隙迁移和失效的机理。Chuang 等[53] 通过实验测试和电磁软件仿真对比了在 0.1 ～ 10GHz 以内、不同长度的键合线对微波电路传输特性的影响。

在国内，西安电子科技大学以互联工艺中典型的模块拼缝为对象，从场路耦合的角度出发，提出了互联工艺参数对微波电路传输性能的分析方法[54-58]。邹军[59] 分析了 T/R 组件中键合金丝对微波电路传输特性的影响以及键合金丝一致性。刘方林[60] 以单个无铅焊点为研究对象，在高频条件下分析了焊点损伤过程中交流电阻、电容、电感参数的变化规律，对受损焊点传输信号的失效特性进行了仿真。熊华清等[61] 对单个焊点空洞建模，分别研究了焊点中不同位置、大小和数目的空洞对焊点传输性能的影响。伍晓霞[62] 以无铅焊点为对象，在分析焊点介观结构的基础上，利用剪切蠕变损伤机理和焊点失效物理模型等理论，结合高频效应的影响，建立无铅焊点的阻抗等效模型，发现在高频信号下焊点发生信号传输失效超前于机械失效。石光耀等[63] 为了研究焊点形态和布局对反射和串扰的影响，建立了焊点的三维模型，研究焊点的形态 (高度、最大外径和焊点端口直径) 以及布局对反射和串扰的影响。尚玉玲等[64] 建立了由过孔、焊点和印制线构成的高速电路板复杂互联结构单元模型，在 1 ～ 10GHz 频率范围内研究了模型信号传输性能。马剑锋[65] 根据信号完整性的相关理论，重点分析了信号完整性问题中的反射和串扰问题，建立了由过孔、焊点和印制线构成的复杂互联结构模型，针对复杂互联结构模型的回波损耗和近端串扰进行了仿真。尹治宇[66] 以一款 Mini SAS 外部连接器为研究对象，结合仿真和测试来研究整个高速互联结构中易产生阻抗突变的关键结构对信号完整性的影响。徐鸿飞等[67] 将神经网络法应用于微波电路键合金丝的研究，利用神经网络模型计算键合金丝结构参数对微波电路传输性能的影响，并且对比了神经网络模型与实测结果。

1.3.4　面向组件传输性能的预测与调控

为准确找出和定量描述组件互联工艺缺陷，面向信号传输性能的预测调控方法是高频高性能微波组件加工研制的核心手段之一。Yoon 等[68] 提出了一种基于数字信号表征评估焊点可靠性的诊断补偿方法，并通过加速寿命测试以产生焊点故障，开发的测试装置由带焊点的电路板、数字信号收发器、环境试验箱和应力应用夹具组成。Sutono 等[69] 通过大量实验分析两种不同的键合线长度和两种不同的引线键合类型对传输性能的影响，提出了一种新的带状互联键合线结构。Azarian 等[70] 提出了由于将表面安装部件连接到传输线的焊点裂纹引起的 RF 阻抗变化分析模型，从而可观察到阻抗变化。Zhang 等[71] 研究了一种新型激光超声和干涉仪检测系统来检测装芯片焊点的热循环诱发裂纹，提出了超声波振动信号系数分析方法来改善系统信噪比，以识别良好连接的接头处的热裂纹焊点并补偿信号。Lim 等[72] 研究了芯片和封装之间键合线特性，分析了键合线长度和阻抗失配对传输性能的影响。Ying 等[73] 对比分析了金丝键合和铜丝键合不同材料对微波电路传输性能的影响。

在国内，西安电子科技大学分析了低温共烧陶瓷中金丝线键合结构参数对微波特性的影响，并通过优化微带线结构，对电性能的损失进行补偿[74]。华东电子工程研究所通过设计电容补偿结构来改善金丝键合的微波传输特性[75]。中国电子科技集团公司第五十四研究所给出了 EHF 频段金丝键合的补偿结构，以减小键合金丝带来的不良影响[76]。南京电子技术研究所分析了在 20 ～ 40GHz 内金丝和金带对毫米波多芯片组件传输性能的影响[77]。孙凤莲[78] 就焊点的几何尺寸、焊点形态对其微观力学性能、物理和金属学性能的影响进行了综合评述，指出了目前研究微焊点可靠性过程中存在的问题，预测了基于几何尺寸效应研究微焊点的结构设计和寿命评估的未来研究趋势。黄春跃等[79] 建立了球栅阵列焊点模型，获取了焊点表面电场强度分布和回波损耗，分析了信号频率对电场强度分布的影响以及信号频率、焊点最大径向尺寸、焊盘直径和焊点高度对焊点回波损耗的影响。石光耀等[80] 为了研究焊点形态和布局对反射和串扰的影响，建立了焊点的三维模型，研究了焊点的形态 (高度、最大外径和焊点端口直径) 以及布局对反射和串扰的影响。董佳岩等[81] 针对板级焊点在振动载荷下的失效问题，搭建了具有电信号监测功能的振动加速失效实验平台，在定频定幅简谐振动实验的基础上，对表征信号进行分析，通过电阻信号峰值标定焊点的失效程度。周保林等[82] 为了提高多芯片组件的信号传输特性，分析了垂直通孔半径、焊盘半径、反焊盘半径及信号线与地间的距离等结构参数对传输特性的影响。陕西省摩擦焊接重点实验室根据点焊恒电流控制特点和点焊过程电阻变化规律，建立了连续点焊分流补偿模型[83]。都雪[84] 研究了焊点在极限低温下的力学性能、焊点内部微观组织和金属间化合物演变，以及焊点在极限温差环境热冲击下的失效模式及失效机理。刘方林[85] 研究了单个无铅焊点的电阻应变曲线及对信号传输的影响。沈伟等[86] 通过实验测试，通过补偿处理被测信号脉宽来提高工作频率测量精确度的方法。杨晓红[87] 在焊接工艺和焊点设计方面给出了抗失效断裂的有效措施，以保证互联工艺的质量，提高微波组件的可靠性。

1.3.5 高频高性能微波组件发展需求

随着军事和民用电子信息系统的飞速发展，对微波组件性能要求和快速研制能力提出了越来越高的要求，这与微波组件研制手段之间的矛盾日益突出。我国微波组件设计行业现有的设计手段难以有效满足微波组件研制跨越式发展的需求，主要体现在以下几个方面：

(1) 微波组件结构参数化建模效率急需提升。虽然各高校和研究机构在微波组件设计中普及应用了各种 CAE 软件，工作效率有了一定的提高，但是工作模式没有根本的改变，设计人员需要将大量时间花费在微波组件建模上。一方面，该过程参数化程度低，一旦微波组件的某些尺寸发生变化后必须重新进行建模过程；另一方面，在对微波组件进行不同的分析时，如结构分析、热分析、电性能分析等，都需要重新进行微波组件的建模工作，这将使得在整个微波组件设计过程中真正用于设计创新的时间非常少。

(2) 微波组件性能仿真分析要求越加准确。微波组件结构复杂，设计要求严苛，工程设计时必须应用 CAE 软件对其进行性能仿真预测。现有商品化 CAE 软件虽然有很强的分析计算功能，但是由于操作复杂，操作者必须具有深厚的理论基础、很强的计算机应用能力和丰富的工程设计经验才能得到准确的分析结果。我国微波组件设计性能综合评估方法的工程应用情况有待改善，这已成为我国微波组件设计水平提高的瓶颈之一。

(3) 结构参数对高频段组件内部电磁分布影响更为显著。微波组件为多通道腔体结构，其内部有大量的微波器件，具有复杂的电磁环境，腔体结构上微小的改变就有可能引起腔体电性能的显著变化，影响微波器件的正常工作，而腔体结构变化对其电性能的影响并不明确，在实际设计中，主要是通过工程经验来确定，这是导致微波组件性能稳定性较差的因素之一。

(4) 互联工艺迫切需要定量分析手段和精密设计工具。微波组件具有一种高精密结构，各项性能指标要求十分严格。随着微波组件的发展日趋轻量化与小型化，电子元器件的排布变得更加密集，对微波电路的加工工艺也提出了更高的标准，而且高频段下组件传输性能对结构工艺参数的扰动更为敏感。传统互联工艺的实现主要靠工程人员的经验，没有精确的标准和有效的测量补偿是造成微波组件性能波动较大的原因之一。

1.4　本书内容安排

本书内容基本覆盖了近年来微波组件机电热耦合的主要进展与研究成果。由于本书涉及机械结构、传热、电磁、电路等学科与专业，软件工具非常多，要求读者具备比较广博和扎实的数理基础知识以及掌握必要的专业知识。本书共九章，内容安排如下:

第 1 章介绍微波组件典型连接工艺及其特点，对机电热耦合建模进行了概述，总结了结构工艺因素影响传输性能的国内外研究现状，阐明了研究微波组件结构因素表征建模、性能关联机理与预测调控方法的必要性。

研究工艺参数对微波组件性能的机电热耦合影响需以微波电路理论为基础。因此，第 2 章介绍微波传输线、网络端口性能、阻抗匹配、传输特性、参数特性测试与表征等方面的微波电路概念与原理，给出振动环境分析方法以及组件常用散热方式。

为了改善微波组件结构参数化建模效率和仿真准确度，有必要了解和掌握用于微波组件的机电热各学科专业软件。因此，第 3 章分析开发软件的特点，给出有限元软件、电磁软件和数值图形软件的选择出发点，着重探讨应用微波组件机电热性能仿真软件的关键技术，并介绍结构与热分析软件的功能与设计。

模块拼缝工艺是实现微波组件电路基板间信号传输的典型连接方式，缝隙参数的确定更多的是依靠工程经验。基于此，第 4 章开展模块拼缝对微波组件传输性能的影响机理研究，探究不同频率下缝隙宽度和导线高度对组件电压驻波比、插入损耗等传输性能的影响，进行样件测试与验证，研制模块拼缝连接工艺影响机理分析软件，并给出可供工程技术人员参考的拼缝互联工艺设计原则。

金丝键合互联常用来实现微波多芯片组件中单片微波集成电路、微带传输线、共面波导和集总式元器件之间的信息连接，其工艺参数的微小改变有可能引起组件传输性能的显著扰动，尤其是在高频段。因此，第 5 章开展金丝键合互联工艺参数对微波组件传输性能的影响机理研究工作，尝试建立微波组件中金丝键合电参数与工艺参数的路耦合模型，分析金丝键合工艺参数对组件传输性能的影响，并开发相应的金丝键合工艺影响机理分析软件。

钎焊连接主要实现微波组件中芯片的接地和信号连接，其钎焊空洞缺陷不仅导致器件接地可靠性变差，同时会恶化器件散热与导电性能。因此，第 6 章以钎焊连接为对象，分析钎焊空洞特性的位置、大小、形状和数量等对微波组件传输性能的影响，通过理论分析、仿真数据和样件实测数据，对钎焊工艺提出工程指导意见，以降低传输性能对焊接空洞的敏感度。

螺栓连接是实现介质基板与承载结构连接的典型互联工艺，传统方法常利用经验确定螺栓连接的位置与数目，会产生难以预测的信号完整性问题。因此，第 7 章开展螺栓连接对微波组件传输性能的影响机理研究，分析不同螺栓排布下对电压驻波比、插入损耗等传输性能的演变，以探索最佳的螺栓排布形式，为微波组件的结构设计和互联工艺方案提供工程指导。

微波组件内部有很多的微波器件，存在大量多通道腔体结构，其结构的微小改变就有可能影响微波器件的正常工作，故第 8 章开展多通道腔体耦合效应研究，通过简化微波腔体结构，探究腔体结构尺寸和网孔结构形式对隔离度的影响机理，基于实例分析给出腔体结构工程设计指导原则，并开发多通道腔体耦合效应分析软件。

为了确保微波组件正常可靠工作，需对其进行合理的热设计。因此，第 9 章从机电热耦合的角度出发，通过协调散热冷板的结构强度、散热性能与质量要求之间的关系，开展微波组件冷板结构和热综合设计研究，探究冷板流道和流体参数的影响机理，提出冷板结构轻量化设计方法和集成优化模型，以确保微波组件能高效且可靠工作。

参 考 文 献

[1] 段宝岩, 王从思. 电子装备机电耦合理论、方法及应用 [M]. 北京: 科学出版社, 2011.

[2] 王从思, 王伟, 宋立伟. 微波天线多场耦合理论与技术 [M]. 北京: 科学出版社, 2015.

[3] 王从思, 段宝岩, 仇原鹰. 电子设备的现代防护技术 [J]. 电子机械工程, 2005, 21(3): 1-4.

[4] 李静. T/R 模块的发展现状及趋势 [J]. 半导体情报, 1999, 36(4): 22-24.

[5] CHANDRASEKHAR A, STOUKATCH S, BREBELS S, et al. Characterisation, modelling and design of bond-wire interconnects for chip-package co-design[C]. Microwave Conference, 2003: 301-304.

[6] MARCH S L. Simple equations characterize bond wires[J]. Microwaves & RF, 1991, 30: 105-110.

[7] 陈振成. 固态有源阵收/发组件的研制 [J]. 现代雷达, 1993, 3: 6.

[8] CHEN C D, TZUANG C K C, PENG S T. Full-wave analysis of a lossy rectangular waveguide containing rough inner surfaces[J]. IEEE Microwave and Guided Wave Letters, 1992, 2: 180.

[9] SCHUSTER C, FICHTNER W. Parasitic modes on printed circuit boards and their effects on EMC and signal integrity[J]. IEEE Transactions on Electromagnetic Compatibility, 2001, 43(4): 416-425.

[10] CAIGNET F, BENDHIA S D, SICARD E. The challenge of signal integrity in deep-

submicrometer CMOS technology[J]. Proceedings of the IEEE, 2001, 89(4): 556-573.

[11] ALIMENTI F, GOEBEL U, SORRENTINO R. Quasi static analysis of microstrip bondwire interconnects[C]. IEEE MTT-S International Microwave Symposium Digest, 1995: 679-682.

[12] 宋雪臣. PCB 工艺对射频传输性能影响的研究 [D]. 青岛: 山东大学, 2008.

[13] 叶宝江, 桑飞, 杜运. 微带板钎焊质量对微波信号的影响 [J]. 硅谷, 2012, 15: 4.

[14] 陈建华. PCB 传输线信号完整性及电磁兼容特性研究 [D]. 西安: 西安电子科技大学, 2010.

[15] SUTONO A, CAFARO N G, LASKAR J, et al. Experimental modeling, repeatability investigation and optimization of microwave bond wire interconnects[J]. IEEE Transactions on Advanced Packaging, 2001, 24(4): 595-603.

[16] LIM J H, KWON D H, RIEH J S, et al. RF characterization and modeling of various wire bond transitions[J]. IEEE Transactions on Advanced Packaging, 2005, 28(4): 772-778.

[17] 王从思. 天线机电热多场耦合理论与综合分析方法研究 [D]. 西安: 西安电子科技大学, 2007.

[18] WANG C S, DUAN B Y, ZHANG F S, ZHU M B. Coupled structural-electromagnetic-thermal modelling and analysis of active phased array antennas[J]. IET Microwaves, Antennas & Propagation, 2010, 4(2): 247-257.

[19] 古健. 基于基片集成波导的 LTCC 电路研究 [D]. 成都: 电子科技大学, 2011.

[20] 张屹遐. 微波 LTCC 垂直通孔互连建模研究 [D]. 成都: 电子科技大学, 2012.

[21] SHAEFFER D K, LEE T H. A 1.5-V, 1.5-GHz CMOS low noise amplifier[J]. IEEE Journal of Solid-State Circuits, 1997, 32(5): 745-759.

[22] KHOURY S L, BURKHARD D J, GALLOWAY D P, et al. A comparison of copper and gold wire bonding on integrated circuit devices[C]. Electronic Components and Technology Conference, 1990: 768-776.

[23] 毛剑波. 微波平面传输线不连续性问题场分析与仿真研究 [D]. 合肥: 合肥工业大学, 2012.

[24] 齐国华, 罗运生, 任海玉, 等. X 波段 T/R 组件 [J]. 固体电子学研究与进展, 2000, 1: 12.

[25] HORNG T S. A rigorous study of microstrip crossovers and their possible improvements[J]. IEEE Transactions on Microwave Theory & Techniques, 1994, 42(9):1802-1806.

[26] LIANG T, PLA J A, AAEN P H, et al. Equivalent-circuit modeling and verification of metal-ceramic packages for RF and microwave power transistors[J]. IEEE Transactions on Microwave Theory & Techniques, 1999, 47(6):709-714.

[27] LEE H Y. Wideband characterization of a typical bonding wire for microwave and millimeter-wave integrated circuits[J]. IEEE Transactions on Microwave Theory & Techniques, 1995, 43(1):63-68.

[28] ALIMENTI F, GOEBEL U, SORRENTINO R. Quasi static analysis of microstrip bondwire interconnects[C]. IEEE MTT-S International Microwave Symposium Digest, 1995: 679-682.

[29] PARK G, ARFAEI B, BENEDICT M. The dependence of the Sn grain structure of Pb-free solder joints on composition and geometry[C]. Electronic Components and Technology Conference, 2012:702-709.

[30] HONG D, PARK H, CHO H. Design of a multi-screen deflectometer for shape measurement of solder joints on a PCB[C]. IEEE Intemational Symposium on Industrial Electronics, 2009:127-132.

[31] SIDHARTH, BLISH R, NATEKAR D. Solder joint shape and standoff height prediction and integration with FEA-based methodology for reliability evaluation[C]. Electronic Components and Technology Conference, 2002:1739-1744.

[32] NISHIMURA Y, YU Q, MARUOKA T. Reliability evaluation of fatigue life for solder joints in chip components considering shape dispersion[C]. Electronics Packaging Technology Conference, 2009: 838-845.

[33] YANG W, MESSLER R W, FELTON L E. Microstructure evolution of eutectic Sn-Ag solder joints[J]. Journal of Electronic Materials, 1994, 23(8): 765-772.

[34] LEE H T, CHEN M H, JAO H M, et al. Influence of interfacial intermetallic compound on fracture behavior of solder joints[J]. Materials Science and Engineering: A, 2003, 358(1-2): 134-141.

[35] PADILLA E, JAKKALI V, JIANG L, et al. Quantifying the effect of porosity on the evolution of deformation and damage in Sn-based solder joints by X-ray microtomography and microstructure-based finite element modeling[J]. Acta Materialia, 2012, 60(9): 4017-4026.

[36] CUGNONI J, BOTSIS J, JANCZAK-RUSCH J. Size and constraining effects in lead-free solder joints[J]. Advanced Engineering Materials, 2006, 8(3): 184-191.

[37] 黄春跃. 基于焊点虚拟成型技术的 SMT 焊点质量检测和智能鉴别技术研究 [D]. 西安: 西安电子科技大学, 2007.

[38] 吴含琴, 廖小平. RF MEMS 引线键合的射频性能和等效电路研究 [C]. 第八届中国微米/纳米技术学术年会, 2006:1951-1954.

[39] 许家誉. 基于焊点形态及晶粒取向无铅互连焊点可靠性有限元分析 [D]. 哈尔滨: 哈尔滨工业大学, 2012.

[40] 陆跃. 倒装芯片封装工艺中焊点可靠性分析 [D]. 南京: 东南大学, 2012.

[41] 杨淼森. 微焊点 SAC/Cu 塑性与蠕变性能研究 [D]. 哈尔滨: 哈尔滨理工大学,2015.

[42] 阎德劲, 周德俭, 黄春跃, 等. 基于最小能量原理的 LCCC 焊点三维形态建模与预测 [J]. 桂林工学院学报,2006, 26(1):107-110.

[43] 谢小娟. 振动载荷下特种设备中电路板级焊点疲劳寿命预测 [J]. 电子元件与材料, 2016, 35(6):98-102.

[44] 何宗郭. 基于 RF MEMS 单刀多掷开关的五位数字移相器 [D]. 成都: 电子科技大学, 2013.

[45] KHOURY S L, BURKHARD D J, GALLOWAY D P, et al. A comparison of copper and gold wire bonding on integrated circuit devices[J]. IEEE Transactions on Components Hybrids & Manufacturing Technology, 1990, 13(4):673-681.

[46] KWON D, AZARIAN M H, PECHT M. Remaining-life prediction of solder joints using RF impedance analysis and Gaussian process regression[J]. IEEE Transactions on Components, Packaging and Manufacturing Technology, 2015, 5 (11):1602-1609.

[47] KWON D, YOON J. A model-based prognostic approach to predict interconnect failure using impedance analysis[J]. Journal of Mechanical Science and Technology, 2016, 30(10): 4447-4452.

[48] PUTAALA J, NOUSIAINEN O, KOMULAINEN M, et al. Influence of thermal-cycling-induced failures on the RF performance of ceramic antenna assemblies[J]. IEEE Transactions on Components, Packaging and Manufacturing Technology, 2011, 1 (9) :1465-1472.

[49] VOUTILAINEN J V, HAKKINEN J, MOILANEN M. Solder interconnection failure time estimation based on the embedded precursor behaviour modelling[J]. Microelectronics Reliability, 2011, 51(2): 425-436.

[50] WAN M, LU Y, YAO B. Solder joint degradation and detection using RF impedance analysis[J]. Soldering & Surface Mount Technology, 2013 , 25 (1):117-121.

[51] DARVEAUX R, BANERJI K. Constitutive relations for tin-based solder joints[J]. IEEE Transactions on Components, Hybrids, and Manufacturing Technology, 1992, 15(6): 1013-1024.

[52] NAH J W, REN F, TU K N, et al. Electromigration in Pb-free flip chip solder joints on flexible substrates[J]. Journal of Applied Physics, 2006, 99(2): 1883.

[53] CHUANG J Y, TSENG S P, YEH J A. Radio frequency characterization of bonding wire interconnections in a molded chip[C]. Electronic Components and Technology Conference, 2004: 392-399.

[54] 彭雪林. 基于机电耦合的互联工艺参数对微波组件传输性能的影响分析 [D]. 西安: 西安电子科技大学, 2015.

[55] 程景胜. 多频段微波器件中金丝键合路耦建模与传输性能的影响分析及应用 [D]. 西安: 西安电子科技大学, 2016.

[56] 屈扬. 温度对微波 TR 组件中关键器件电性能的影响分析 [D]. 西安: 西安电子科技大学, 2014.

[57] 许峰. 面向机电热耦合的微波组件结构、电磁与热分析 [D]. 西安: 西安电子科技大学, 2015.

[58] 殷蕾. 分布式 MEMS 移相器机电耦合建模、公差确定及变形补偿 [D]. 西安: 西安电子科技大学, 2016.

[59] 邹军. T/R 组件中键合互连的微波特性和一致性研究 [D]. 南京: 南京理工大学, 2009.

[60] 刘方林. 无铅焊点的信号传输失效准则研究 [D]. 长沙: 中南大学,2009.

[61] 熊华清, 李春泉, 尚玉玲, 等.BGA 焊点空洞对信号传输性能的影响 [J]. 半导体技术,2009,34(10):946-948.

[62] 伍晓霞. 基于阻抗法无铅焊点的损伤特性研究 [D]. 长沙: 中南大学,2012.

[63] 石光耀, 尚玉玲, 曲理. BGA 焊点形态和布局对信号完整性的影响 [J]. 桂林电子科技大学学报, 2013, 33(4): 279-283.

[64] 尚玉玲, 马剑锋, 李春泉, 等. 复杂互连结构传输性能分析及等效电路 [J]. 半导体技术,2015,40(5):348-352.

[65] 马剑锋. 复杂互连结构信号完整性建模及故障测试研究 [D]. 桂林: 桂林电子科技大学,2015.

[66] 尹治宇.Mini SAS 连接器的信号完整性分析 [D]. 成都: 电子科技大学,2016.

[67] 徐鸿飞, 殷晓星, 孙忠良. 毫米波微带键合金丝互连模型的研究 [J]. 电子学报, 2003, 31(S1):2015-2017.

[68] YOON J, SHIN I, PARK J, et al. A Prognostic method of assessing solder joint reliability based on digital signal characterization[C]. Electronic Components and Technology Conference, 2015: 2060-2065.

[69] SUTONO A, CAFARO N G, LASKAR J, et al. Experimental modeling, repeatability investigation and optimization of microwave bond wire interconnects[J]. IEEE Transactions on Advanced Packaging, 2001, 24(4):595-603.

[70] AZARIAN M H, LANDO, PECHT M. An analytical model of the RF impedance change due to solder joint cracking[J]. Signal Propagation on Interconnects, 2011, 1416 (1):89-92.

[71] ZHANG L Z, CHARLES U L. Detection of flip chip solder joint cracks using correlation coefficientAnalysis of Laser Ultrasound Signals[C]. Electronic Components and Technology Conference, 2004:113-119.

[72] LIM J H, KWON D H, RIEH J S, et al. RF characterization and modeling of various wire bond transitions[J]. IEEE Transactions on Advanced Packaging, 2005, 28(4):772-778.

[73] YING L, HUANG C, WANG W. Modeling and characterization of the bonding-wire interconnection for microwave MCM[C]. International Conference on Electronic Packaging Technology & High Density Packaging, 2010:810-814.

[74] 姚帅. 基于 LTCC 技术的金丝键合及通孔互连微波特性研究 [D]. 西安: 西安电子科技大学, 2012.

[75] 朱浩然, 倪涛, 戴跃飞. 多芯片电路中金丝键合互连线电容补偿特性的分析 [C]. 全国微波毫米波会议, 2015.

[76] 贾世旺. EHF 频段卫星通信上行射频链路关键技术研究 [D]. 成都: 电子科技大学, 2012.
[77] 邹军, 谢昶. 多芯片组件中金丝金带键合互连的特性比较 [J]. 微波学报, 2010, S1:378-380.
[78] 孙凤莲, 朱艳. 微焊点的几何尺寸效应 [J]. 哈尔滨理工大学学报, 2012 , 17(2):100-104.
[79] 黄春跃, 郭广阔, 梁颖等. 基于 HFSS 的高速互连 BGA 焊点信号完整性仿真分析 [J]. 系统仿真学报, 2014, 26(12):2985-2990.
[80] 石光耀, 尚玉玲, 曲理. BGA 焊点形态和布局对信号完整性的影响 [J]. 桂林电子科技大学学报, 2013, 33(4):279-283.
[81] 董佳岩, 景博, 黄以锋, 等. 振动载荷下电路板级焊点失效信号表征及分析 [J]. 半导体技术, 2017, 42(4):315-320.
[82] 周保林, 周德俭, 卢杨. 多芯片组件 BGA- 垂直通孔结构参数对信号传输特性的影响 [J]. 桂林电子科技大学学报, 2016, 36(4):289-293.
[83] 张勇, 汪帅兵, 谢红霞, 等. 机器人点焊恒流控制的分流补偿模型 [J]. 焊接学报,2012,33(2):81-84.
[84] 都雪. 极低温 Sn 基焊点性能及寿命预测 [D]. 哈尔滨: 哈尔滨工业大学, 2015.
[85] 刘方林. 无铅焊点的信号传输失效准则研究 [D]. 长沙: 中南大学, 2009.
[86] 沈伟，王军正，汪政军. 一种基于信号补偿的频率测量方法 [J]. 仪器仪表学报, 2010, 31(10):2192-2197.
[87] 杨晓红. 微波组件模块组装焊点及其可靠性 [J]. 长岭技术, 2006, 21(1):26-28.

第2章 微波电路基础与环境分析

微波信息系统通过封装手段把各种微波元器件和导行系统组成一个完整的模块，整个过程依靠微波电路的基本理论进行设计，主要包括电磁波的传播模式与传输特性以及导行系统内横向场分布等，这涉及微波传输线、网络端口性能、阻抗匹配、传输特性、参数特性测试与表征等方面的内容。研究工艺参数对微波组件信号传输性能的影响需以微波电路理论为基础，同时振动环境和散热方式对组件性能也会产生影响[1]，因此本章将概述相关的微波电路基础理论和组件工作环境分析方法。

2.1 微波传输线

微波导行系统是微波系统组成的桥梁，包含微带传输线、带状线、同轴线、规则波导、平行双线和共面波导等[2,3]。其中，微波传输线的作用是引导电磁波沿着特定的方向进行传播，传播内容包含能量与信息两个部分[4,5]。波导结构具有传输损耗较低和功率高的特点，但体积偏大、价格昂贵；同轴线带宽较高，方便使用，当同轴线的横向尺寸可与自身传输信号的工作波长相比拟时，会激发高次模式。

随着微波信息系统平面工艺手段的不断提高，微波平面传输线的很多优点被逐渐发掘出来，并得到快速发展与应用[6]。通常的平面传输线包括微带传输线、共面波导以及平行双导线等[7]。其中，高速微波电路系统中最常用的是微带传输线，经常作为桥梁来连接各个微波模块，也可以作为微波器件集成于电路中。例如，将微带传输线制作成高阻线，来抑制电磁信号对电源的干扰。

微波传输线由信号线和地线构成，主要作用是传输电磁波能量和信号。电磁波将沿信号线并被限制在信号线和地线之间传输。传输线上不同点的信号 (电压和电流) 不一定相同，这与信号波长有关。根据电磁场理论，电磁波是以一定速度 v 传播的。真空中这个速度就是光速，$v \approx 3 \times 10^8 \text{m/s}$。电磁波的波长 $\lambda = v/f$，其中 f 为频率。波长随着频率的增加而减小。当频率为 10kHz 时，波长为 30km；当频率为 10GHz 时，波长为 3cm。当电路的几何尺寸远小于波长时，电磁波沿电路传播时间近似为零，可以忽略。此时电路可以按集总电路处理，传输线近似为短路线。当电路的几何尺寸可与波长相比拟时，传输线上的电压和电流不再保持不变，而随着位置的改变而改变，电磁波沿电路的传播时间已不能被忽略[8]。此时电路应按分布电路处理，传输线已不再是短路线，而是一个分布系统，应采用分布电路的分析方法对其进行分析和计算，故微波传输线是一种分布参数电路[9]。

2.1.1 传输线类型

常见的传输线类型有同轴线、微带线和平行双线等，如图 2.1 所示。

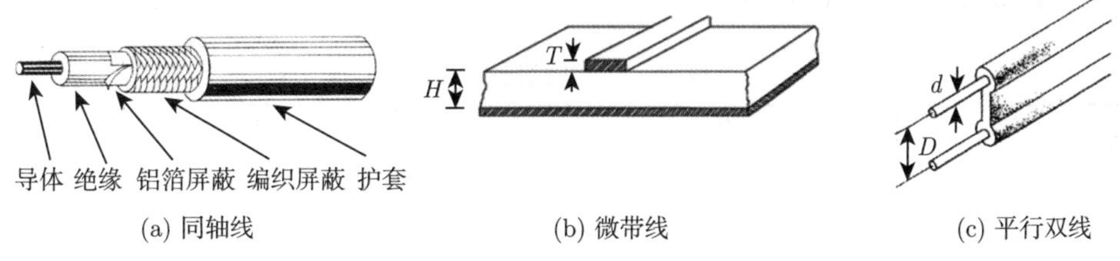

(a) 同轴线 (b) 微带线 (c) 平行双线

图 2.1 常见的传输线

同轴线是内导体位于轴心，外导体套在外层，呈现同心轴的结构。同样由于高频段时内导体损耗增大，传输的功率容量降低，使得同轴线只适用于厘米波段。

微带线及其电路具有体积小、质量轻、成本低、频带宽、工作可靠等优点，但损耗较大、功率容量小，主要用于小功率、厘米波段的微波集成电路中。

平行双线只适于微波的低频段，即米波和分米波，这是因为当频率升高，电磁波长达到和两根导线间的距离相当或更小时，能量极易通过导线向空间辐射，导致损耗加大。

常见的传输线还有波导。波导能截止频率，其横截面积与波长密切相关。低频段时波导必然又大又重，且难以加工，故波导广泛应用于厘米、毫米波段[10,11]。

2.1.2 传输线电路模型

为了给出传输线的电路模型，先将传输线分割为多个长度为 Δx 的线元，每个线元的等效电路如图 2.2 所示。为了计算沿线电压与电流的变化，线元 Δx 应趋于无穷小，则线元等效电路具有无限小的电阻和电感以及无限小的电容和电导。这就是传输线的分布参数模型。尽管基尔霍夫定律不能应用在整个宏观的传输线长度上，但在引入了分布参数模型后，其在微观尺度上的分析仍然遵循基尔霍夫定律。由于电阻 R、电感 L、电导 G 和电容 C

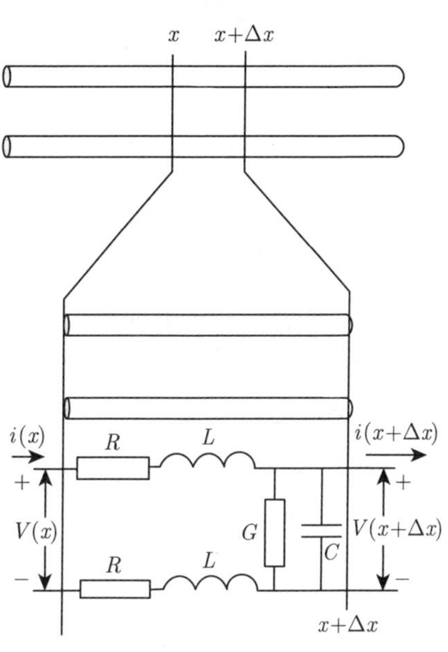

图 2.2 导线分割成线元的等效电路

这些参数是分布在传输线上的，因此必须用单位长度上传输线具有的参数表示。这里 R 为两根导线每单位长度具有的电阻，其单位为 Ω/m；L 为两根导线每单位长度具有的电感，其单位为 H/m；G 为每单位长度导线之间具有的电导，其单位为 S/m；C 为每单位长度导线之间具有的电容，其单位为 F/m。表 2.1 给出了常用的三种传输线参数 L 和 C 的计算公式。

表 2.1　传输线的参数

参数	平行双线	同轴线	微带线
L	$\frac{\mu}{\pi}\ln(D/a)$	$\frac{\mu}{2\pi}\ln(b/a)$	$\frac{\mu h}{w}$
C	$\frac{\pi\varepsilon}{\ln(D/a)}$	$\frac{2\pi\varepsilon}{\ln(b/a)}$	$\frac{\varepsilon w}{h}$

2.1.3　相位速度和特征阻抗

相位速度是行波上某一相位点的传播速度。对于一个正弦波 $\cos(\omega t-\beta x)$，一定相位可表示为 $\omega t-\beta x=k$，其中 k 为常数，同时对等式两边相对于时间 t 求导数，可得相位速度为

$$v_{\mathrm{p}}=\frac{\mathrm{d}x}{\mathrm{d}t}=\frac{\omega}{\beta}=\frac{\omega}{\omega\sqrt{LC}}=\frac{1}{\sqrt{LC}} \tag{2.1}$$

已知相速度等于波长乘以频率，即 $v_{\mathrm{p}}=\lambda f$，因此有

$$\beta=\frac{2\pi}{\lambda} \tag{2.2}$$

传输线特征阻抗 Z_0 定义为入射电压 $V^+(x)$ 和入射电流 $I^+(x)$ 的比值，即

$$Z_0=\frac{V^+(x)}{I^+(x)}=\frac{wL}{\beta}=\sqrt{\frac{L}{C}} \tag{2.3}$$

在没有反射波的情况下，传输线上任意一点的输入阻抗为特性阻抗。由于无限长传输线没有反射波，因此其输入阻抗等于特性阻抗。

2.1.4　传输线阻抗变换

对于图 2.3 所示的传输线，为了说明传输线阻抗变换的基本原理，使用传输线输入阻抗计算公式：

$$Z(d)=Z_0\frac{Z_L+\mathrm{j}Z_0\tan\beta d}{Z_0+\mathrm{j}Z_L\tan\beta d} \tag{2.4}$$

式 (2.4) 表明传输线输入阻抗与传输线长度有关。下面分别给出短路负载、开路负载、半波长传输线和 1/4 波长传输线的输入阻抗计算方法。

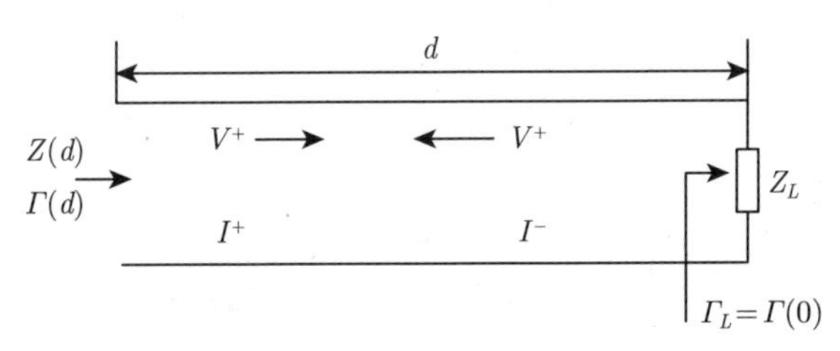

图 2.3 传输线示意图

(1) 当负载短路时，$Z_L = 0$，可得传输线输入阻抗：

$$Z(d) = \mathrm{j}Z_0 \tan \beta d \tag{2.5}$$

(2) 当负载开路时，$Z_L = \infty$，可得

$$Z(d) = -\mathrm{j}Z_0 \cot \beta d \tag{2.6}$$

(3) 当传输线长度为波长一半时，$d = \lambda/2$，$\beta d = (2\pi/\lambda)(\lambda/2) = \pi$，可得

$$Z(\lambda/2) = Z_L \tag{2.7}$$

这表明半波长传输线没有阻抗变换作用，其输入阻抗等于负载阻抗。

(4) 当传输线长度为 1/4 波长时，$d = \lambda/4$，$\beta d = (2\pi/\lambda)(\lambda/4) = \pi/2$，可得

$$Z(\lambda/4) = \frac{Z_0^2}{Z_L} \tag{2.8}$$

这表明，1/4 波长传输线具有阻抗变换的作用。当负载短路时，输入端开路；当负载开路时，输入端短路。

2.1.5 集肤效应

集肤效应 (skin effect，又称趋肤效应) 是指导体中有交流电或者交变电磁场时，导体内部的电流分布不均匀的一种现象。随着与导体表面的距离逐渐增加，导体内的电流密度呈指数递减，即导体内的电流会集中在导体的表面。从与电流方向垂直的横切面来看，导体的中心部分几乎没有电流流过，只在导体边缘的部分会有电流。简言之，就是电流集中在导体的“皮肤”部分，故称为集肤效应。产生这种效应的原因主要是变化的电磁场在导体内部产生了涡旋电场，与原来的电流相抵消。

在非理想导体中的传播常数为复数：

$$k = \omega\sqrt{\mu\left(\varepsilon + \frac{\sigma}{\mathrm{j}\omega}\right)} \tag{2.9}$$

对于良导体，$\sigma/\omega\varepsilon \gg 1$，式 (2.9) 简化为

$$k=\sqrt{\frac{\omega\mu\sigma}{2}}\,(1-\mathrm{j}) \tag{2.10}$$

令衰减常数 $a_k=\sqrt{\dfrac{\omega\mu\sigma}{2}}$，则当 $a_k z=1$ 时场强衰减至它的 1/e 时，电磁波的透入深度规定为集肤深度：

$$\delta=\frac{1}{a_k}\sqrt{\frac{2}{\omega\mu\sigma}} \tag{2.11}$$

2.2　微波网络基本参数

本节主要介绍微波电路基础参数，包括反射系数、电压驻波比和回波损耗等。

2.2.1　反射系数

传输线某一点 z 处的反射系数为该点的反射波电压 (或电流) 和入射波电压 (或电流) 的比值，记为 $\varGamma_U(z)$ 或 $\varGamma_I(z)$，则

$$\varGamma_U(z)=\frac{U^-(z)}{U^+(z)} \tag{2.12}$$

或

$$\varGamma_I(z)=\frac{I^-(z)}{I^+(z)} \tag{2.13}$$

式中，$\varGamma_U(z)$ 和 $\varGamma_I(z)$ 分别为电压和电流的反射系数，经过变换可得 $\varGamma_I(z)$ 与 $\varGamma_U(z)$ 之间的关系为

$$\varGamma_I(z)=-\varGamma_U(z) \tag{2.14}$$

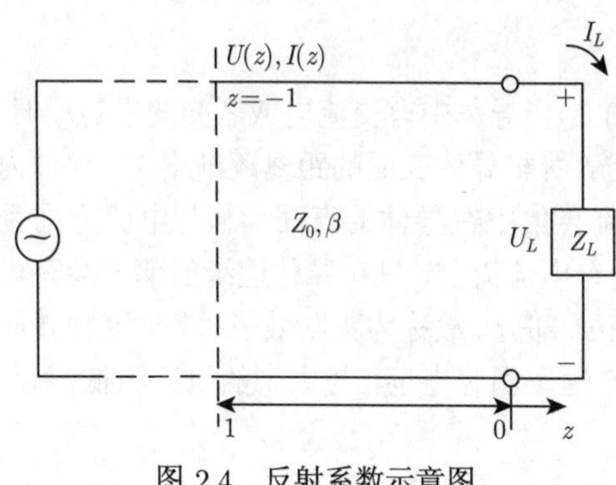

图 2.4　反射系数示意图

这说明两者的数值相等，但相位相差 180°。在应用中，由于电压便于测量，故常采用电压反射系数，并简称为反射系数，同时简记为 $\varGamma(z)$。

如图 2.4 所示，假定 $z<0$ 处的信号源产生的一个入射波为 $U_0^+\mathrm{e}^{-\mathrm{j}bz}$，已经知道，这种行波的电压、电流之比为特性阻抗 Z_0 (通常取 50Ω)。当传输线端接任意负载 Z_L，且 $Z_L\neq Z_0$ 时，负载上电压对电流的比值为 Z_L，因此一定会产生一个相应的反射波。此时，线上的总电压为

$$U(z)=U_0^{+}\mathrm{e}^{-\mathrm{j}\gamma z}+U_0^{-}\mathrm{e}^{-\mathrm{j}\gamma z} \tag{2.15}$$

线上总电压是入射波和反射波的总和，对于无耗传输线 ($\alpha\to 0$)，线上 z 处的总电压为

$$U(z)=U_0^{+}\mathrm{e}^{-\mathrm{j}\beta z}+U_0^{-}\mathrm{e}^{-\mathrm{j}\beta z} \tag{2.16}$$

类似地，线上 z 处的总电流可表示为

$$I(z)=\frac{U_0^{+}}{Z_0}\mathrm{e}^{-\mathrm{j}\beta z}-\frac{U_0^{-}}{Z_0}\mathrm{e}^{-\mathrm{j}\beta z} \tag{2.17}$$

因为负载上的总电压和总电流之比为负载阻抗，所以在 $z=0$ 处有

$$Z_L=\frac{U(0)}{I(0)}=\frac{U_0^{+}+U_0^{-}}{U_0^{+}-U_0^{-}}Z_0 \tag{2.18}$$

可求得 U_0^{-} 为

$$U_0^{-}=\frac{Z_L-Z_0}{Z_L+Z_0}U_0^{+} \tag{2.19}$$

距离终端负载 z 处的电压反射波 $U_0^{-}\mathrm{e}^{\mathrm{j}\beta z}$ 与电压入射波 $U_0^{+}\mathrm{e}^{-\mathrm{j}\beta z}$ 的比值定义为该处的电压反射系数 $\Gamma(z)$，经数学变换，可得到在传输线 z 处的电压反射系数 $\Gamma(z)$ 为

$$\Gamma(z)=\frac{U_0^{-}\mathrm{e}^{\mathrm{j}\beta z}}{U_0^{+}\mathrm{e}^{-\mathrm{j}\beta z}}=\frac{Z_L-Z_0}{Z_L+Z_0}\mathrm{e}^{\mathrm{j}2\beta z} \tag{2.20}$$

由式 (2.20) 可知，均匀无耗传输线上的反射系数等值，而相角不同。作为式 (2.20) 的特例，在 $z=0$ 处，即负载终端反射系数为

$$\Gamma(z)=\frac{U_0^{-}\mathrm{e}^{\mathrm{j}\beta z}}{U_0^{+}\mathrm{e}^{-\mathrm{j}\beta z}}=\frac{Z_L-Z_0}{Z_L+Z_0}=\Gamma_L \tag{2.21}$$

对有耗传输线，有

$$\begin{cases}U(z')=U'^{+}(z')+U'^{-}(z')=U'^{+}\mathrm{e}^{\gamma z'}\left(1+\Gamma_L\mathrm{e}^{-2\gamma z'}\right)=U'^{+}(z')\left[1+\Gamma(z')\right]\\ I(z')=I'^{+}(z')+I'^{-}(z')=\dfrac{U'^{+}}{Z_0}\mathrm{e}^{\gamma z'}\left(1-\Gamma_L\mathrm{e}^{-2\gamma z'}\right)=I'^{+}(z')\left[1-\Gamma(z')\right]\end{cases} \tag{2.22}$$

于是

$$Z_{\mathrm{in}}(z')=\frac{U(z')}{I(z')}=Z_0\frac{1+\Gamma(z')}{1-\Gamma(z')}\xrightarrow{\text{简记为}}Z_0\frac{1+\Gamma}{1-\Gamma} \tag{2.23}$$

对于无耗传输线，则有

$$Z_{\mathrm{in}}(z')=Z_{\mathrm{c}}\frac{1+\Gamma}{1-\Gamma} \tag{2.24}$$

这表明传输线上任意一点 z' 处的输入阻抗与反射系数为对应关系。只要知道两者当中的一个，就可求出另一个。

将 $z'=0$ 代入，就可得到如下负载阻抗与终端反射系数之间的数学转换关系：

$$Z_L = Z_0\frac{1+\Gamma}{1-\Gamma} \text{ 或 } \Gamma_L = \frac{1+\Gamma}{1-\Gamma} \tag{2.25}$$

当 $Z_L=Z_0$ 时，$\Gamma_L=0$，负载端没有反射，在这种情况下，负载端可以称为匹配负载；当 $Z_L=0$，即终端短路时，$\Gamma_L=-1$，负载端全反射；当 $Z_L=\infty$，即终端开路时，$\Gamma_L=1$，负载端也是全反射。而一般地，当 $Z_L\neq Z_0$ 时，从负载端产生向信号源端方向的反射波；当部分反射波到达源端时，若源端阻抗与特性阻抗不匹配，则它将再次被反射。此过程无限循环，电磁波就会在传输线里来回进行反射震荡。但由于沿线长 $z'=l$ 的传输线上传输一次，反射波的振幅就减小 $e^{-\alpha l}$ 倍。因此，线上电压、电流的波形主要由入射波和前几次反射波叠加得到，特别是衰减常数较大的情况。而在微波与射频技术中，为分析方便，通常是将传输线看成无耗的[12]。

2.2.2　电压驻波比

传输线上入射波和反射波的叠加形成驻波，导致每个点的电压和电流幅值大小不同，在驻波波形的最高点处，称为电压 (或电流) 的波腹点；在驻波的最低点处，称为电压 (或电流) 的波谷点；在驻波为零处，称为波节点。图 2.5 是电压驻波比 (voltage standing wave ratio, VSWR) 示意图。

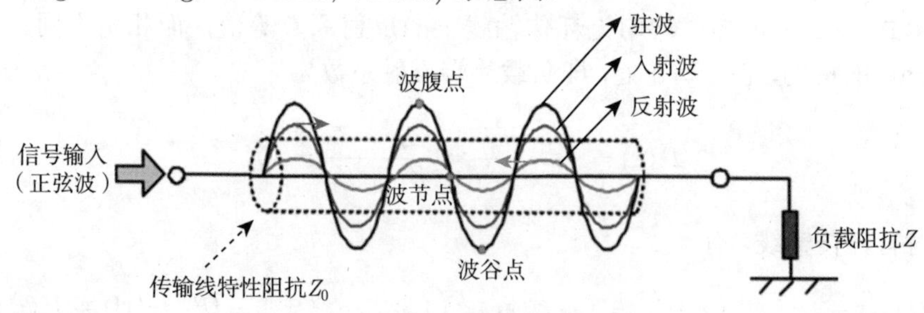

图 2.5　电压驻波比示意图

电压驻波比 (VSWR) 是传输线上电压或电流幅值最大值和最小值的比值，用公式表示为

$$\text{VSWR} = \frac{V_{\max}}{V_{\min}} \tag{2.26}$$

式中，$V_{\max}$ 和 $V_{\min}$ 分别表示为

$$V_{\max} = |V(x)|_{\max} = \left|V_0^+\right| + \left|V_0^-\right| = \left|V_0^+\right|(1+|\Gamma_L|) \tag{2.27}$$

$$V_{\min} = |V(x)|_{\min} = \left|V_0^+\right| - \left|V_0^-\right| = \left|V_0^+\right|(1-|\Gamma_L|) \tag{2.28}$$

因此，可推导出电压驻波比的公式如下：

$$\mathrm{VSWR}=\frac{V_{\max}}{V_{\min}}=\frac{1+|\Gamma_L|}{1-|\Gamma_L|} \tag{2.29}$$

也可以表示为

$$|\Gamma_L|=\frac{\mathrm{VSWR}-1}{\mathrm{VSWR}+1} \tag{2.30}$$

由公式可以得出，当 VSWR=1 时，$|\Gamma_L|=0$，表示传输线无反射，此时 $Z_L=Z_0$，阻抗完全匹配。

2.2.3 回波损耗

回波损耗 (return loss，RL) 是传输线上任一点入射功率与反射功率的比值，其计算公式为

$$\mathrm{RL}=10\lg\left(\frac{P_\mathrm{i}}{P_\mathrm{o}}\right)=10\lg\left(\frac{1}{|\Gamma|^2}\right)=-20\lg|\Gamma| \tag{2.31}$$

式中，P_i 表示入射波功率；P_o 表示反射波功率。

2.2.4 单端口散射系数

单端口散射系数用 S_{11} 表示，具体如图 2.6 所示，即入射波电压经过端口 1 反射后得到反射波电压，后者与前者的比值就称为单端口散射系数，具体公式如下：

$$S_{11}=20\lg\frac{U_{反}}{U_{入}}=20\lg|\Gamma| \tag{2.32}$$

式中，$U_{反}$ 为端口 1 的反射波电压幅值；$U_{入}$ 为端口 1 的入射波电压幅值；Γ 为反射系数。

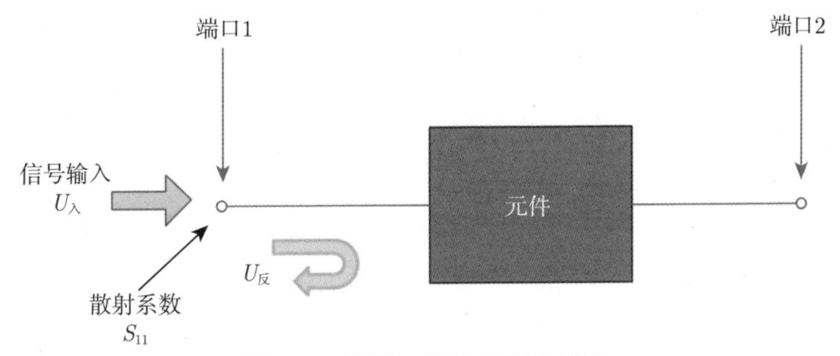

图 2.6 单端口散射系数示意图

通常 S_{11} 的值越小，代表能量被反射出去越少。因为 S_{11} 是个负值，所以回波损耗为正值，因此通常提到回波损耗的时候，回波损耗取值越大越好，这样整个端口的反射会越小。

2.2.5　插入损耗

在整个微波电路的传输系统中，在某一处插入元器件会导致负载端功率损失，插入前后的负载端接收功率的比值称为插入损耗 (insertion loss，IL)，具体公式如下：

$$\mathrm{IL} = -10\lg\frac{P_{前}}{P_{后}} \tag{2.33}$$

式中，$P_{前}$ 表示插入前负载接收到的功率；$P_{后}$ 表示插入后负载接收到的功率。

2.2.6　正向传输系数

输入信号电压由端口 1 输入，经过馈电通道，由于端口阻抗不匹配和线路的损耗，导致端口 2 的输出信号电压小于输入信号电压，将输出信号电压与输入信号电压的比值称为正向传输系数 (图 2.7)，具体公式如下：

$$S_{21} = 20\lg\frac{U_2}{U_1} \tag{2.34}$$

式中，U_2 为端口 2 的输出电压；U_1 为端口 1 的输入电压。通常 $U_2 < U_1$，故 S_{21} 一般是小于零的，S_{21} 越大，也就是越接近 0 时代表信号在传输过程中线路损耗越小，理想情况下为 0，此时传输线路是无损耗的。

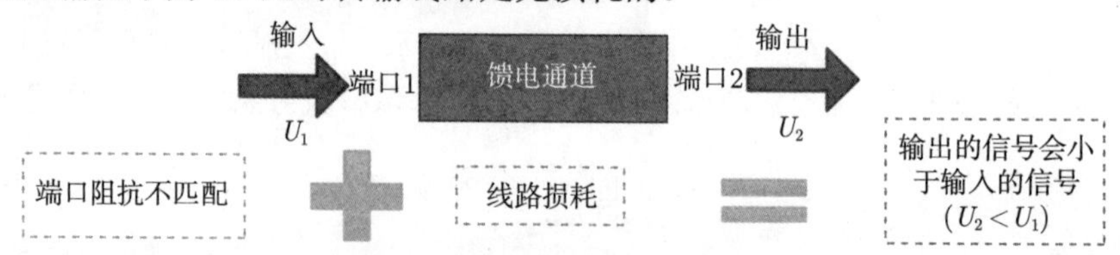

图 2.7　正向传输系数示意图

根据以上微波电路参数，下面用表 2.2 将各参数的特点与区别进行总结。

表 2.2　微波参数的特点与区别

参数	定义	表达式	取值范围	衡量准则
终端反射系数 Γ_L	反射电压与入射电压之比	$\frac{Z_L - Z_0}{Z_L + Z_0}$	$\|\Gamma_L\| \leqslant 1$	越接近零，说明阻抗匹配越好，反射系数是复数，需取绝对值
电压驻波比 VSWR	入射波和反射波叠加后的电磁波，其电压波腹波节之比	$\frac{1+\|\Gamma_L\|}{1-\|\Gamma_L\|}$	$(1, \infty)$	越靠近 1 说明匹配效果好，表示馈线与负载的失配程度
回波损耗 RL	入射波的一部分能量被反射回到馈电端	$-S_{11}$	正	值为正，取值越大说明匹配越好，反射越小
单端口散射系数 S_{11}	端口 1 的反射系数，要满足端口 2 匹配	$20\lg\|\Gamma\|$	负	值为负，且取值越小则匹配越好反射越小。表示回波损耗，衡量能量返回源端大小，值越小越好
插入损耗 IL	以分贝为单位，负载在元器件插入前接收的功率与插入后所接收的功率的比值	$10\lg\frac{P_{前}}{P_{后}}$	正	通常用在滤波器中，代表滤波器插入前后，负载接收功率之比，值为正，且越小说明损失越小
正向传输系数 S_{21}	当两端口匹配时，从端口 1 到端口 2 的传输系数	$20\lg\frac{U_{出}}{U_{入}}$	负	指馈电通道的传输损耗，值为负，取值越大，能量传输损失越小，理想值为 0dB

2.3 微波网络的阻抗匹配

阻抗匹配在高频微波电路设计中十分重要，有源与无源电路都必须考虑。究其缘由，这是由于高频电路传输的是导行电磁波，而低频电路以电压和电流形式传输，若微波网络的阻抗不能很好匹配，将会引起严重的信号反射[13,14]。因此，阻抗匹配是微波组件设计时必须考虑的重要因素之一。

微波网络中传输线的特征阻抗与信号源内阻幅值相位相等，或与所接负载阻抗幅值相位相等，都分别称为输入端阻抗匹配和输出端阻抗匹配，简称为阻抗匹配[15-17]；反之，称为阻抗失配。阻抗匹配一般认为有两种：一种为终端匹配；另一种为源端匹配。

终端匹配指传输线的特征阻抗与负载端要满足幅值相位相等，负载才能接受到最大信号功率，并使负载端无能量反射回传输线，即达到了阻抗匹配[18-20]，匹配示意图如图 2.8 所示。

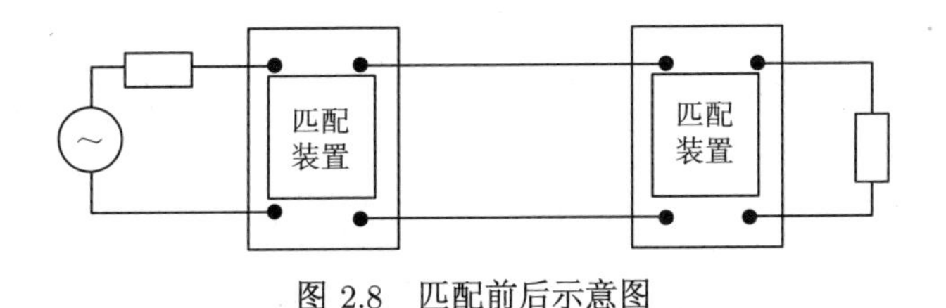

图 2.8 匹配前后示意图

负载与传输线的阻抗匹配条件是 $Z_L = Z_0$，但通常都不满足，因此需要在两者之间介入匹配装置。匹配装置的目的就是把自身的输入阻抗看作终端负载，与馈线的特性阻抗相匹配，以保证信号能够最大程度的输出到负载端[21,22]。

信号源端的匹配是指馈电端与馈线间的阻抗匹配，一般理解有两种情况：一种为传输线与信号源端之间的匹配，主要是要求信号端不发生能量返回，通常需要保证源内阻抗与传输线特性阻抗和负载阻抗都相等来满足要求；另外一种为信号源的共轭匹配，即要求信号端的内阻和负载阻抗的复数阻抗互为共轭，目的是使器件可以有最大的功率输出。对于一个高密度组装电源来讲，共轭匹配极为关键，因为需要保证电源功率的最大输出[23,24]。

一般功率放大器输出阻抗为 50Ω，当其物理尺寸远大于电磁波长时，在电路设计中需考虑阻抗匹配，如果当物理尺寸远小于电磁波长，即传输线长相比器件物理长度可以忽略，此时就无需考虑阻抗匹配的影响。PCB 板高速信号传播时，为了防止电磁信号的反射，传输线的阻抗通常选取为 50Ω、70Ω 或 100Ω 等数值[25-27]。

2.4 Smith 圆 图

Smith 圆图是反射系数平面上的阻抗和导纳坐标系，通过将平面直角坐标 (反射系数) 和圆坐标 (阻抗和导纳) 完美结合在一起，使之成为一个十分有用的图形工具。Smith 圆图主要用于读取反射系数、导纳和电压驻波比等，进行阻抗和传输线匹配网络的设计以及微波与射频放大器和振荡器的辅助设计等[28-30]。

2.4.1 Smith 阻抗圆图

设 $z=r+\mathrm{j}x$，$\varGamma=\varGamma_\mathrm{r}+\mathrm{j}\varGamma_\mathrm{i}$，可得

$$r+\mathrm{j}x=\frac{1+\varGamma_\mathrm{r}+\mathrm{j}\varGamma_\mathrm{i}}{1-\varGamma_\mathrm{r}-\mathrm{j}\varGamma_\mathrm{i}} \tag{2.35}$$

整理后得

$$\left(\varGamma_\mathrm{r}-\frac{\gamma}{1+\gamma}\right)^2+\varGamma_\mathrm{i}^2=\left(\frac{1}{1+\gamma}\right)^2 \tag{2.36}$$

$$(\varGamma_\mathrm{r}-1)^2+\left(\varGamma_\mathrm{i}-\frac{1}{x}\right)^2=\left(\frac{1}{x}\right)^2 \tag{2.37}$$

式 (2.36) 和式 (2.37) 分别对应反射系数平面 $(\varGamma_\mathrm{r},\varGamma_\mathrm{i})$ 上的两组圆，分别称为电阻圆和电抗圆。

由式 (2.36) 得电阻圆圆心坐标为 $\left(\dfrac{r}{1+r},0\right)$，半径为 $\dfrac{1}{1+\gamma}$。对于不同 r 可以在反射系数平面上画出相应的电阻圆，如图 2.9(a) 所示。

由式 (2.37) 得电抗圆圆心坐标为 $\left(1,\dfrac{1}{x}\right)$，半径为 $\left|\dfrac{1}{x}\right|$。对于不同 x 可以在反射系数平面上画出相应的电抗圆，如图 2.9(b) 所示。

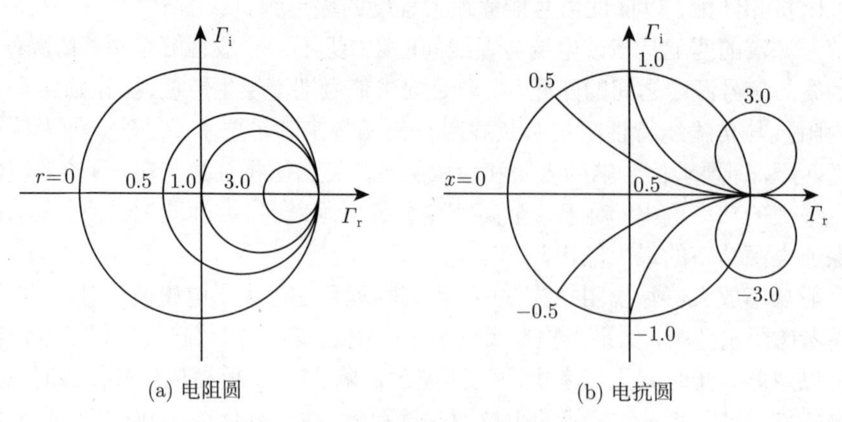

图 2.9　反射系数平面上的电阻圆和电抗圆

在反射系数平面上将电阻圆和电抗圆合并在一起即成为 Smith 阻抗圆图，如图 2.10 所示。

Smith 阻抗圆图的上半部分 x 为正数，表示感性；阻抗圆图的下半部分 x 为负数，表示容性。例如，若归一化阻抗为 $z = 0.2 - \mathrm{j}0.2$，则表示电抗为容性；若归一化的参考电阻为 $Z_0 = 50\Omega$，则得实际阻抗 $Z_0 \cdot z = (10 - \mathrm{j}10)\Omega$。

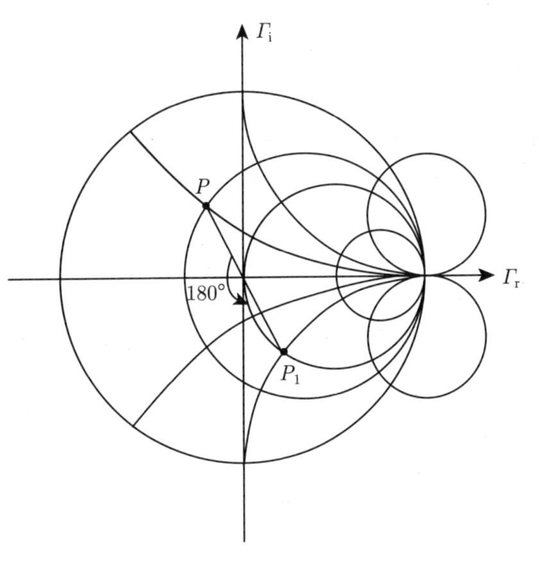

图 2.10 Smith 阻抗圆图

Smith 阻抗圆图上的任何一点 P 对应着一个反射系数 Γ 和一个归一化阻抗 z，满足关系式 $z = \dfrac{1+\Gamma}{1-\Gamma}$。若将 P 点绕着反射系数平面原点旋转 180° 所得到的点记为 P_1 点，则该点的反射系数 Γ_1 和归一化阻抗 Z_1 分别为

$$\Gamma_1 = \Gamma \mathrm{e}^{\mathrm{j}\pi} \tag{2.38}$$

$$Z_1 = \frac{1+\Gamma_1}{1-\Gamma_1} = \frac{1+\Gamma \mathrm{e}^{-\mathrm{j}\pi}}{1-\Gamma \mathrm{e}^{-\mathrm{j}\pi}} = \frac{1-\Gamma}{1+\Gamma} = \frac{1}{z} = y \tag{2.39}$$

上述结果表明，P_1 点的阻抗等于原阻抗 Z 的导纳。因此，阻抗到导纳的转换等效为将该阻抗点在反射系数平面上旋转 180°，旋转后的点为导纳点，即导纳点是阻抗点关于原点的对称点。

2.4.2 Smith 导纳圆图

由阻抗与反射系数的关系，可得

$$y = \frac{1}{z} = \frac{1-\Gamma}{1+\Gamma} = \frac{1+\Gamma \mathrm{e}^{-\mathrm{j}\pi}}{1-\Gamma \mathrm{e}^{-\mathrm{j}\pi}} \tag{2.40}$$

式中，$y = \dfrac{1}{z} = \dfrac{Z_0}{Z} = \dfrac{Y}{Y_0}$，称为归一化导纳，其中 Y 为网络端口导纳，Y_0 为参考导纳，通常为 $\dfrac{1}{50\Omega} = 0.02\mathrm{S}$。这表明归一化导纳和 Γ 平面上的点存在一一对应的关系。

Smith 导纳圆图也可以从 Smith 阻抗圆图得到。这种方法是利用阻抗圆图上的阻抗和导纳的转换关系，即导纳点是阻抗点关于原点的对称点，因此将 Smith 阻抗圆图旋转 180° 就可以得到 Smith 导纳圆图，如图 2.11 所示。

2.4.3　Smith 阻抗导纳圆图

将阻抗圆图和导纳圆图叠加在一起的组合圆图称为 Smith 阻抗导纳圆图，如图 2.12 所示。阻抗导纳圆图可方便地用于阻抗匹配。对于归一化阻抗 $z = r + \mathrm{j}x$，当保持 r 不变，改变 x 时，z 将在等电阻圆 r 上移动；对于归一化导纳 $y = g + \mathrm{j}b$，当保持 g 不变，改变 b 时，y 将在等电导圆 g 上移动。掌握阻抗导纳圆图中点的变化轨迹是理解用 Smith 圆图进行阻抗匹配的基础。

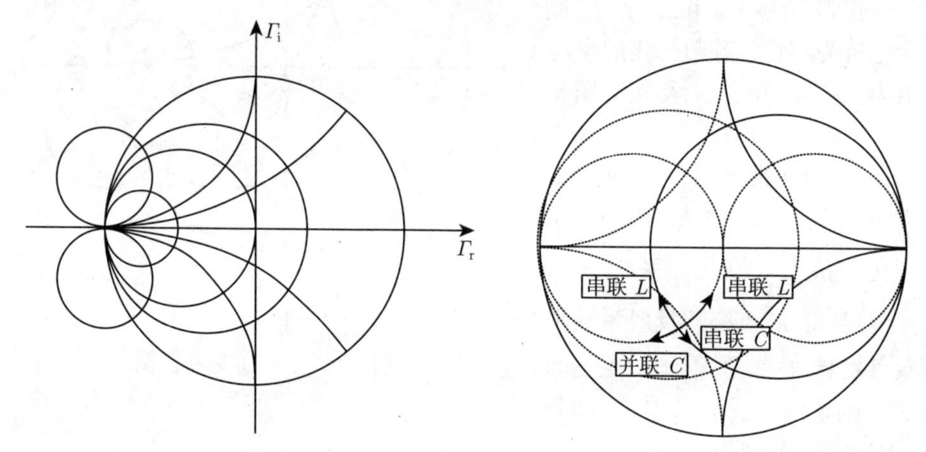

图 2.11　Smith 导纳圆图　　　　图 2.12　Smith 阻抗导纳圆图

2.4.4　Smith 圆图与传输线

Smith 圆图的另一个重要用途是传输线的阻抗变换。终端所接负载阻抗为 Z_L、无损耗传输线的特征阻抗为 Z_0，由传输线理论得其归一化输入阻抗为

$$z_{\mathrm{in}} = \frac{1 + \Gamma \mathrm{e}^{-2\mathrm{j}\beta l}}{1 - \Gamma \mathrm{e}^{-2\mathrm{j}\beta l}} \tag{2.41}$$

式中，l 为传输线的长度；$\beta = \dfrac{2\pi}{\lambda}$，$\lambda$ 为波长；Γ 为 Z_L 端的反射系数。

2.4.5　Smith 圆图与网络 Q 值

元器件 Q 值定义为其阻抗中的电抗值与电阻值之比，也可定义为元器件导纳中的电纳值与电导值之比，用公式表示如下：

当 $z = r + \mathrm{j}x$ 时，则

$$Q = \frac{x}{r} \tag{2.42}$$

当 $y = g + \mathrm{j}b$ 时，则

$$Q = \frac{b}{g} \tag{2.43}$$

由式 (2.36) 和式 (2.37) 可得

$$Q = \frac{x}{r} = \frac{2\Gamma}{1 - \Gamma_{\mathrm{r}}^2 - \Gamma_{\mathrm{i}}^2} \tag{2.44}$$

变换后可得

$$\Gamma_{\mathrm{r}}^2 + \left(\Gamma_{\mathrm{i}} \pm \frac{1}{Q}\right)^2 = 1 + \frac{1}{Q^2} \tag{2.45}$$

式 (2.45) 给出的方程是圆的方程，其圆心为 $\Gamma_{\mathrm{r}} = 0$，$\Gamma_{\mathrm{i}} = \pm 1/Q$，半径为 $\sqrt{1 + \dfrac{1}{Q^2}}$。

不同的 Q 值对应着反射系数平面上不同的圆，称为等 Q 曲线，如图 2.13 所示。在 Smith 圆图上使用等 Q 曲线可以设计指定 Q 值的阻抗匹配网络。

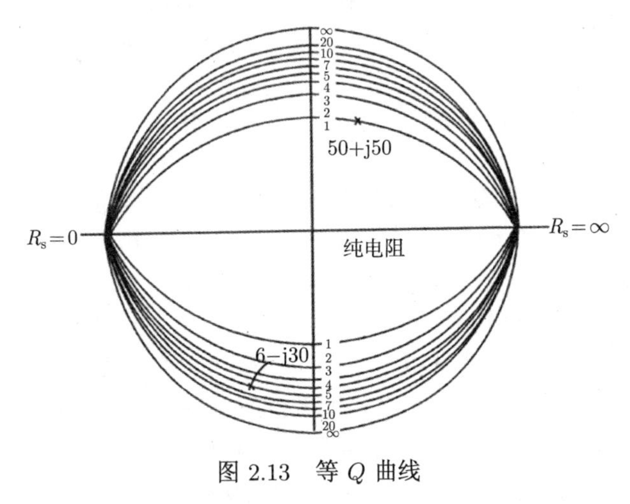

图 2.13　等 Q 曲线

2.5　振动环境对微波组件的影响

所有的电子装备都会经历运输、使用和储存等过程，在这些过程中不可避免地受到振动、冲击环境的影响。振动环境会引起机械力对电子装备的作用，进而引起电子装备中微波组件的机械结构损坏和电气性能失效，甚至完全丧失工作能力[31,32]。现有的研究中，机械方面主要集中在随机振动对微波组件结构力学性能影响的研究。分析随机误差对微波组件影响时，大多数学者均是假设微波组件随机误差服从某种概率分布，这并不能完全反映天线结构受随机振动影响下产生的误差。因此，为了确保微波组件在工作环境下结构的可靠性，有必要进行微波组件的随机振动分析[33-35]。通过分析，以便在随机振动条件下，在最大应力、应变工程允许范围内，对数字微波组件轻量化设计提出合理的要求。

周期性振动是一种重复的交变力作用，它使组件在外力作用下产生周期性往复运动。周期性振动的主要来源是：运载平台上的发动机振动，如汽车、舰船、飞机和导弹等发动机工作时的强烈振动；高速旋转物体的质量偏心，如电子信息系统内部的电动机、风机、泵产生的振动以及高速飞行器的空气动力作用等。

表征周期振动的参数有：振幅 (或位移幅值)、频率和振动持续时间。振幅有时候也用加速度来表示，它们之间的关系为

$$a = \frac{1}{250} f^2 A_0 \tag{2.46}$$

式中，a 为加速度 ($\mathrm{m/s^2}$)，常用重力加速度 g 的倍数来表示；f 为振动频率 (Hz)；A_0 为振幅 (mm)。

实际环境中的振动往往不是单一频率的振动，而是许多频率振动的叠加，其振幅大小和振动频率的高低直接取决于激发振动的外界机械力。

2.6　微波组件常用散热方法

微波组件热设计是指对微波系统中的耗热元件以及整机或系统采用合适的冷却技术和结构设计，对组件温升进行控制，从而保证组件或系统正常、可靠地工作，这对于电子信息系统是一项关键技术。掌握热设计的基本原则，并正确选择合适的散热方法对提高微波组件可靠性至关重要。微波组件热设计需要根据其耗热量和工作环境等因素选取合适的散热方法，常用的散热方法主要有以下几种：

(1) 自然冷却。自然冷却是指不使用风机或泵等冷却驱动装置，只依靠导热、自然对流和辐射换热的单独作用或者两种以上换热形式的组合达到散热目的的方法。其特点是冷却成本低，且可靠性高，在耗散功率不高的微波组件中，应优先考虑自然冷却法，如电子测量仪器和电子医疗仪器等。

(2) 强迫风冷。强迫风冷是利用通风机驱使空气流经发热体表面，把热量带走的一种冷却方法。空气流速越高，发热体表面与空气间形成的边界层的热阻就越小，带走的热量就越多。最常见的有风扇，其冷却能力是自然冷却的 10 倍左右。还可以通过热扩展模块，采用新型散热翅片，提高其冷却能力。现在风冷技术的研究主要集中在高性能散热翅片的研发和新型风冷方式的研究，如空气射流冲击技术。

(3) 液体冷却。由于液体的导热系数和质量定压热容比空气大，因此可以很好地降低相关环节的热阻，提高其冷却效率，它是目前高功率密度和大功率器件最常用的系统级冷却方法。它分为直接液体冷却和间接液体冷却：① 直接液体冷却是指将冷却液体和发热电子元器件直接接触进行热交换。热源将热量传给冷却液体，经由冷却液将热量传递出去，在这种情况下，冷却液体的对流和蒸发是热源散热的主要方式。常用的直接液体冷却方式主要有浸没式冷却、直接射流冲击冷却和

喷淋冷却。由于直接液体冷却时冷却液体和电子元器件发热部分直接接触，因此在冷却介质的选取上要求它具有惰性、绝缘性和导热性的优点，故寻找合适的冷却介质成为该方法的发展方向。② 间接液体冷却是指电子元器件不与冷却介质直接接触，一般采用冷板等形式。间接液体冷却系统设计时应注意减小接触热阻。它与直接液体冷却相比有如下特点：冷却液不与发热电子元器件直接接触，减少了对微波组件的污染；可以不必局限于惰性、绝缘性好的冷却剂，而更多考虑导热性良好的冷却剂，带走更多热量；便于维修。

(4) 热电制冷。热电制冷的基本原理是珀耳帖效应，即当任何两种不同的导体组成一个热电偶对并通以直流电时，在电偶的相应接头处就会发生吸热和放热现象，其制冷效果取决于两种电偶对材料的热电势。由于热电制冷器不需要介质，又没有机械运动部件，可靠性高，因此在微波组件热控制方面得到比较广泛的应用。但它的制冷效率较低，因此只能用于热流密度小于 $102\mathrm{W/cm^2}$ 的低热耗场合。

(5) 热管。热管是一种新型的高效传热器件。它具有导热性能高、结构简单、工作可靠、温度均匀与等温性等特点，可广泛用于微波组件、高密度组装部件和高功率密度元器件的传热和热控制。热管由蒸发段、绝热段和冷凝段三部分组成，其工作原理为：当发热元件与蒸发段接触后，将热量传给管壁、管芯和工质；工质受热后吸收汽化潜热变为蒸汽，蒸发段的蒸汽压力高于冷凝段，两端形成压力差，该压差驱动蒸汽从蒸发段到冷凝段；蒸汽在冷凝段冷凝时放出汽化潜热，通过管芯传到热管的散热器，冷凝液在毛细泵力作用下回到蒸发段，完成一个循环，如图 2.14 所示。热管具有极好的导热特性和等温性，但是它对重力敏感，低温环境启动困难，同时工艺复杂，成本高，在变换流情况下保持热管不变形较困难。目前它应用最成功的领域是航天微波组件的冷却，其衍生物主要有毛细泵回路、环路热管、脉动热管和蒸汽腔室等。

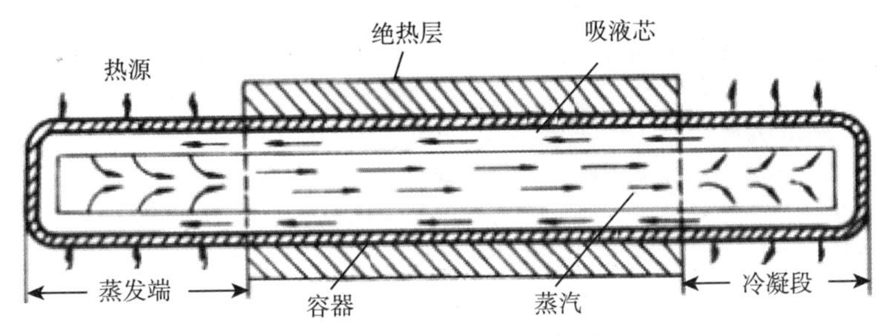

图 2.14 热管散热示意图

(6) 蒸发冷却 (相变冷却)。蒸发冷却是利用液体在沸腾过程中吸收大量汽化热的一种高效冷却方法，它的冷却能力是自然冷却的 1000 倍，最高可达 $4502\mathrm{W/cm^2}$，它的换热效率高，温度分布均匀，无局部过热点，可靠性好，因此可应用于高功率密度和高组装密度的电子元器件的有效冷却。

(7) 冷板。冷板是一种单流体 (水、气体或其他冷却剂) 的热交换器，由盖板、底板、肋片和左右封条组成，在盖板和底板之间由左右封条和肋片组成流体通道，流体流经通道时，带走安装在盖板和底板上的电子元器件产生的热量。它主要有气冷冷板、液冷冷板、储热式冷板和热管冷板。其中，气冷冷板的热流密度为 $15.5\times10^3\mathrm{W/m^2}$，液冷冷板 (图 2.15) 的热流密度可达 $45\times10^3\mathrm{W/m^2}$。冷板的传热性能很好，且体积小，质量轻，在微波组件和高组装密度器件的热设计中得到了广泛的应用，特别在星载和机载微波组件中，冷板的应用更具有明显的优势。由于微通道的换热系数很大，将它与冷板结合形成的微通道冷板具有更高的冷却能力，其冷却效果也能更好地满足数字微波组件这类高功率高密度组装系统的热控制要求。

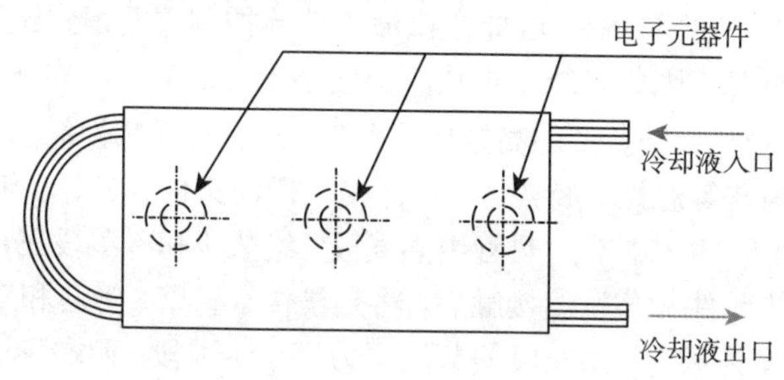

图 2.15　液冷冷板结构

参考文献

[1] 段宝岩. 电子装备机电耦合理论、方法及应用 [M]. 北京: 科学出版社, 2011.

[2] 王从思, 王伟, 宋立伟. 微波天线多场耦合理论与技术 [M]. 北京: 科学出版社, 2015.

[3] 赵克玉, 许福永. 微波原理与技术 [M]. 北京: 高等教育出版社, 2006.

[4] 李宗谦, 佘京兆, 高葆新. 微波工程基础 [M]. 北京: 清华大学出版社, 2004.

[5] BERTONI H L. Radio propagation for modern wireless systems[M]. Beijing: Publishing House of Electronics Industry, 2002.

[6] 陈邦媛. 射频通信电路 [M]. 北京: 科学出版社, 2002.

[7] LUDWIG R, BRETCHKO P. RF circuit design theory and application[M]. Upper Saddle River: Prentice Hall, 2000.

[8] POZAR D. Microwave engineering[M]. Hoboken: John Wiley & Sons, 1998.

[9] SEDRA A S, SMITH K C.Mircroelectronic circuits[M]. New York: Oxford University Press, 1998.

[10] DORF R C. Electrical engineering handbook[M]. Boca Raton: CRC Press, 1993.

[11] MOORE T M, MCKENNA R G. Characterization of integrated circuit packaging materials[M]. Boston: Butterworth-Heinemann, 1993.

[12] POZAR D M. Microwave engineering[M]. Hoboken: John Wiley & Sons, 2009.

[13] DESOR C A, KUH E S.Basic circuit theory[M].Tokyo: McGraw-Hill, 1969.

[14] 王从思. 天线机电热多场耦合理论与综合分析方法研究 [D]. 西安: 西安电子科技大学, 2007.
[15] KONG J A. 电磁波理论 [M]. 吴季, 译. 北京: 电子工业出版社, 2003.
[16] 张屹遐. 微波 LTCC 垂直通孔互连建模研究 [D]. 成都: 电子科技大学, 2012.
[17] 毛剑波. 微波平面传输线不连续性问题场分析与仿真研究 [D]. 合肥: 合肥工业大学, 2012.
[18] 范寿康, 电子学, 卢春兰, 等. 微波技术与微波电路 [M]. 北京: 机械工业出版社, 2003.
[19] KOPP B A. X-band transmit/receive module overview[C].IEEE MTT-S Digest, 2000: 705-707.
[20] 吴永诗. 微波集成电路的计算机辅助设计 [M]. 天津: 天津大学出版社, 2000.
[21] MARCH S L. Simple equations characterize bond wires[J]. Microwaves & RF, 1991, 30: 105-110.
[22] HILBERG W. Electrical characteristics of transmission lines[M]. Dedham: Artech House, 1979.
[23] SCHUSTER C, FICHTNER W. Parasitic modes on printed circuit boards and their effects on EMC and signal integrity[J]. IEEE Transactions on Electromagnetic Compatibility, 2001, 43(4): 416-425.
[24] HOWE H.Stripline circuit design[M]. Dedham: Artech House, 1974.
[25] LEE H Y. Wideband characterization of a typical bonding wire for microwave and millimeter-wave integrated circuits[J]. IEEE Transactions on Microwave Theory and Techniques, 1995, 43(1): 63-68.
[26] KHOURY S L, BURKHARD D J, GALLOWAY D P, et al. A comparison of copper and gold wire bonding on integrated circuit devices[C]. Electronic Components and Technology Conference, 1990: 768-776.
[27] QINGXIN Y, XIAN Z, HAIYAN C, et al. Direct field-circuit coupled analysis and corresponding experiments of electromagnetic resonant coupling system[J]. IEEE Transactions on Magnetics, 2012, 48(11): 3961-3964.
[28] QI X, YUE C P, ARNBORG T, et al. A fast 3D modeling approach to electrical parameters extraction of bonding wires for RF circuits[J]. IEEE Transactions on Advanced Packaging, 2000, 23(3): 480-488.
[29] SUTONO A, CAFARO N G, LASKAR J, et al. Experimental modeling, repeatability investigation and optimization of microwave bond wire interconnects[J]. IEEE Transactions on Advanced Packaging, 2001, 24(4): 595-603.
[30] LIM J H, KWON D H, RIEH J S, et al. RF characterization and modeling of various wire bond transitions[J]. IEEE Transactions on Advanced Packaging, 2005, 28(4): 772-778.
[31] 王从思, 王伟, 宋立伟. 微波天线多场耦合理论与技术 [M]. 北京: 科学出版社, 2015.
[32] WANG C S, DUAN B Y, QIU Y Y. On distorted surface analysis and multidisciplinary structural optimization of large reflector antennas[J]. Structural and Multidisciplinary Optimization, 2007, 33(6): 519-528.
[33] DUAN B Y, WANG C S. Reflector antenna distortion analysis using MEFCM[J]. IEEE Transactions on Antennas and Propagation, 2009, 57(10): 3409-3413.
[34] WANG C S, DUAN B Y, ZHANG F S, et al. Coupled structural-electromagnetic-thermal modelling and analysis of active phased array antennas[J]. IET Microwaves, Antennas & Propagation, 2010, 4(2): 247-257.
[35] WANG C S, DUANB Y, ZHANG F S, et al. Analysis of performance of active phased array antennas with distorted plane error[J]. International Journal of Electronics, 2009, 96(5): 549-559.

第3章　组件机电热性能仿真软件关键技术

有源微波组件是电子信息装备的关键部件之一，其设计和制造水平直接影响着装备系统的功能和性能。随着我国电子信息水平的飞速发展，对有源微波组件的快速研制能力提出了越来越高的要求[1]。有源微波组件的电性能在很大程度上依赖其复杂的机械结构，组件的结构形状、尺寸、加工工艺特征参数和键合焊接方式等都将最终影响特征阻抗、插入损耗、电压驻波比和回波损耗等电性能[2-8]。目前我国还没有专门用于微波组件设计的计算机软件系统，设计人员大多采用通用软件 (如 ANSYS、CFX、HFSS、ADS 等) 来完成设计任务。这些国外商品化通用软件具有较强的专业性，单一软件通常只能解决微波组件设计分析过程中某个方面的问题，在不同软件中进行分析时都需要重新建立模型，设计效率低。由于缺乏专用的综合设计平台的支持，有源微波组件设计行业现有的设计手段难以满足微波组件研制跨越式发展的需求，从微波组件结构方案设计、到数字化模型的建立、再到完成组件结构各项性能的分析和仿真，需要花费很长的时间，导致结构参数化建模效率低、仿真分析复杂等问题，因此有必要了解和掌握用于有源微波组件的各学科专业软件，研制包括微波组件结构分析、热分析以及联合优化软件等实用化的机电热耦合仿真软件设计平台[9]。本书软件平台完成了多个重要模块的开发，实现了参数化建模、自动分析计算以及一键提取后处理结果等功能，简化了使用商用分析软件对微波组件进行有限元分析的过程，大大减少设计人员的工作量，显著提高设计人员的工作效率，不仅为工程实际提供参考和借鉴，也为微波组件的研制与创新设计提供一个有效的快速研制环境。

3.1　机电热仿真软件概述

3.1.1　开发软件特点分析

目前通常使用的面向对象开发软件有微软公司的 Visual C++、Visual Basic 等开发平台，Borland 公司的 Delphi、C++ Builder 以及基于 Java 的开发软件，针对不同的对象、不同的应用和不同的需求，这些开发软件各自具有自身的计算流程以及计算优势[10]。C++ 作为面向对象的结构化编程语言，是目前具有最高效率也最为通用的高级编程语言之一，其执行速率只低于汇编语言，而且 C++ 编程语言相比于汇编语言存在其不可比拟的优势。在 Pascal 语言应用方面，Borland 公司具备十分雄厚的工程实际操作案例，这些经验可以帮助将 C++ Builder 语言的执行代码变得更加高效，与此同时，它与微软操作系统可以进行无差别的良好兼容。由此可见，C++ Builder 软件是目前特别热门并广受欢迎的开发系统之一，其主要特点如下：

(1) 具有可视性，即运行操作透明，在进行软件开发时整个过程都能直观、形象地呈现出来，方便用户对操作进行判断与执行。

(2) 能够满足多种软件开发的需求，可对其语言进行延展与功能补充[11]。

(3) 可以自身建立应急处理机制，能够自动处理多种突发状况，并具有自诊断自治愈，相比于其他语言更智能化。

(4) 可以完美集成 CORBA 与 COM/COM+ 的 C++ 集成开发环境，具备良好的通用性。

(5) 可同时支持不同种类的数据库，且自身的种类也很多。

关于 VC(Visual C++) 与 CB(C++ Builder)，两者的比较如下：

(1) CB 最初的起源是 BC(Borland C++)，因此它兼容了 BC 的许多优点。BC 操作使用中的 Application Framework 模块是 OWL，OWL 以物件导向的角度比 MFC 先进很多，故 CB 是在 BC 的基础上进行发展的，具备 BC 的诸多优势，同时自身也在不断进行补充。

(2) 在以往的程序设计过程中，VC 的 GUI 设计通常要占用程序设计时间的 1/3，这样严重耗费了时间，降低了效率。对于该问题，CB 可以让 GUI 设计的时间大大减少，这样，设计开发人员可以把更多的时间投入到更为关键的专业理论方法核心部分开发中，使整个程序设计花的时间变少。这种方法使开发的时间大大缩短，同时又能实现同样的功能，因此也是提高开发效率的重要步骤。

(3) CB 的程序设计较之前的程序设计语言更加清楚和透明，这样更容易进行入门学习，程序开发者可以通过该语言内部提供的可视化模块，实现对所有的程序代码和档案进行直观的监测和浏览。CB 的程序开发速率更快，因此可以更加快速产生程序所需要的 GUI layout 和 prototype，这样同 VC 进行比较，可减少大量工作时间，提高工作效率。

由此可知，使用 CB 软件可以满足微波组件机电热耦合仿真设计软件的开发功能，可以使组件的结构分析与热分析在可视化的界面上进行操作，而且应用 CB 开发该系统可以显著降低开发成本、提高系统的开发效率[12,13]。因此，本书使用 CB 软件，对微波组件机电热耦合仿真设计平台进行开发。

3.1.2 有限元分析软件的选择

时至今日，市面上常用的有限元分析软件有 ANSYS、ABAQUS、NASTRAN、ASKA、ADINA、I-DEAS 和 MSC 等，其中应用率最多、覆盖范围最广当属 ANSYS

软件。ANSYS 软件凭借其强大的功能和优异的性能，牢牢占据着工程数值计算的重要地位，不管在数值模拟还是工程案例中均发挥着重要的作用，而且不论是静力学分析、瞬态分析还是电磁场分析，ANSYS 软件均提供了良好的接口与计算过程，因此其通用性也是最好的。另外，ANSYS 软件提供了完备的前处理器、强大的求解器、方便的后处理器以及良好的开放性[14]。其开发功能主要由以下四部分构成[15]。

1. ANSYS 数据接口

ANSYS 软件在进行仿真计算的时候，会产生许多数据，这些数据主要有两种格式：一部分在运行时置于计算机的内存之中；另一部分以文件的形式存放在工作目录中。除 LOG 文件和出错文件等文本文件之外，其他文件都是二进制文件，分别以不同的格式进行写入。ANSYS 软件的数据文件中包含了对该数据进行读写或者其他处理的程序或者函数，这些数据文件的格式由 ANSYS 软件给出，同时用户也可以根据软件 HELP 文件进行查询。目前，ANSYS 软件提供了三种功能：检查或观察过程数据或结果数据；通过修改 ANSYS 的数据文件达到控制或修正计算；提取结果数据进行分析处理。

ANSYS 数据接口提供了两条模型和数据库信息的转换和传递命令，即 CDREAD 和 CDWRITE 命令，这两个命令主要用来对数据和模型进行信息和数据的传递。CDREAD 命令负责将模型导入 ANSYS 数据库中，但是这个模型必须符合 ANSYS 软件规定的相关要求。例如，若读入的是 APDL 语言建立的模型，那么该模型需要符合 ANSYS 中 APDL 语言的编写规则，这样才能确保模型准确建立。CDWRITE 命令则是实现从 ANSYS 数据库中将数据导出的功能，如在结构静力学和动力学等分析中将结构应力和应变信息进行输出，或在热仿真分析中将微波组件的温度分布数据进行导出。ANSYS 数据接口还阐述了图形文件的格式，帮助用户将 ANSYS 图形文件转换成其他格式，如 AI 等。

2. 用户界面设计语言

用户界面设计语言 (user interface design language，UIDL) 即用户界面设计语言。标准 ANSYS 交互图形界面可以驱动 ANSYS 命令，提供命令的各类输入参数接口和控制开关。用户在这个可视化界面中可以进行相关的有限元分析计算，用户界面设计语言可以实现软件与设计人员之间的互联，可以完成三种图形界面的设计：主菜单系统及菜单项，对话框和拾取对话框，帮助系统。

3. 用户可编程特性

用户可编程特性 (user-programmable features，UPFs) 包含一个采用 FORTRAN77 编程语言编写的内容丰富的子程序库。用户可以根据自己的需要以及要实现的功能，利用程序库进行相应编程，只要这些程序逻辑以及语言正确并且符合 ANSYS 软件相关的运行要求，就能扩展 ANSYS 软件的功能，进而对 ANSYS 软件进行扩展。另外，还提供了外部命令功能，允许用户创建 ANSYS 可以利用的共享库。

4. ANSYS 参数化设计语言

ANSYS 参数化设计语言 (ANSYS parametric design language，APDL) 是类似于一种直观解释的语言，与一般的编程语言也有许多相似之处，如参数、宏、标量、向量与矩阵运算、分支、循环、重复以及访问 ANSYS 有限元数据库等，同时还提供简单界面定制功能，实现参数交互输入、消息机制、界面驱动和运行应用程序等。除此以外，在 ANSYS 软件中，在用户界面上还给用户留有输入参数的界面，以及显示当前运行状态的窗口和运行其他的应用程序的功能，通过 APDL 语言的编写，可以大大缩短模型建立过程，而且 APDL 语言也可以和其他应用程序进行集成。例如，在进行机电热联合优化过程中，在应用 APDL 语言来建立模型后，设置模型优化的设计变量、设计目标和约束条件，可使用优化软件来集成 APDL 语言进行相应的优化过程处理，不仅可以使建模过程大大简化，同时也可以通过集成化来扩展软件的应用和功能。

要实现 ANSYS 批处理功能，需要使用 APDL 与宏技术来共同对 ANSYS 命令进行整理，可以将建模流程、载荷的施加流程及求解过程、后处理等过程均进行参数化处理，实现 ANSYS 有限元分析计算全过程的参数化，这也是后续应用模型计算结果进行优化、反馈设计等的必要条件。在参数化的分析过程中可以简单修改其中的参数，进行反复分析各种尺寸、不同载荷大小的多种设计方案或序列性产品，能够极大地提高分析效率，减少分析成本。同时，以 APDL 为基础，用户可以开发出专用有限元分析程序，或者编写经常能重复使用的功能小程序，如特殊载荷施加宏、按规范进行强度或刚度校核宏等。

总之，APDL 语言允许用户输入的程序可以根据相关要求和标准做出相应的修改和扩展等。同时，APDL 允许复杂的数据输入，使用户对任何设计和分析属性有控制权，如尺寸、材料、载荷、约束位置和网格密度等。APDL 扩展了传统有限元分析范围之外的能力，提供了建立标准化零件库、序列化分析、设计修改、设计优化以及更高级的数据分析处理能力，包括灵敏度研究等，并且对已有的模型和设置进行修改来实现不同产品的快速有限元分析，实现更复杂的数据处理能力。

3.1.3 数值计算和图形显示软件的选择

目前在数值计算领域主流的软件有 MATLAB、Mathematica 和 Maple 三大软件，其中 MATLAB 在数学类科技应用的数值计算方面首屈一指。MATLAB 具有诸多优点，如计算功能非常强大，能把数学计算的复杂性降低，使用户享受更简单的操作。与此同时，图像 (形) 处理功能也更加全面，可以让用户非常便捷地查看计算结果和编程过程。除此之外，人机界面更人性化，编程语言更加简单易懂，接近于常用的数学表达式，可移植性和可拓展性非常好。其主要特点如下：

(1) 良好的编程环境。MATLAB 含有许多子程序数据库，库中的程序可以作为工具对各种文件进行连接和处理，效率非常高，如函数的调用、文件的读入与数据的处理等。而在这些子程序模块中，大部分都被 MATLAB 程序开发人员设计成可以直观观看的窗口，如主菜单、文件路径输入窗口、程序运行状态监视栏、文件夹显示窗口和帮助命令窗口等。此外，MATLAB 中所集成的帮助模块能够让用户不需要记住大量的编程语句含义，就能快速找到能够满足用户要求的程序语句函数。

(2) 强大的处理能力。在 MATLAB 内部含有大量的算法，这些算法被编写成程序并封装好。当用户使用 MATLAB 时，会出现各种不同的计算情况。为了方便处理这些计算问题，MATLAB 使用了 600 多个计算函数，用户只需在程序中写入该算法的名称，将相关变量设置好，就可以进行相应的数值计算和图形处理了。在一般情况下，使用 MATLAB 能够实现的计算过程，使用 C 或者 C++ 编写相应的程序也能实现，但在计算过程中会很慢，且语句会非常的烦琐，各项变量的设置更是容易疏忽，有时一两句 MATLAB 能实现的功能，用 C 或者 C++ 则需要几句甚至是十几句来实现，效果还未必比 MATLAB 好。

(3) 进行图形处理。MATLAB 除了数值计算的功能外，还具有窗口显示功能，进而能够对图形进行一定的处理，如将数值或矩阵变化成相应的图形并直观表现出来。同时，MATLAB 除了对静态、单一的图形进行处理外，还能对组合图形以及动画进行计算处理，并对图形的色彩、亮度进行调节，得到期望的图形。对特殊情况，如图形对话等，MATLAB 能用相应的功能函数进行处理，这样能为满足不同用户需求提供多种方式。

(4) 保留软件接口。MATLAB 允许对程序进行简单修改，能够在运行 C 和 C++ 的环境当中运行更改过的程序，使得 MATLAB 可以更方便地应用到其他软件和运行环境之中。这样可以用 MATLAB 和其他的工程计算软件进行结合，使得它成为众多的工程软件平台的参与者。除此以外，MATLAB 在开发的时候保留了许多软件接口，可以实现程序、数据和文本文件的导入和导出，这更使得 MATLAB 成为用户选择数值计算软件的首选[16-18]。

3.1.4 电磁仿真软件的选择

目前常见的通用电磁仿真分析软件有 HFSS、CST、XFDTD 和 FEKO 等。在众多电磁仿真软件中，HFSS 以其良好的仿真精度和可靠性、快捷的仿真速度、方便易用的操作界面以及稳定成熟的自适应网络剖分技术成为高频结构设计的首选工具，已经广泛地应用于航空、航天、电子、半导体、计算机和通信等多个领域。

HFSS 是商业化的三维结构电磁场仿真软件，是业界认可的三维电磁场设计和分析的工业标准。HFSS 提供了简洁直观的用户设计界面、精确自适应的场解器和具有电性能分析能力强大后处理器，能计算任意形状三维无源结构的 S 参数和全波电磁场。使用 HFSS 可以计算：① 基本电磁场数值解和开边界问题，近远场辐射问题；② 端口特征阻抗和传输常数；③ S 参数和相应端口阻抗的归一化 S 参数；④ 结构的本征模或谐振解。而且，由 Ansoft HFSS 和 Ansoft Designer 构成的 Ansoft 高频解决方案，是目前唯一以物理原型为基础的高频设计解决方案，提供了从系统到电路直至部件级的快速而精确的设计手段，覆盖了高频设计的所有环节。

3.2 仿真软件应用关键技术

3.2.1 ANSYS 软件的二次开发

机电热耦合仿真设计软件平台的结构分析和热分析模块开发都以 ANSYS 作为支撑软件，这不仅是因为 ANSYS 拥有强大的热分析和结构分析能力，还因为 ANSYS 为用户提供了友好的二次开发环境。ANSYS 提供的二次开发工具有：参数化设计语言 APDL、用户界面设计语言 UIDL 和用户可编程特性 UPFs。

UIDL 是改造 ANSYS 软件自身图形界面的专用设计语言，涉及的分析功能较少。而 UPFs 虽然能完成诸如构件新单元、数据库交互等复杂的二次开发工作，但开发工作比较烦琐。相比较而言，利用 APDL 对 ANSYS 进行二次开发，可以将 ANSYS 命令组织起来，编写出参数化的用户程序，从而实现有限元分析的全过程，即以参数化的形式建立结构有限元模型、实现材料定义、载荷和边界条件定义、分析控制和求解的参数化以及参数化的后处理。这正好符合微波组件机电热耦合仿真的基本流程。因此，这里选择 APDL 作为 ANSYS 的主要开发工具来实现结构和热分析模块的开发。

在软件平台开发中，将 APDL 与 WINDOWS API 函数相结合。首先通过 C++Builder 编写的软件界面读取用户输入的信息，通过输入输出函数将软件界面的相关参数信息以 APDL 指令的形式写在指定文件；再利用 ANSYS 将 APDL 命令流推送至命令窗口，用 ANSYS 后台服务来控制 ANSYS 功能模块，实现相应的仿真计算功能。

1. ANSYS 软件的自启技术

在机电热耦合仿真软件运行时，首先需要启动 ANSYS，通过 ANSYS 在后台实现软件各模块的功能。这里运用了 WindowsAPI 函数来调用 ANSYS，并在

C++Builder 中使用三个函数：WinExec、ShellExecute 和 CreateProcess。

WinExec 函数较简单，只有两个参数，用于运行 exe 文件，其原型如下：

```
WinExec(LPCSTR lpCmdLine, UNIT uCmdShow);
```

ShellExecute函数使用相对灵活，参数较多，其函数原型及参数含义如下：

```
ShellExecute
  (HWND hwnd,                //父窗口句柄(如：NULL, Handle等)
  LPCSTR lpOperation,        //操作类型(如："open")
  LPCSTR lpFile,             //要进行操作的文件或路径
  LPCSTR lpParameters,       //通常设为NULL
  LPCSTR lpDirectory,        //指定默认目录，通常设为NULL
  INT nShowCmd               //文件打开的方式，通常以最大化或最小化显示
  )
```

在 C++ Builder 编写的程序中，ShellExecute 函数可按以下格式启动运行 ANSYS 软件：

```
String Path="C:\\Documents and Settings\\Administrator\\Desktop
\\Mechanical APDL (ANSYS)";
String Path2="C:\\";
ShellExecute(NULL,"Open",Path.c_str(),NULL,Path2.c_str(),
SW_SHOWMAXIMIZED);
```

CreateProcess 函数使用起来相对复杂，较少使用，其使用方法可以查阅 ANSYS Help。

这三个函数各有优缺点，通过对这三个函数的比较以及对软件所需功能的分析，最终选用 ShellExecute 函数调用 ANSYS，在满足软件开发需求的同时，这个函数又相对简单一些，便于编写代码。

2. 图形显示界面的嵌入技术

在现有的主流软件中，为了给用户提供良好的用户体验，都提供了可视化窗口，便于用户进行人机交互。在机电热耦合仿真设计软件平台中，将 ANSYS 等分析软件的图形显示界面嵌入到软件主界面中，这一功能的实现借助了 Windows API 函数，使用的函数如下：

FindWindow 函数用于检索处理顶级窗口的类名和窗口名匹配的指定字符串。这个函数不搜索子窗体。

SetParent 函数用来改变一个由两个点描述的矩形区域。

MoveWindow 函数可以改变指定窗口的位置和大小。对顶窗口来说，位置和大小取决于 ANSYS 屏幕的左上角；对子窗口来说，位置和大小取决于父窗口界面的

左上角。

SetWindowRgn 函数可以设置一个窗口的区域，只有被包含在这个区域内的图形才会被重绘，而不含在区域内的其他区域系统将不会被显示。

图形显示界面的嵌入过程是：在 Windows API 函数中，首先通过 FindWindow 函数获得 ANSYS 主窗体的句柄；然后通过 SetParent 函数将 ANSYS 主窗体设置为机电热耦合仿真软件的子窗体；最后通过 CreateRectRgn 函数创建一个矩形区域，利用 SetWindowRgn 函数显示出 ANSYS 图形显示窗口，屏蔽掉 ANSYS 软件的其他界面。

利用上述方法，便可以将 ANSYS 图形显示界面嵌入到机电热耦合分析软件界面中，具体代码如下：

```
HWND b=FindWindow(NULL,"ANSYS 12.0 Output Window");
ShowWindow(b,SW_HIDE);
HWND A=FindWindow("TkTopLevel","ANSYS Multiphysics Utility Menu");
ShowWindow(A,SW_SHOWMAXIMIZED);
HWND B=FindWindow(NULL,"微波组件机电热联合分析软件");
::SetParent(A,B);
::MoveWindow(A,400,-110,979,900,true);
HRGN F=CreateRectRgn(196,166,885,700);
SetWindowRgn(A,F,TRUE);
ShowWindow(A,SW_SHOW);
```

3. APDL 指令推送技术

ANSYS 拥有强大的参数化设计语言，在 ANSYS 软件界面中，为用户提供了一个命令输入窗口，该窗口可输入 APDL 指令，在 ANSYS 操作中的每一个点选操作都可以找到与之相对应的 APDL 指令。在机电热耦合仿真软件中，利用 Windows API 函数向 ANSYS 命令输入窗口推送指令，达到脱离点选操作来控制 ANSYS 的目的。这里使用的函数如下：

(1) FindWindow 函数用于检索处理顶级窗口的类名和窗口名匹配的指定字符串。

(2) GetDlgItem 函数可以返回窗口中指定参数 ID 的子元素的句柄，通过返回的句柄对窗口内的子元素进行操作。

(3) SendMessage 函数可将指定的消息发送到窗口，消息处理完后返回。

在具体实现时，首先通过 FindWindow 函数找到 ANSYS 命令输入窗口的主窗口句柄，获取到句柄，通过 GetDlgItem 函数获得命令输入窗口的 EDIT 组件的句柄，这便是输入 APDL 指令的位置；然后通过 SendMessage 函数将 APDL 指令推送到命令输入框的 EDIT 组件，ANSYS 便可执行相应的操作。具体代码如下：

```
HWND hLastWin = FindWindow("AnsCmdPopup", "ANSYS Input");
HWND ha=GetDlgItem(hLastWin,2);
AnsiString x="/EXIT,ALL";
char *tmp;
tmp=&x[1];
SendMessage(ha,WM_SETTEXT,0,((LPARAM)tmp));
PostMessage(ha,273,475,1);
Memo1->Lines->Append("已退出ANSYS");
```

3.2.2　指定节点信息数据提取技术

针对微波组件进行有限元分析时，需要提取某些特定位置点 (如微波功率器件和最大应力处) 的坐标、位移数据和温度等信息，供后续电性能分析使用。在 ANSYS 中，结构分析和热分析是采用有限元的理论，有限元分析的关键步骤之一就是网格划分，最终得到的分析结果是网格节点的位移、应力和温度等信息。而在 ANSYS 默认的网格划分方法中，无法保证关键处会生成结构节点，故无法直接由网格节点位移得到关键点处位移。因此，可在所关心的节点位置处建立硬点，通过提取硬点信息来确定微波组件的数据信息。

硬点是 ANSYS 中一类特殊点，它能保证采用不同的网格划分方式时，网格节点都会通过硬点，即硬点相当于用户指定的特定网格节点。在 ANSYS 中利用硬点提取特定位置处信息的过程如下：

(1) 确定硬点设置的位置。硬点可以设置在线或面上，在 ANSYS 的一个面中建立硬点的命令流如下：

```
hptcreate,area,102,coord,-124e-3,190e-3,7.5e-3
```

(2) 对结构进行网格划分，施加载荷并分析计算。

(3) 提取硬点组结果信息，选取硬点组并提取硬点坐标和位移命令流如下：

```
ksel,s
nslk,s
*get,Nnode,node,0,count
*dim,hptdeform,array,Nnode,7
*get,Minnode,node,0,num,min
*do,i,1,Nnode,1
hptdeform(i,1)=Minnode
hptdeform(i,2)=nx(Minnode)
hptdeform(i,3)=ny(Minnode)
```

```
hptdeform(i,4)=nz(Minnode)
hptdeform(i,5)=ux(Minnode)
hptdeform(i,6)=uy(Minnode)
hptdeform(i,7)=uz(Minnode)
Minnode=NDNEXT(Minnode)
*enddo
```

(4) 将硬点信息输出，利用 *CFWRITE 命令可以将提取的硬点分析结果信息以文本形式输出，其具体命令流如下：

```
*cfopen, HPT_result,txt
*vwrite,hptdeform(1,1),hptdeform(1,2),hptdeform(1,3),hptdeform(1,
4),hptdeform(1,5),hptdeform(1,6),hptdeform(1,7)
(f8.0,5X,f12.8,1X,f12.8,1X,f12.8,1X,f12.8,1X,f12.8,1X)
*cfclose
```

通过以上步骤，即可提取指定节点位置处的分析结果信息，包括坐标、位移、温度和应力等。

3.2.3 参数化建模技术

微波组件模块的参数化建模是应用成熟的商业 CAE 软件与编程软件 C++ Builder 进行集成开发，对工程分析软件进行二次开发，解决了工程技术人员对 CAE 软件烦琐的操作过程，将烦琐的操作过程变成可视化的窗口模式。工程人员只需要按照可视化窗口中的提示进行输入，点击鼠标，便可得到预期的实体模型。

参数化模型是一切 CAX 技术的基础，机电热耦合仿真设计平台的参数化建模采用整体参数化技术，针对特定的电子设备 (包括天线系统和微波器件等) 的结构特点，通过抽象与分析，提取出其数字化模型的相关拓扑特征参数，实现参数化建模。用户通过调节这些拓扑参数，可方便快捷地生成和修改微波组件的数字化模型。

3.2.4 多模块系统集成技术

机电热耦合仿真设计软件平台涉及的功能模块比较多，系统结构复杂。所开发的模块既有对现有成熟软件的二次开发与集成，也有新的自主开发的功能模块；不仅要能够支持微波组件模块从参数化建模到各项性能分析的全过程，也要满足用户界面友好和操作方便等要求，系统设计难度大。耦合仿真软件平台的各模块采用 MVC (模型–视图–控制) 三层架构模式，使整个软件平台脉络清晰，维护方便。

软件平台开发的功能模块多，采用的应用软件对操作系统的要求很高，若同时启动并运行这些软件，会占用或耗费大量的系统资源。为此，软件平台采用各个模块独立运行的方式，运行完毕后，保存相应的分析结果，并及时关闭相应的应用软件。

3.3 机电热仿真软件的主要功能

机电热耦合仿真设计软件涉及的主要软件如表 3.1 所示。

表 3.1 主要软件

序号	软件名称	版本	用途
1	ANSYS	v12.1	结构分析
2	HFSS	v13.0	电磁分析
3	CFX	v12.0	热分析
4	C++ Builder	v6.0	程序开发
5	MATLAB	v2012	数值计算

3.3.1 结构性能分析功能

机电热耦合仿真设计软件平台结构分析功能是在已知约束和振动等环境载荷下计算微波组件的结构变形和应力等。首先根据已知的微波组件物理模型所给定的结构参数，调用商品化结构分析软件 ANSYS 建立组件结构的有限元模型，施加约束、加载环境载荷进行结构分析，输出计算结果。然后，利用后处理模块查看微波组件的基频、应力云图和位移云图等。基于上述基本步骤，软件平台结构分析模块开发流程如图 3.1 所示。

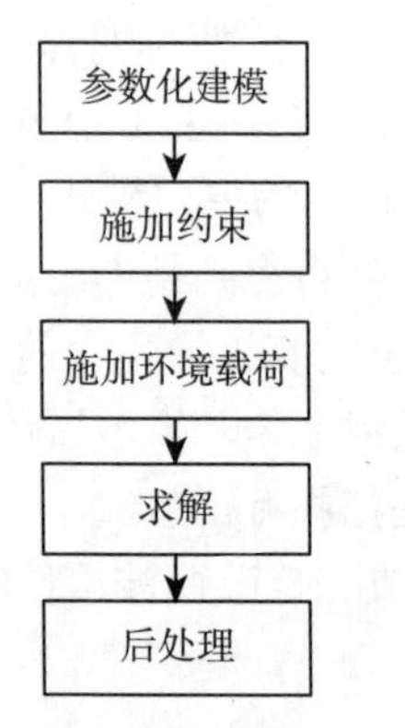

图 3.1 结构分析模块开发流程

结构分析模块的应用程序分为五个子模块的进行开发：参数化建模模块、施加约束模块、施加环境载荷模块、求解模块和后处理模块。参数化建模模块的功能是根据输入参数建立结构有限元模型；施加约束模块所完成的功能是根据已知模型约束形式对微波组件施加约束；施加环境载荷模块是根据已给的振动功率谱密度实现对有限元模型施加振动载荷，这需要将振动功率谱密度转换为时间历程样本，并将其写入 APDL 文件，通过软件界面调用该文件，实现对模型施加激励；求解模块需要调用 ANSYS 软件进行结构分析；后处理模块需要对分析的结果根据用户的需求进行一些数据处理，如得到模型的基频、应力分布和结构变形量等。

利用 C++Builder 开发微波组件机电热耦合仿真的结构分析平台，将复杂、难于理解和掌握的 ANSYS 的 APDL 命令进行后台封装，用户只需在前台界面的引导下输入必需的参数，点选对应的按钮即可调用后台的 ANSYS 建立微波组件的结构有限元模型并进行结构分析，在分析计算后把计算结果返回给用户，通过后处理程序能十分方便地提取微波组件的结构基频、最大应力和最大位移值，并实现结构分析结果的图形化显示。

3.3.2 温度分析功能

机电热耦合仿真设计软件平台的热分析流程如下：首先根据物理模型所给定的参数，调用商业化分析软件建立微波组件的热有限元模型，并设定温度边界条件，求解函数，完成微波组件的热分析计算，输出计算结果；然后利用后处理模块查看微波组件温度分布云图和压力云图等，以检验热设计是否已将温度控制于所要求的范围之内。

ANSYS CFX 是一个用于分析二维及三维流体流动场的先进工具，可完成常见的流动换热分析，能够处理强迫对流、自然对流和共轭等传热问题。ANSYS CFX 还为用户提供了完善的二次开发环境，因此机电热耦合仿真设计平台选择 ANSYS CFX 作为热分析的支持软件。本书根据 ANSYS 中微波组件热分析的基本步骤，制定了如图 3.2 所示的热分析模块的开发流程。

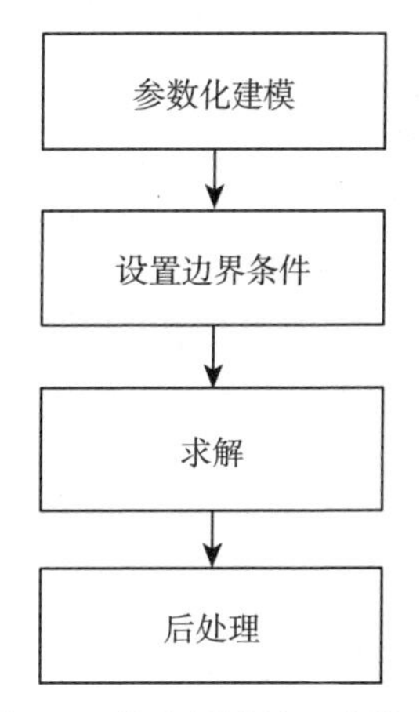

图 3.2 热分析模块开发流程

热分析模块的应用程序分为四个子模块开发的：参数化建模模块、设置边界条件模块、求解模块和后处理模块。各子模块之间相互独立，设置各自的参数，完成相应的功能。参数化建模模块的功能是根据输入参数建立热有限元模型；设置边界条件模块所完成的功能是用户输入热分析所需的参数；求解模块的功能则是在上述参数都设置完毕之后，调用 ANSYS CFX 求解程序，完成对微波组件的热分析并输出结果；后处理模块的功能则是根据用户的要求提取出热分析的关键数据。

C++Builder 编写的外部程序首先读入由用户所输入的热分析所需的数据，并自动生成调用相应功能的 ANSYS 的程序文件。然后，通过 Windows API 接口向 ANSYS CFX 主程序发送执行该程序文件的请求，ANSYS CFX 主程序接收请求读入程序文件，并根据程序文件中的命令参数控制 ANSYS CFX 的功能模块，实现微波组件的建模、边界条件的参数设置和求解等一系列的热分析步骤。

3.3.3 电性能分析功能

机电热耦合仿真设计软件平台的电性能分析模块是分析微波组件 (包括微波天线单元和发射接收组件 TRM) 在结构变形和温度影响下的电性能。这里首先根据机电耦合模型，利用 MATLAB 生成 m 文件来计算组件辐射性能和传输性能结果。因此，电性能分析模块利用 C++ Builder 对 MATLAB 进行二次开发，采用参数化输入形式为 MATLAB 软件提供 m 文件。然后，通过 C++Builder 启动 MATLAB 打开 m 文件，读入结构变形/结构工艺误差数据，计算得到辐射性能 (方向图、增益、副瓣电平和半功率波瓣宽度等) 和传输性能 (特征阻抗、回波损耗、插入损耗和电压驻波比等) 结果。最后，通过 Windows API 函数将 MATLAB 生成的结果显示到软件平台的界面上。

3.4 微波组件结构与热分析软件

3.4.1 微波组件结构特性

微波组件应用于机载、星载等苛刻的使用环境条件，如高空低气压、高速、过载加速度大或精度要求高，对设备体积和尺寸重量有一定的限制。因此，对组件的体积、重量、抗振性和散热等提出了严格的要求，有必要对微波组件进行结构分析。由于微波组件实体模型结构复杂，结构上有承载部分、非承载部分和工艺孔等区分，如果不对其进行简化，一方面给参数化建模带来很大困难；另一方面在网格划分的有限元建模时，容易形成畸形网格，增大网格划分难度，导致计算结果不精确甚至求解失败，同时还会导致求解时间大大增加，浪费计算资源。因此，应将微波组件模型进行合理简化。

微波组件原模型中通常有很多螺栓安装孔、电气连接孔、混装插座孔、编程口孔和光纤孔，这些孔尺寸较小，对模型力学性能影响不大，但会增加网格划分难度，因此需删除该类孔。原模型中由于安装要求，会出现部分平面不平整，但差异较小；且由于工艺要求，存在大量倒角，删除后既能提高网格划分质量，又对原模型力学性能影响较小。因此，可以将模型中不平整处进行平整化处理，将倒角删除。微波组件原模型中一般有些凸台起承载作用，对结构强度影响较大，不可省略，但为了建模及分析简单，将其适当地简化成规则的几何形状。通过简化后得到的模型，保留原模型的主要结构特点和主要力学特性，保留原模型中对结构刚、强度影响较大的部分，使其力学性能接近原模型，并且降低模型复杂度，提高计算分析效率，提升网格划分质量，达到求解时间与求解精度的平衡[19]。

3.4.2 微波组件热特性

微波组件是电子信息系统的核心结构，同时是电气性能的关键元器件，决定着装备系统的总体构架、主要性能和散热方式的选取。微波组件主要有功率放大器、分布式电源、多路模拟通道和集中式电源等部分组成，因此必须保证微波组件具有足够的安全性，在各种各样复杂恶劣的环境下都能稳定长期的工作。

微波组件在对微波信号放大的同时将产生大量的热功耗，其主要原因是现有高功率放大器功率附加效率 (power added efficiency，PAE) 值始终维持在 30%左右，而目前国内 MESFET 工艺制造的 HPA 芯片效率则小于 25%，故现阶段采用的功率放大器效率基本维持在 20%～ 25%以内，而其余的电功率则直接转化成热功耗。因此，高功率 MMIC 放大器是微波组件的主要热源之一。同样，微波组件中电源和多路模拟通道在工作状态下也会产生大量的热功耗。为了提高散热效率，在保证结构强度及加工工艺前提下，必须设计微波组件模型的流道形式，并保证流道经过功率放大器、分布式电源、多路模拟通道和集中式电源等[20]。

由于微波组件应用于机载雷达，因此轻量化要求是其重要的技术指标之一，能够显著提高战斗机的飞行性能和作战能力，大大提高飞行员的生存能力。又因为微波组件通常处于苛刻的使用环境中，而且自身的辐射功率大，所以必须保证微波组件的结构和散热要求。因此，在对微波组件进行轻量化设计的过程中，要反复对组件进行结构分析和散热分析，使得在建模、设置条件和分析求解的过程中存在大量的重复性工作，严重影响了设计人员的工作效率。为此，应项目组要求开发设计了微波组件结构与热分析软件，设计人员只要输入少量参数，点选按钮，就可自动进行微波组件结构和热分析，并能直接查看分析结果，自动保存分析数据，提高设计人员的工作效率[21]。

3.4.3 软件总体设计

微波组件结构与热分析软件就是根据微波组件在实际工程中的工作环境，进行结构仿真和热仿真分析，以便在给定的运行条件下仿真分析出各种不同设计参数下的微波组件的结构变形、最大应力、温度分布和最高温度等结果，为工程应用提供最佳的设计方案。为此，根据微波组件结构分析计算和热分析的基本流程，突破了微波组件结构分析和热分析设计中的共性问题、解决方案和参数之间的传递关系，开发了针对微波组件的结构与热分析软件[22]。软件从微波组件的有限元模型的建立着手，充分考虑了微波组件结构分析和热分析过程中所涉及的各个参数、分析过程的图形化显示以及后处理中的分析结果的提取、显示和存储等问题，大大简化了微波组件的结构分析及热分析设计过程，为后续电性能的计算分析奠定了基础[23]。微波组件结构与热分析软件的数据结构和开发流程分别如图 3.3 和图 3.4 所示。

微波组件结构与热分析软件调用 ANSYS 执行命令流文件实现微波组件的参数化建模、结构分析和热分析求解，其软件平台实现的技术架构如图 3.5 所示[24]。

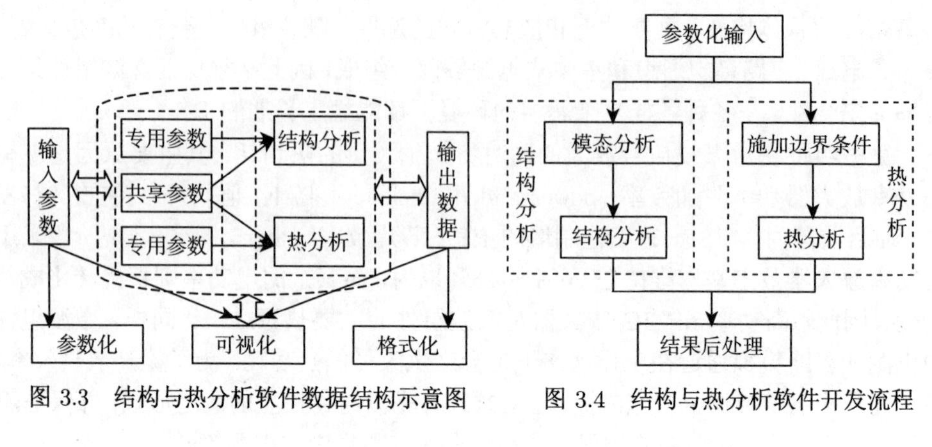

图 3.3　结构与热分析软件数据结构示意图　　　图 3.4　结构与热分析软件开发流程

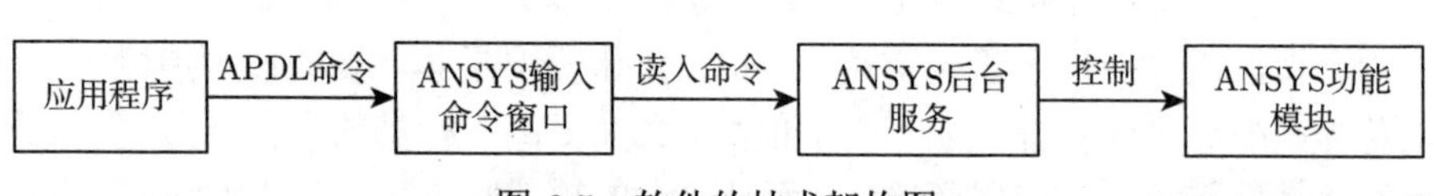

图 3.5　软件的技术架构图

在进行结构分析和热分析时，首先对微波组件模型进行参数设置，第一步是输入模型的几何信息以及各项材料参数等；第二步是设置结构分析参数，包括最大模态阶数、振动载荷信息；第三步是设置热分析参数，包括热源信息，冷却液参数等。在参数设置完成后，进行参数化建模，等建模完成后，模型的几何信息数据、结构分析类型信息数据、结构分析参数信息数据、模型的约束信息数据、冷却液参数信息数据和热功耗参数信息数据等都存储于数据库中[25]，然后选择对有限元模型进行结构分析还是热分析[26]。

当选择结构分析后，进入结构分析工作流程，软件首先将几何信息数据和结构分析类型信息数据进行处理和转换成 ANSYS 命令流文件，自动完成网格处理等工作。其次，利用数据库读取技术完成模型约束信息的转换工作，存入模型约束信息文件。然后，分析参数信息和分析类型信息转换存入模态分析信息文件。最后，使用振动试验环境集成加载技术，将分析参数信息、分析类型信息和激励参数信息转换为随机振动分析信息文件。上述信息数据处理和转换功能均采用 ANSYS 的二次开发工具 APDL 编制宏命令完成。根据命令流文件、模态分析信息文件和约束信息文件调用 ANSYS 进行模态分析，得到的模态分析结果数据用于查看显示或转换为分析结果，文本文件供进一步优化使用。根据 ANSYS 命令流文件、随机振动信息文件、约束信息文件调用 ANSYS 进行随机振动环境的模拟，得到的结果数据用于随机振动模拟结果的查看和显示。

当选择热分析后，则进入热分析工作流程，软件先将几何信息数据和热分析类型信息数据进行处理和转换成 ANSYS 命令流文件，自动完成网格处理等工作。再利用数据库读取技术完成模型边界条件的转换工作，存入模型边界条件信息文件。软件的后台程序将这些数据转换成 ANSYS 命令流文件，自动的完成施加边界条件等工作。根据用户指令和命令流文件，软件会在后台调用 ANSYS 进行求解压降和求解温度的工作，在求解完成后，可以查看流速分布云图和温度云图等，并且可以对节点的温度数据进行保存。

微波组件结构与热分析软件工作流程如图 3.6 所示[27]。

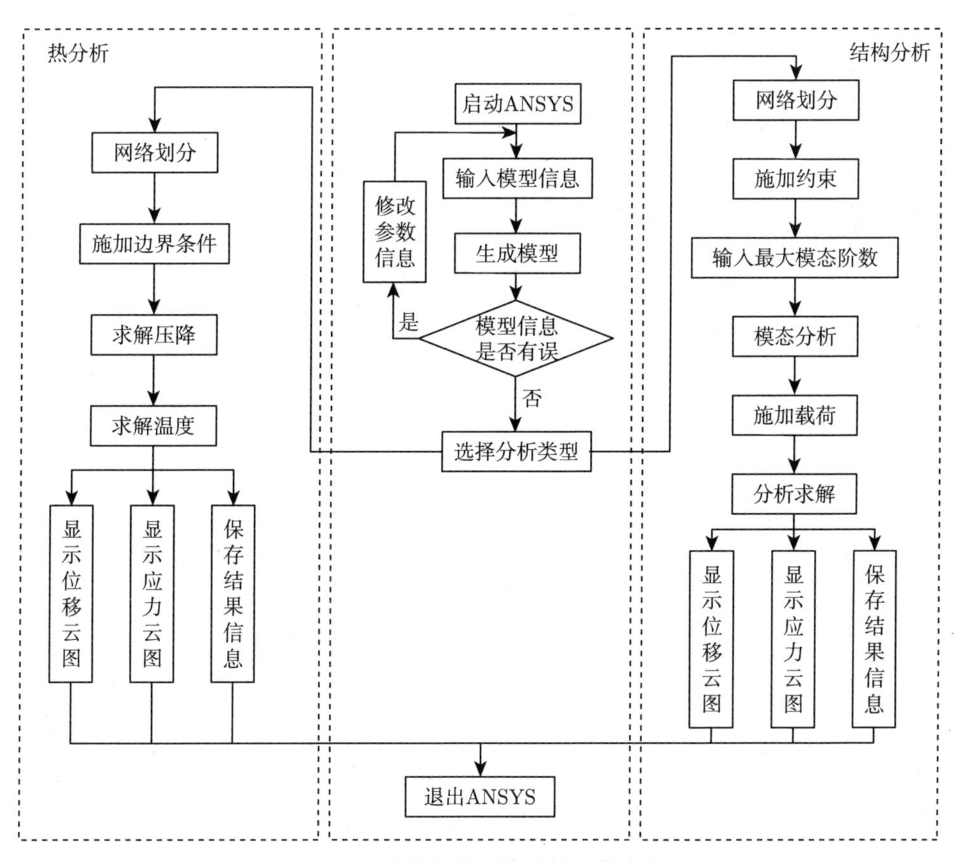

图 3.6 结构与热分析软件工作流程

3.4.4 软件功能模块

根据微波组件在 ANSYS 中结构分析与热分析软件的工作流程，微波组件结构与热分析软件有三个子模块：前处理模块、分析求解模块和后处理模块，具体如图 3.7 所示。

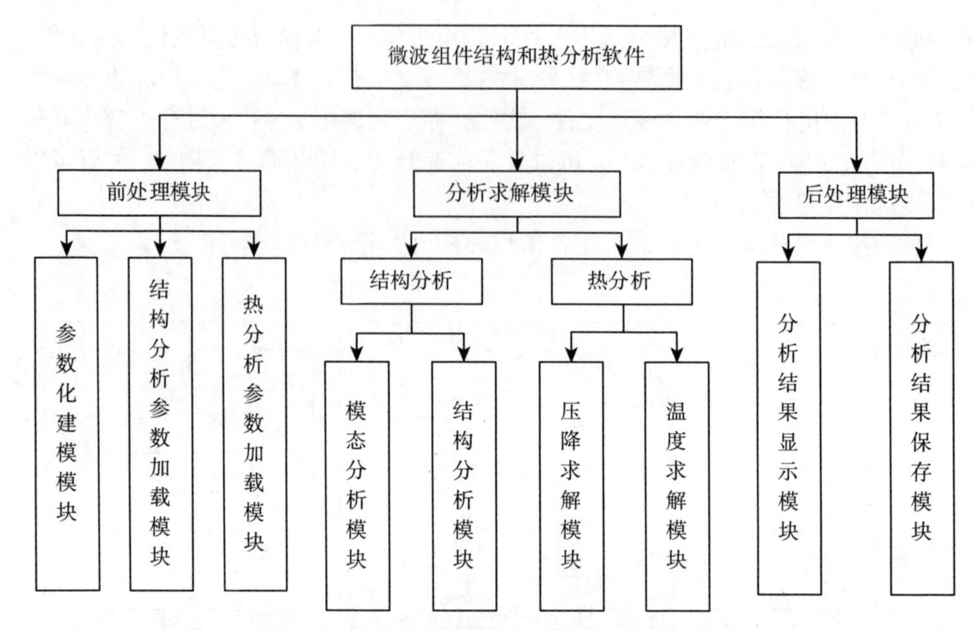

图 3.7 微波组件结构与热分析软件组成模块

1. 前处理模型

前处理模块包含三个子模块：一是参数化建模模块，其功能是根据人机交互界面输入的结构几何参数自动建立微波组件的有限元模型；二是结构分析参数加载模块，其功能是分析模型加载结构分析所需要的参数，包括物性参数、功率谱参数等；三是热分析参数加载模块，其功能加载热分析所需的主要参数，包括冷却液参数、热源位置和功率等。各模块的具体功能如下：

(1) 参数化建模模块。该模块用于建立微波组件的 CAE 模型，由于微波组件结构复杂，有必要对其模型进行相应的简化。经过结构几何模型简化处理，将微波组件简化为以下三个部分：盒体、上盖板和下盖板，用户只需在界面输入相应的尺寸参数，软件便可自动生成微波组件模型，若模型参数输入有误，则软件会弹出对话框提示重新输入[28]。

(2) 结构分析参数加载模块。在有限元仿真过程中，要把振动试验环境作为分析对象受到的激励，这就要求使用有限元分析工具来描述这些环境。结构分析参数加载模块就是为模型加载结构分析所需要的参数，主要包括物性参数、功率谱参数和约束点信息等，并针对试验环境曲线抽取了能够表现其特征的参数并编制相应的宏命令，通过两者的结合使用来完成试验环境在有限元工具中的描述。

(3) 热分析参数加载模块。该模块就是为模型加载热分析所需要的主要参数，包括冷却液参数，热源位置和功率等、边界条件、入口流速和环境温度等数据，并将其特征参数编制相应的宏命令。

2. 分析求解模块

分析求解模块需要调用 ANSYS 软件进行结构分析和热分析，它包含四个子模块：模态分析模块、结构分析模块、压降求解模块和温度求解模块。

(1) 模态分析模块。模态分析是微波组件结构进行动力分析和优化的基础，通过模态分析可以得到结构的动态特性，包括结构的固有频率、振型和振型参与系数，即在特定方向上某个振型在多大程度上参与了振动，这些参数是进行随机振动分析的基础。模态信息将会被写入数据库中，最终产生的 APDL 程序将调用已被定制好的模态分析的宏文件，其中采用模态分析的何种分析方法、提取的模态阶数等都已写入宏文件中，可直接进行模态分析。

(2) 结构分析模块。该模块用于完成微波组件的振动响应的分析，得到组件在频域上的响应结果。振动干扰是指无规则运动对电子信息系统产生的振动干扰。随机振动在数学分析上不能用确切的函数来表示，只能用概率和统计的方法来描述其规律。将随机振动分为运输引起的振动和使用引起的振动。这些环境在标准中以功率谱密度曲线的形式给出，将其编译成宏文件，供 ANSYS 分析时调用。针对该功率谱信息，从数据库读取这些数据信息，生成 APDL 程序文件，调用相应的宏文件，进行随机振动分析[29]。操作软件时只要在界面中根据需要填入描述该谱的必要的参数，即可完成常用随机振动试验环境的设定。通过以上界面进行的随机振动环境的设定参数会记录在振动工程信息数据库中，以备进行相应环境模拟时使用。

(3) 压降求解模块。该模块根据所输入的模型参数和热分析所需的参数，调用 ANSYS 软件进行流体压降的求解，求解结束后，可查看压力分布与流速分布。

(4) 温度求解模块。该模块根据输入模型参数和设置的边界条件，生成 APDL 程序文件，调用相应的宏文件，对微波组件模型进行温度求解，求解结束后，可查看温度云图，并得到模型各个节点的温度值。

3. 后处理模块

后处理模块需要对分析的结果根据用户的需求进行一些数据处理，它包含两个子模块：分析结果显示模块和分析结果保存模块。分析结果显示模块是通过 Windows API 函数，通过剪切、移动等功能，将模态分析、结构分析、压降求解和温度求解的结果显示到软件界面上。分析结果保存模块则是将分析得到的结果，以对应的文件格式，保存在指定的目录下。

3.4.5 软件应用案例

微波组件的结构分析和热分析在 ANSYS 软件中求解时需要先选取分析类型和分析选项，然后设置载荷等操作，过程非常烦琐，而且在设置载荷时，由于步骤繁多，容易产生错误。微波组件结构与热分析软件将分析选项和振动环境集成，减少了操作步骤，提高了效率。下面结合某数字有源微波组件模型应用案例进行说明。

1. 输入模型参数

选择结构参数进入结构参数输入界面，首先输入模型的外形尺寸 (图 3.8)，输入完成后单击 “确定” 按钮。

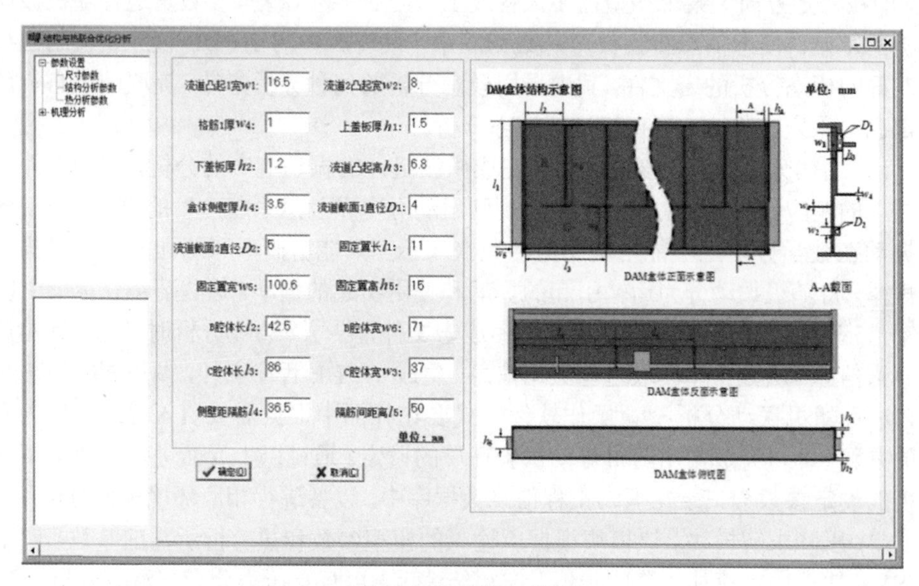

图 3.8　参数输入界面

2. 设置结构分析参数

进入结构分析参数设置界面后，选择微波组件材料，输入分析的最大模态阶数和提前模态的阶数，输入振动功率谱参数，完成后单击 “确定” 按钮，如图 3.9 所示。

3. 设置温度分析参数

进入热分析参数设置界面后，选取微波组件热源，设置热源信息，输入冷却液参数，完成后单击 “确定” 按钮，如图 3.10 所示。

4. 结构自动建模

进入分析求解界面后，依次单击 “启动 ANSYS” 和 “开始建模” 等按钮，就可实现自动化建模过程，如图 3.11 所示。

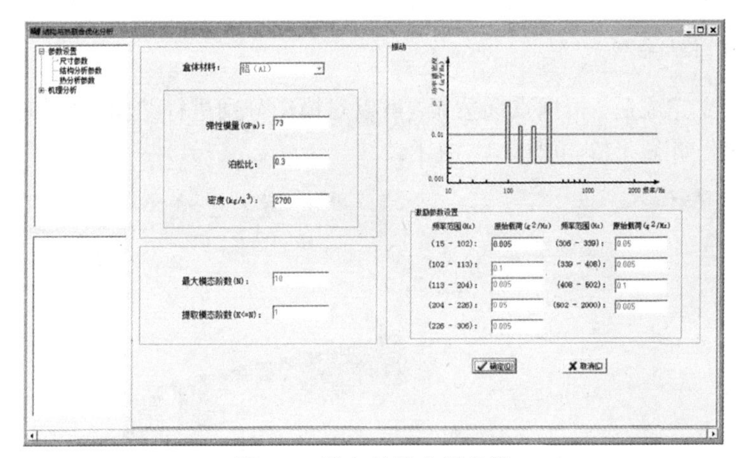

图 3.9 输入结构分析参数

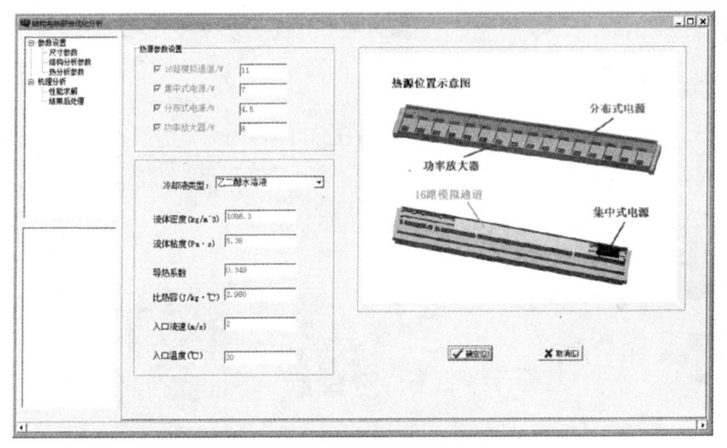

图 3.10 输入热分析参数

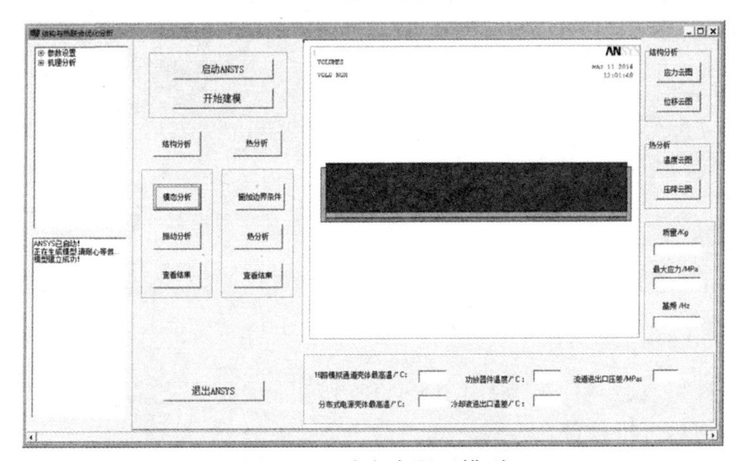

图 3.11 建立有限元模型

5. 求解与结果显示

模型建立完成后，根据点选按钮，可以对模型分别进行结构分析和热分析，显示分析结果，如图 3.12 和图 3.13 所示。

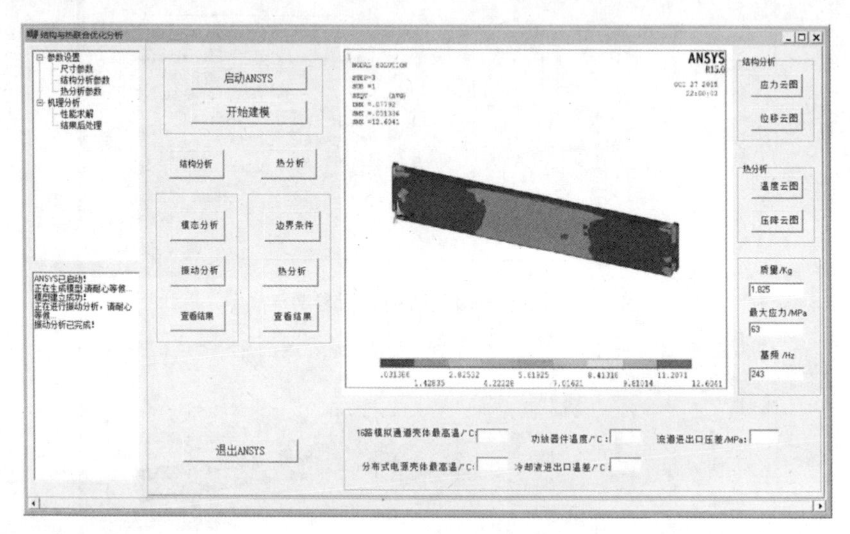

图 3.12　微波组件结构分析

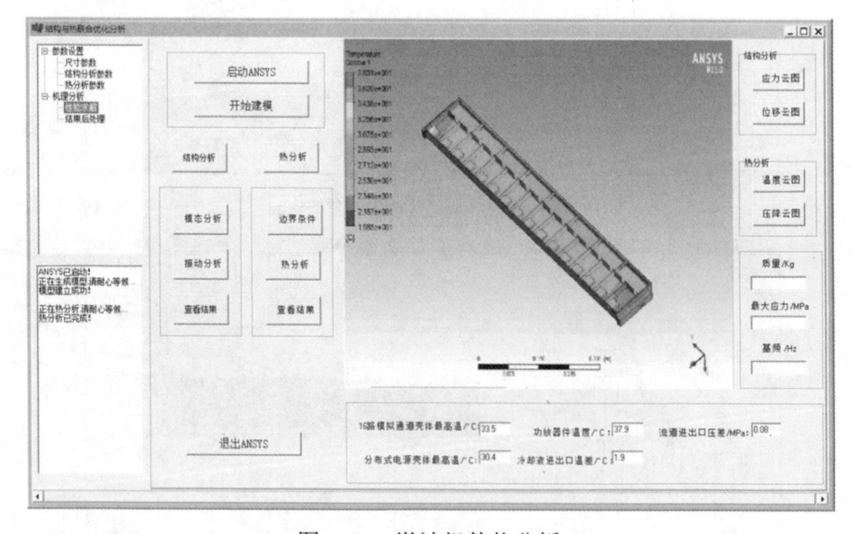

图 3.13　微波组件热分析

软件运行完成后，单击“退出 ANSYS”按钮，关闭 ANSYS 软件，即可退出微波组件结构与热分析软件。

参 考 文 献

[1] BROOKNER E. Phased arrays and radars-past, present and future[J]. Microwave Journal, 2006, 49(1): 24.

[2] LAMBARD T, LAFOND O, HIMDI M, et al. Ka-band phased array antenna for high-data-rate SATCOM[J]. IEEE Antennas and Wireless Propagation Letters, 2012, 11: 256-259.

[3] 段宝岩. 电子装备机电热耦合理论、方法及应用 [M]. 北京: 科学出版社, 2011:1-9.

[4] 王从思, 王伟, 宋立伟. 微波天线多场耦合理论与技术 [M]. 北京: 科学出版社, 2015.

[5] WANG C S, DUAN B Y, AND QIU Y Y. On distorted surface analysis and multidisciplinary structural optimization of large reflector antennas[J]. Structural and Multidisciplinary Optimization, 2007, 33(6): 519-528.

[6] DUAN B Y, WANG C S. Reflector antenna distortion analysis using MEFCM[J]. IEEE Transactions on Antennas and Propagation, 2009, 57(10): 3409-3413.

[7] WANG C S, DUAN B Y, ZHANG F S, et al. Coupled structural-electromagnetic-thermal modelling and analysis of active phased array antennas[J]. IET Microwaves, Antennas & Propagation, 2010, 4(2): 247-257.

[8] WANG C S, DUAN B Y, ZHANG B Y, et al. Analysis of performance of active phased array antennas with distorted plane error[J]. International Journal of Electronics, 2009, 96(5): 549-559.

[9] LUISON C, LANDINI A, ANGELETTI P, et al. Aperiodic arrays for spaceborne SAR applications[J]. IEEE Transactions on Antennas and Propagation, 2012, 60(5): 2285-2294.

[10] AKSELBAND B, WHITENACK K, GOLDMAN D. Copper cold plane technology comparison[C]. Thermomechanical Phenomena in Electrionic Systems-Proceedings of the Intersociety Conference, 2006:147-150.

[11] LU M C, WANG C C. Effect of the inlet location on the performance of parallel-channel coldplate[J]. IEEE Transactions on Components and Packaging Technologies, 2006, 29(1): 30-38.

[12] WANG C S, WANG W, BAO H, et al. On coupled structural-electromagnetic modeling and analysis of rectangle active phased array antennas[C]. IEEE/ASME International Conference on Advanced Intelligent Mechatronics, 2008: 435-438.

[13] 陆卫忠, 刘文亮. C++Builder 6 程序设计教程 [M]. 北京: 科学出版社, 2009.

[14] MOAVENI S. Finite element analysis: theory and application with ANSYS[M]. Pearson Education India, 2003.

[15] ABU-AL-NADI D I, ISMAIL T H, MISMAR M J. Interference suppression by element position control of phased arrays using LM algorithm[J]. AEU-International Journal of Electronics and Communications, 2006, 60(2): 151-158.

[16] LACOMME P. New trends in airborne phased array radars[C]. IEEE International Symposium on Phased Array Systems and Technology, 2003, 3: 17-22.

[17] 龚曙光, 谢桂兰, 黄云清. ANSYS 参数化编程与命令手册 [M]. 北京: 机械工业出版社, 2009.

[18] 秦汝明. 参数化机械设计 [M]. 北京: 机械工业出版社, 2009.

[19] 邓学雄. 现代 CAD 技术的发展特征 [J]. 工程图学学报, 2001, 22(3): 8-13.

[20] 王猛, 王从思, 王伟. 结构误差对阵列天线极化特性的影响分析 [J]. 系统工程与电子技术, 2012, 34(11): 2193-2197.

[21] 彭科. ANSYS 在 T/R 组件热模型的仿真研究 [D]. 成都: 电子科技大学, 2009.

[22] 翟妮娜. S 型流道液冷冷板性能分析与结构优化 [D]. 西安: 西安电子科技大学, 2013.

[23] TUCKMAN D B, PEASE R F. Ultrahigh thermal conductance microstructures for cooling integrated circuits[C]. IEEE Electronics Components Conference, 1982, 145-149.

[24] 董锋. 液冷冷板内 S 型及 S 型加分流片流道仿真与优化 [D]. 西安: 西安电子科技大学, 2011.

[25] AFZAL M U, QURESHI A A, TARAR M A, et al. Analysis, design, and simulation of phased array radar front-end[C]. 2011 7th International Conference on Emerging Technologies, 2011: 1-6.

[26] FENG W, HUANG D. Study on the optimization design of flow channels and heat dissipation performance of liquid cooling modules[C]. International Conference on Mechatronics and Automation, 2009: 3145-3149.

[27] 徐德好. 微通道液冷冷板设计与优化 [J]. 电子机械工程, 2006,22(2):14-15.

[28] 李申. 面天线结构参数化快速建模的研究和开发 [D]. 西安: 西安电子科技大学, 2005.

[29] ROLLER D. An approach to computer-aided parametric design[J]. Computer Aided Design, 1991, 23(5): 385-391.

第 4 章　模块拼缝工艺对组件传输性能的影响机理

模块拼缝工艺是一种实现微波组件电路基板间微波信号传输的典型连接方式，其方法是将跨越基板的铜质连接线焊接到另一电路基板的微带线上，从而实现高频微波信号的高质量传输。在工程实际中，由于受到器件几何尺寸与安装位置的限制，微波组件互联封装后通常存在着缝隙，且在微波射频电路的结构设计中，缝隙宽度的确定更多是依靠工程设计师的主观经验，缺乏相关的理论指导和定量确定方法。其中的关键难点在于这种跨越基板的连接方式的电路特性尚不清楚，且缝隙尺寸对微波信号阻抗匹配程度的影响机理也不明确。传统上利用经验方式确定拼缝宽度往往会引起严重的信号完整性问题，制约着整个微波组件电性能的实现和提升[1-4]。除了缝隙宽度之外，铜质连接线距离基板的高度也没有相关的理论指导。基于此，本章开展模块拼缝对微波组件传输性能的影响机理研究，探究不同频率下缝隙宽度和导线高度对电压驻波比和插入损耗等组件传输性能的影响，同时进行样件测试与验证，研制模块拼缝连接工艺影响机理分析软件，并给出可供工程技术人员参考的拼缝互联工艺设计原则。

4.1　模块拼缝结构形式与结构参数

模块拼缝互联工艺常见于微波发射接收 T/R 组件的封装中[5]，这种典型的结构形式是基于单通道微波组件中功率放大器与环形器之间的结构，为了简化模型，将功率放大器与环形器模块等效为两个无源微带电路，即两块尺寸相同的微带基板，并由铜导线分别焊接到两基板的微带线上。

确定模块拼缝结构参数的前提是需要确定微带传输线的特性阻抗，在本章中选取微带传输线的特性阻抗为微波组件中较常见的 50Ω。接下来利用辅助工具 TX-Line 来确定微带线与基板的结构参数。由于不同工作频率下的特性阻抗不为定值，通常随着传输频率的升高，特性阻抗会变小，但会逐步趋于稳定或变化微弱，因此微带线的线宽需要根据不同工作频率重新进行设计，而介质基板的几何尺寸通常不随频率变化。

为了分析宽度对传输性能的影响机理，本章选取的微带板的结构参数如下：长为 20mm，宽为 15mm，厚度为 0.254mm；铜导线直径为 0.5mm，铜导线搭焊到介质基板上的长度为 2.5mm，导线底部距离微带线的高度 (简称导线高度) 为 0.2mm；微带线厚为 0.018mm，微带线宽度的取值与频率有关，具体如表 4.1 所示。模型

缝隙宽度用 D 表示，具体的结构尺寸如图 4.1 与图 4.2 所示，材料属性如表 4.2 所示。

表 4.1　不同频率下的微带线线宽

工作频段	中心频率/GHz	微带线线宽 w/mm
S(3.1 ～ 3.4GHz)	3.25	0.72
X(8 ～ 12GHz)	10	0.62
Ku(12 ～ 18GHz)	15	0.55
Ka(26.5 ～ 40GHz)	35	0.65

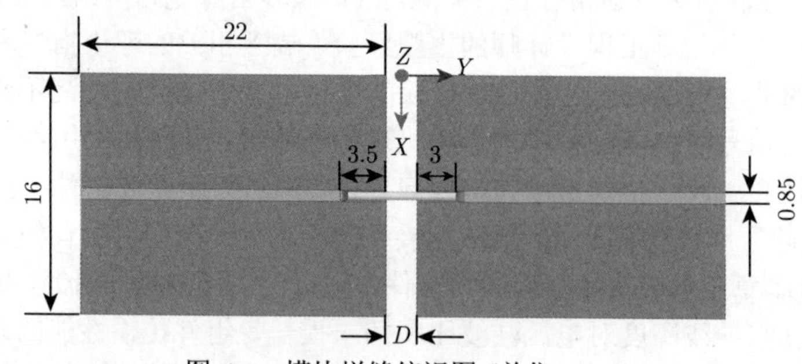

图 4.1　模块拼缝俯视图 (单位：mm)

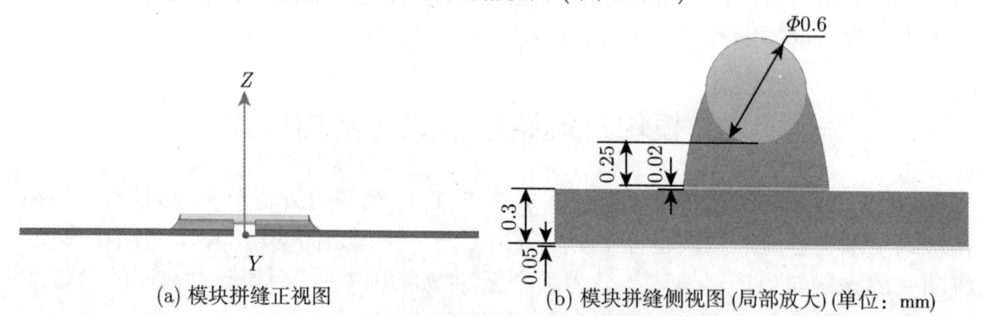

(a) 模块拼缝正视图　(b) 模块拼缝侧视图 (局部放大) (单位：mm)

图 4.2　模块拼缝结构形式示意图

表 4.2　微波器件的材料属性

组件	材料
微波电路基板 (单层)	Arlon CLTE-XT (tm)
微带线	Cu
连接线	Cu
焊点	Sn63Pb37

4.2　模块拼缝的等效电路模型

根据对微波组件机电耦合特性的分析[6-12]，这里采用场路结合方法研究模块拼缝互联工艺的影响机理，首先将微波组件电路的结构参数等效为电阻 R、电感 L 和电容 C 元件。然后，对等效电路模型进行电路分析，从而实现对微波组件的传输性能进行定量计算与快速预测[13-16]。

1. 等效串联电阻

模块拼缝互联工艺通常用一段细铜线或金丝键合线或金带键合线连接两个微波组件，低频下连接线的寄生参数并不明显，随着传输频率的不断升高，连接线的寄生效应越来越明显，其自身的结构尺寸，包括长度、直径和高度，对微波组件的传输性能已经不能被忽略[17-19]。目前认为模块拼缝互联结构形式的等效电路模型是由串联电阻 R、串联电感 L 与并联电容 C 组成的类似于低通滤波电路的集总参数模型，如图 4.3 所示[20]。

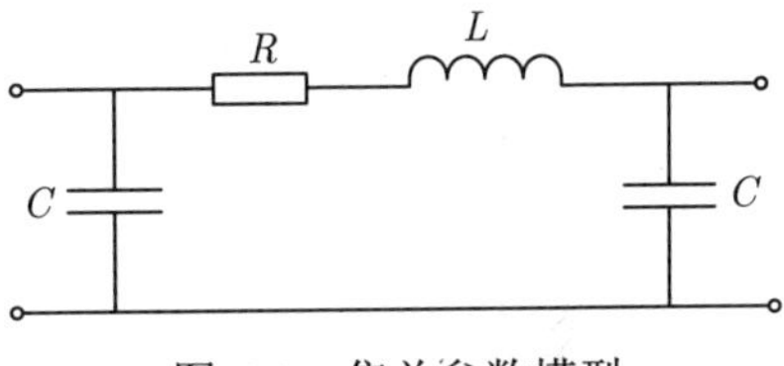

图 4.3　集总参数模型

由连接线引入的等效串联电阻 R 可由下式计算[21]：

$$R = \begin{cases} \left(\dfrac{4\sigma l}{\pi d^2}\right)\cosh\left[0.041\left(\dfrac{d}{\delta}\right)^2\right], & \dfrac{d}{\delta} \leqslant 3.394 \\ \left(\dfrac{4\sigma l}{\pi d^2}\right)\left(\dfrac{0.25d}{\delta} + 0.2654\right), & \dfrac{d}{\delta} \geqslant 3.394 \end{cases} \tag{4.1}$$

式中，l 为连接导线的长度；d 为连接导线的直径；σ 为连接导线的电导率；δ 为连接导线的集肤深度。δ 和 σ 的关系如下：

$$\delta = \frac{1}{\sqrt{\pi\sigma\mu_0 f}} \tag{4.2}$$

式中，真空磁导率 $\mu_0 = 4\pi \times 10^{-7}\mathrm{H/m}$；$f$ 为微波组件的工作频率。可见随着微波组件工作频率的升高，连接导线的集肤深度减小，此时等效串联电阻增大。另外，串联电阻与连接导线的尺寸成正比，通过减小连接导线的长度，可以适当地减小等效串联电阻。

2. 等效串联电感

串联电感通常认为是连接导线的内部电感与外部电感的总和。随着微波组件工作频率的升高，集肤效应凸显，内部电流趋向于导线表面，此时内部电感会有所降低，外部电感不变，因此连接导线的总电感会有所降低。基于连接导线的外部电感与连接导线的长度有关[22]，等效串联电感 L 可由下式计算：

$$L = \frac{\mu_0 l}{2\pi}\left[\ln\left(\frac{4l}{d}\right) + 0.25\mu_\mathrm{r}\tanh\left(\frac{4\delta}{d}\right) - 1\right] \tag{4.3}$$

式中，l 为连接导线的长度；d 为连接导线的直径；δ 为连接导线的集肤深度；μ_{r} 为连接导线材料的相对磁导率。可知，等效串联电感的大小主要与连接导线的长度有关，且几乎与长度成正比。

3. 等效并联电容

并联电容通常认为是导线与接地平面之间引起的，对于等效并联电容的求解，国外有相关文献提出一种基于保角变换求等效并联电容的方法，通过假设该模块拼缝结构为完全对称的结构，采用保角变换的方法，将键合剖面转化为非均匀基底与平板传输线进行求解，求解过程相当复杂，且求解前提相当苛刻，可由下式表示[23-26]：

$$C=\frac{\varepsilon_0}{\cosh^{-1}\left(\dfrac{2h}{d}\right)}\int_{-\pi}^{0}\left[1-\frac{1}{\cosh^{-1}\left(\dfrac{2h}{d}\right)}\left(1-\frac{1}{\varepsilon_{\mathrm{r}}}\right)U(v)\right]^{-1}\mathrm{d}v \tag{4.4}$$

式中，

$$U(v)=\tanh^{-1}\left(\frac{2P}{1+P^2+\dfrac{1}{\tan^2 v}\left(\sqrt{1+(1-P^2)\tan^2 v}+\phi\right)^2}\right)$$

$$P=\frac{2h_{\mathrm{a}}/d}{\sqrt{\left(\dfrac{2h}{d}\right)^2-1}},\quad \phi=\begin{cases}+1, & v\in\left[0,-\dfrac{\pi}{2}\right]\\ -1, & v\in\left[-\dfrac{\pi}{2},-\pi\right]\end{cases}$$

$$\cosh^{-1}(x)=\ln\left(x+\sqrt{x^2-1}\right),\quad \tanh^{-1}(x)=\frac{1}{2}\ln\left(\frac{1+x}{1-x}\right)$$

式中，ε_0 与 ε_{r} 分别为真空与绝缘介质的相对介电常数；d 为连接导线的直径；h 为连接导线的高度 (导线底部距离微带线的高度)；h_{a} 为绝缘介质基板的厚度，v 为保角变换中的角度自变量。可以看出，等效并联电容主要与导线的直径与高度有关，大小与 $\dfrac{h}{d}$ 成反比。

通过分析模块拼缝互联工艺的等效电路模型，可见随着拼缝宽度的改变，导线长度也随之变化，工艺参数对微波组件传输性能的影响主要是由寄生的串联电感引起的，因此下面从场的角度来分析模块拼缝宽度的变化对微波组件信号传输性能的影响。

4.3 模块拼缝电磁模型及边界条件

这里从场的角度来分析的思路是：首先建立微波组件模块拼缝的电磁分析模

型，继而对馈电端口面的尺寸进行确定；然后，对电磁计算边界条件进行设置，在定义好相关边界条件后，分别在不同频段 (如 S、X、Ku 和 Ka) 内，计算拼缝宽度在制造指标范围 (如 0 ～ 1mm) 内变化时的组件插入损耗和电压驻波比等传输性能参数。具体的计算频率范围如表 4.3 所示。

表 4.3 计算频率范围

工作频段	频率范围/GHz	中心频率点/GHz
S	3.1 ～ 3.4	3.25
X	8 ～ 12	10
Ku	12 ～ 18	15
Ka	26.5 ～ 40	35

根据模块拼缝的结构样式和结构参数，在三维电磁场分析软件中，建立如图 4.4 所示的模块拼缝互联工艺的微带射频电路，其中在基板的底部建立一个平面，并设置为理想电边界，作为金属地层。同时，因为微带线传输的是准 TEM 形式，所以波端口尺寸的设置需满足一定要求，否则高次模会出现，将导致电磁计算结果不准确[27]。最后在 HFSS 软件中建立如图 4.5 所示的电磁三维计算模型。

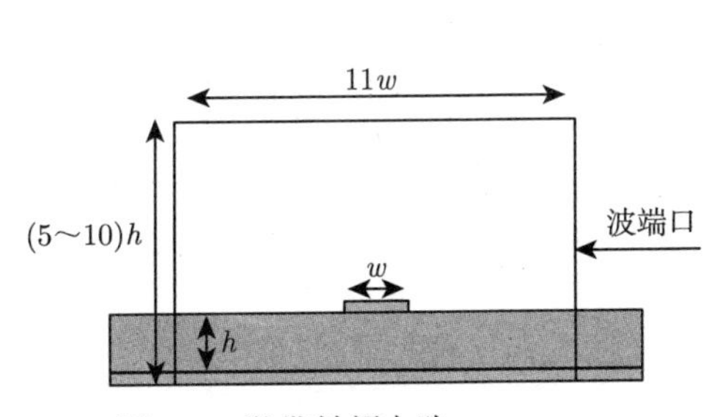

图 4.4 微带射频电路

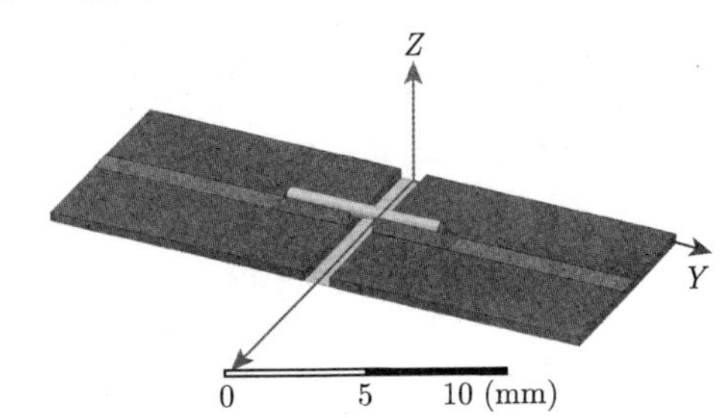

图 4.5 模块拼缝的三维电磁计算模型

4.4 不同频率下缝隙宽度对传输性能的影响

4.4.1 S 波段缝隙宽度

1. 缝隙大小对电压驻波比的影响

从图 4.6 可以看出，在 S 波段内，随着拼缝宽度的增加，电压驻波比 (VSWR) 是逐渐增大的；相同拼缝宽度下，随着频率的增加，电压驻波比是稍有增加的，增幅约为 0.04，几乎可以忽略。当缝隙为 0 时，电压驻波比为 1.08，匹配很好；当缝隙扩大为 0.5mm 时，电压驻波比在 1.57 ～ 1.6 内变化；当缝隙扩大至 1mm 时，电压驻波比在 2.12 ～ 2.18 内变化，阻抗匹配较差。

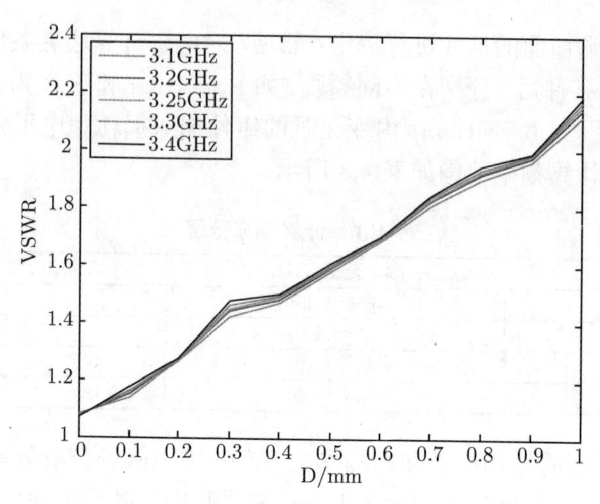

图 4.6　S 波段缝隙大小对电压驻波比的影响

2. 缝隙大小对插入损耗的影响

从图 4.7 可以看出，在 S 波段内，随着拼缝宽度的增大，插入损耗是逐渐增大的；相同拼缝宽度下，不同频率的插入损耗变化不超过 0.09dB，可以忽略不计。在缝隙为零时，不同频率的插入损耗最小，大约为 0.15dB；当缝隙扩大至 0.5mm 时，插入损耗在 1.94 ～ 2.01dB 内变化；当缝隙扩大至 1mm 时，插入损耗在 3.12 ～ 3.22dB 内变化，传输损耗较大。

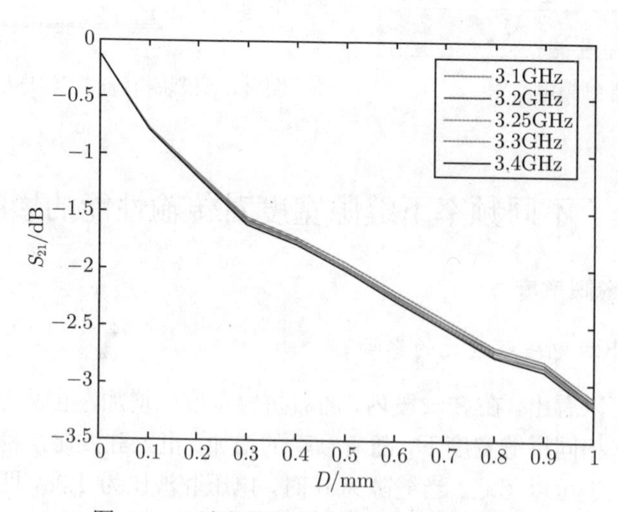

图 4.7　S 波段缝隙大小对插入损耗的影响

4.4.2 X 波段缝隙宽度

1. 缝隙大小对电压驻波比的影响

从图 4.8 可以看出，在 X 波段内，随着拼缝宽度的逐渐增加，电压驻波比是逐渐增大的；同时，在相同拼缝宽度下，随着频率的增加，电压驻波比的增幅变化范围较小，其增幅的范围为 0.2 ~ 0.4。当缝隙为零时，电压驻波比在 1.12 ~ 1.48 内变化；当缝隙扩大为 0.5mm 时，电压驻波比在 1.86 ~ 2.21 内变化；当缝隙扩大至 1mm 时，电压驻波比在 2.63 ~ 3.54 内变化，此时，阻抗匹配较差。

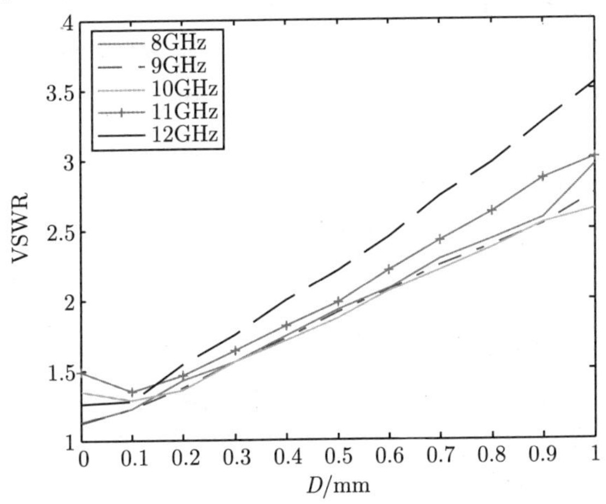

图 4.8 X 波段缝隙大小对电压驻波比的影响

2. 缝隙大小对插入损耗的影响

从图 4.9 可以看出，在 X 波段内，随着拼缝宽度的增大，插入损耗是逐渐增大

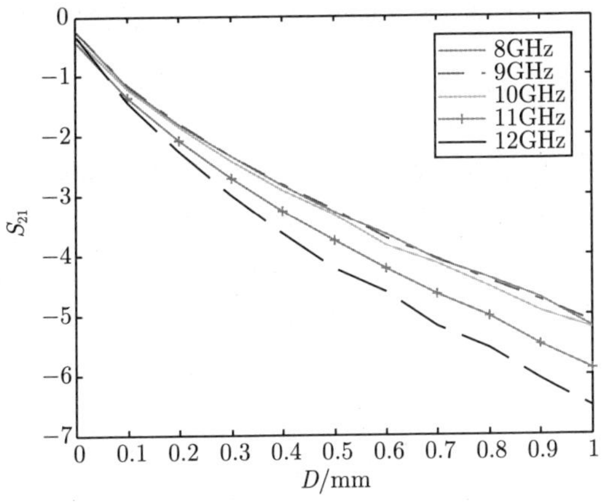

图 4.9 X 波段缝隙大小对插入损耗的影响

的；相同拼缝宽度下，随着频率的增加，插入损耗的增幅较大，增幅范围为 0.2 ~ 1.4dB。在缝隙为零时，插入损耗在 0.25 ~ 0.43dB 内变化；当缝隙扩大至 0.5mm 时，插入损耗在 3.24 ~ 4.21dB 内变化；当缝隙扩大至 1mm 时，插入损耗在 5.12 ~ 6.53dB 内变化，传输损耗较大。

4.4.3　Ku 波段缝隙宽度

1. 缝隙大小对电压驻波比的影响

从图 4.10 可以看出，在 Ku 波段内，随着拼缝宽度的增加，电压驻波比是逐渐增大的；相同拼缝宽度下，随着频率的增加，电压驻波比的增幅较大，增幅范围为 0.5 ~ 1。当缝隙为零时，电压驻波比在 1.11 ~ 1.38 内变化；当缝隙扩大为 0.5mm 时，电压驻波比在 2.15 ~ 2.71 内变化；当缝隙扩大至 1mm 时，电压驻波比在 3 ~ 4 内变化。电压驻波比越大，阻抗匹配越差。

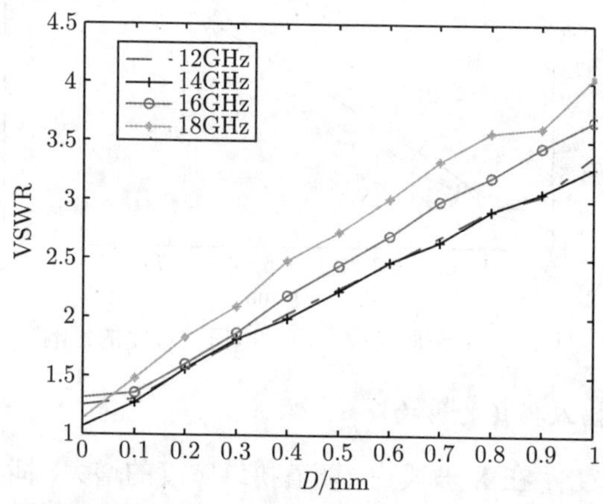

图 4.10　Ku 波段缝隙大小对电压驻波比的影响

2. 缝隙大小对插入损耗的影响

从图 4.11 可以看出，在 Ku 波段内，随着拼缝宽度的增大，插入损耗是逐渐增大的。当缝隙为零时，插入损耗在 0.15 ~ 0.23dB 内变化；当缝隙扩大至 0.5mm 时，插入损耗在 4.14 ~ 5.21dB 内变化；当缝隙扩大至 1mm 时，插入损耗在 6.12 ~ 7.53dB 内变化，此时，阻抗匹配很差，传输损耗较大。

4.4.4　Ka 波段缝隙宽度

1. 缝隙大小对电压驻波比的影响

从图 4.12 可以看出，在 Ka 波段内，随着拼缝宽度的增加，电压驻波比是逐渐增大的；相同拼缝宽度下，随着频率的增加，电压驻波比是逐渐增大的，但其中有跳变。当缝隙为零时，电压驻波比在 1.02 ~ 1.18 内变化；当缝隙扩大为 0.5mm 时，电压驻波比在 2.66 ~ 2.98 内变化；当缝隙扩大至 1mm 时，电压驻波比在 3.95 ~ 4.52 内变化。电压驻波比越大，阻抗匹配越差。

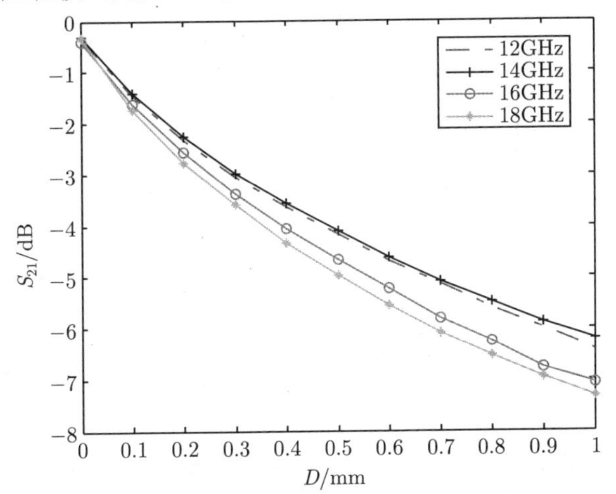

图 4.11 Ku 波段缝隙大小对插入损耗的影响

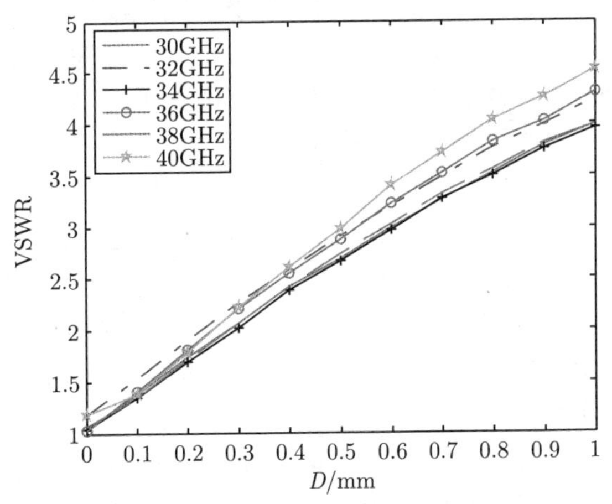

图 4.12 Ka 波段缝隙大小对电压驻波比的影响

2. 缝隙大小对插入损耗的影响

从图 4.13 可以看出，在 Ka 波段内，随着拼缝宽度的增大，插入损耗是逐渐增大的；相同拼缝宽度下，随着频率的增加，插入损耗增大且带有跳变。在缝隙为零时，插入损耗在 0.56 ~ 0.61dB 内变化；当缝隙扩大至 0.5mm 时，插入损耗在 5.34 ~ 6.14dB 内变化；当缝隙扩大至 1mm 时，插入损耗在 7.87 ~ 8.88dB 内变化，传输损耗很大。

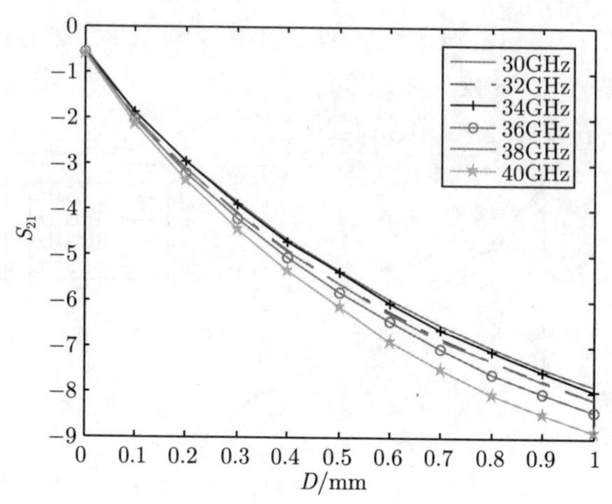

图 4.13 Ka 波段缝隙大小对插入损耗的影响

4.4.5 结果讨论

综合分析以上结果，可以发现模块拼缝的缝隙宽度大小严重制约着微波组件的传输特性，其宽度的存在破坏了原有信号传输过程中的阻抗匹配，加大了微波组件信号的传输损耗，其影响机理是：随着拼缝宽度的逐渐增大，插入损耗和电压驻波比都是逐渐增大的，阻抗失配恶化，微波组件的传输特性是逐渐变差的，且随着电磁工作频率的增加，微波组件的传输特性对缝隙宽度的大小越加敏感。

为此，围绕本书列出的微波组件模型，这里给出的工程指导意见如下：针对 S 波段，模块拼缝的缝隙宽度应当控制在 0 ～ 0.2mm 以内，此时电压驻波比可以控制在 1.2 以下，插入损耗可以控制在 0.15dB 以下，满足工程设计指标要求；针对 X 波段，模块拼缝的缝隙宽度应当控制在 0 ～ 0.15mm 以内，此时电压驻波比可以控制在 1.2 以下，插入损耗可以控制在 0.15dB 以下，同样满足工程设计的指标要求；针对 Ku 波段，模块拼缝的缝隙宽度应当控制在 0 ～ 0.1mm 以内，此时电压驻波比可以控制在 1.2 以下，插入损耗可以控制在 0.15dB 以下；针对 Ka 波段，模块拼缝的缝隙宽度应当控制在 0 ～ 0.05mm 以内，此时电压驻波比可以控制在 1.2 以下，插入损耗可以控制在 0.15dB 以下。

4.5 导线高度对传输性能的影响

模块拼缝互联工艺中除缝隙宽度影响传输性能外，连接导线与基板的距离大小也会影响组件传输效果，为此需要探讨导线高度的影响。在以下分析过程中，围绕同一个模块拼缝结构形式，并将拼缝宽度设为 0，以将拼缝的影响程度最小化，以便更好地分析导线高度对微波组件传输性能的影响。下面选择工程组件中较为典型的 S 波段进行仿真分析。

1. 导线高度对电压驻波比的影响

从图 4.14 可以看出，随着导线距离微带线的高度的增加，电压驻波比是逐渐增大的。当导线高度为 0 时，S 频段多个工作频率下的电压驻波比几乎不变，都在 1.05 ～ 1.06 内变化；当高度增加到 1mm 时，各频率下的电压驻波比在 1.13 ～ 1.16 内变化。

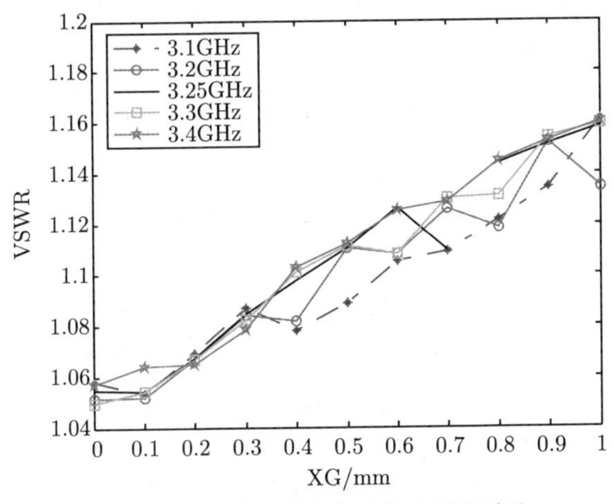

图 4.14 不同导线高度下的电压驻波比

2. 导线高度对插入损耗的影响

从图 4.15 可以看出，随着导线距离微带线高度的增加，插入损耗是逐渐增大的 (绝对值)，在相同导线高度下，随着工作频率的增加，插入损耗也是逐渐增大的 (绝对值)。当导线高度为 0 时，插入损耗在 0.08 ～ 0.085dB 内变化；当导线高度增加到 1mm 时，插入损耗恶化到在 0.1 ～ 0.112dB 内变化。

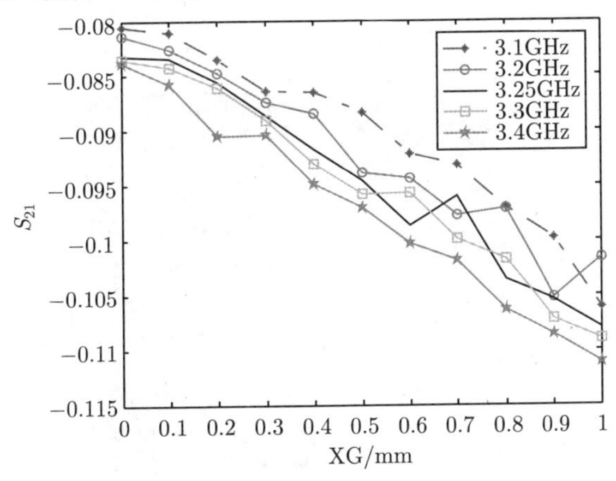

图 4.15 不同导线高度下的插入损耗

综合以上分析可见，当组件工作频率不高时，导线高度的大小对微波组件传输特性的影响不大。

4.6　模块拼缝样件测试验证

4.6.1　测试方法与测试流程

测试方法是使用矢量网络分析仪测试微带基板在不同拼缝宽度下的 S 散射参数，包括电压驻波比与插入损耗两个传输指标。测试频段包括 S、X 和 Ku 三个频段。每个频段下的样件按照给出的结构尺寸，分别加工出符合要求的微带基板。本书的验证要求为仿真得到的理论数据与测量数据的一致性需大于 80%，则可以认为仿真得到的理论值是准确的且有参考价值的。

测试流程如下：首先将一块完整的微带基板直接焊到测试架上，对理想情况下无缝隙的微带基板进行测量，得到理想状态下的电压驻波比和插入损耗。这里要说明的是，由于加工与测试过程存在一些不确定性因素和随机误差，因此理想状态下的测量值仅作为参考标准。然后，利用塞尺与刀具划开微带基板，从而扩大拼缝宽度，同时用铜芯线将微带基板两端焊上，分别进行测量。模块拼缝测试流程和测试样件分别如图 4.16 和图 4.17 所示。

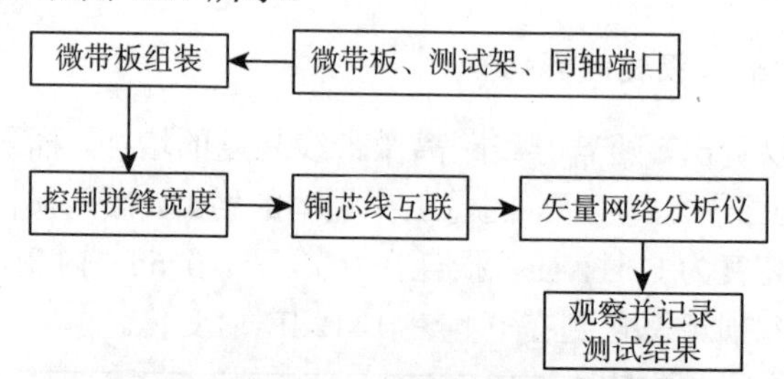

图 4.16　拼缝测试流程

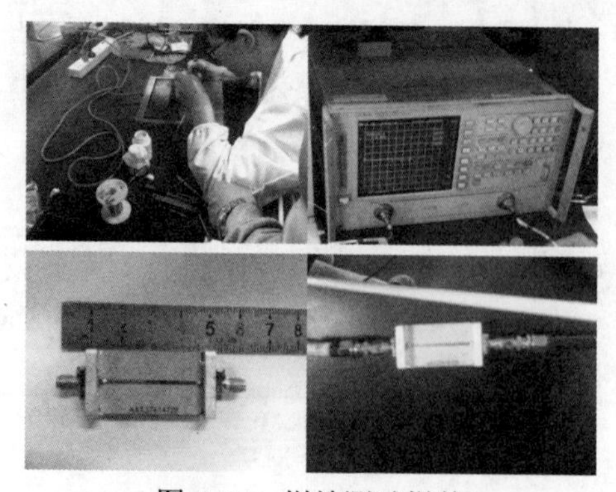

图 4.17　拼缝测试样件

4.6.2 散射参数测试

1. S 波段测试验证

首先测量 S 频段下拼缝样件的电压驻波比与插入损耗。该频段下的测试在三个频点下进行，分别是 3.1GHz、3.25GHz 和 3.4GHz，相应的仿真数据与实测数据及误差分别在表 4.4 ～表 4.6 中列出，相应的仿真数据与实测数据对比图如图 4.18 ～图 4.20 所示。

表 4.4 不同缝隙宽度下的 3.1GHz 拼缝样件

项目	电压驻波比					插入损耗				
	0mm	0.1mm	0.5mm	1mm	2mm	0mm	0.1mm	0.5mm	1mm	2mm
仿真数据	1.17	1.29	1.42	1.70	2.19	−0.18dB	−0.21dB	−0.25dB	−0.42dB	−0.77dB
实测数据	1.32	1.48	1.68	1.86	2.35	−0.20dB	−0.23dB	−0.27dB	−0.47dB	−0.85dB
绝对误差	0.15	0.19	0.26	0.16	0.16	−0.02dB	−0.02dB	−0.02dB	−0.05dB	−0.08dB
相对误差/%	12.8	14.7	18.3	9.4	7.3	11.1	9.5	8.0	11.9	10.4

表 4.5 不同缝隙宽度下的 3.25GHz 拼缝样件

项目	电压驻波比					插入损耗				
	0mm	0.1mm	0.5mm	1mm	2mm	0mm	0.1mm	0.5mm	1mm	2mm
仿真数据	1.14	1.24	1.60	1.95	2.68	−0.25dB	−0.30dB	−0.35dB	−0.56dB	−0.84dB
实测数据	1.21	1.30	1.74	2.15	2.85	−0.30dB	−0.35dB	−0.45dB	−0.65dB	−0.90dB
绝对误差	0.06	0.06	0.14	0.20	0.14	−0.05dB	−0.05dB	−0.10dB	−0.09dB	−0.06dB
相对误差/%	6.0	4.8	8.8	10.3	5.2	20.0	16.7	8.0	11.9	10.4

表 4.6 不同缝隙宽度下的 3.4GHz 拼缝样件

项目	电压驻波比					插入损耗				
	0mm	0.1mm	0.5mm	1mm	2mm	0mm	0.1mm	0.5mm	1mm	2mm
仿真数据	1.35	1.65	1.83	2.22	2.79	−0.39dB	−0.50dB	−0.52dB	−0.79dB	−1.23dB
实测数据	1.54	1.85	1.98	2.46	2.96	−0.45dB	−0.55dB	−0.60dB	−0.85dB	−1.38dB
绝对误差	0.19	0.06	0.14	0.20	0.14	−0.06dB	−0.05	−0.08dB	−0.06dB	−0.15dB
相对误差/%	14.1	12.1	8.2	10.8	6.1	15.4	10.0	15.4	7.5	12.2

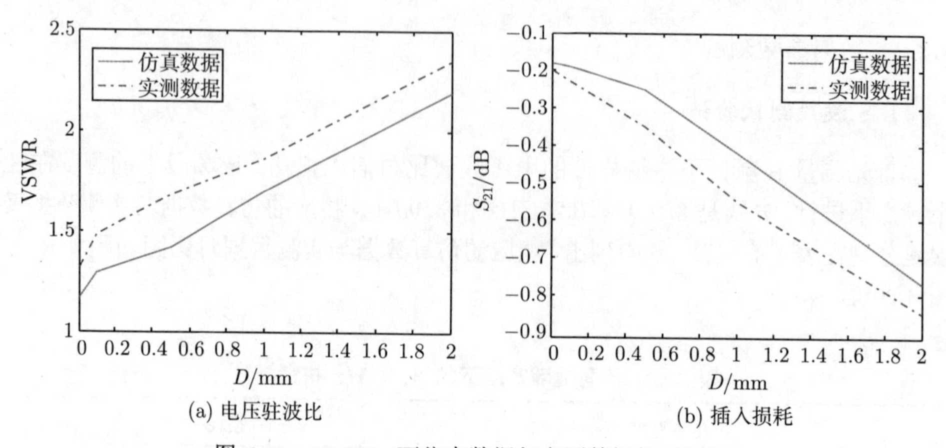

(a) 电压驻波比　　(b) 插入损耗

图 4.18　3.1GHz 下仿真数据与实测数据的对比图

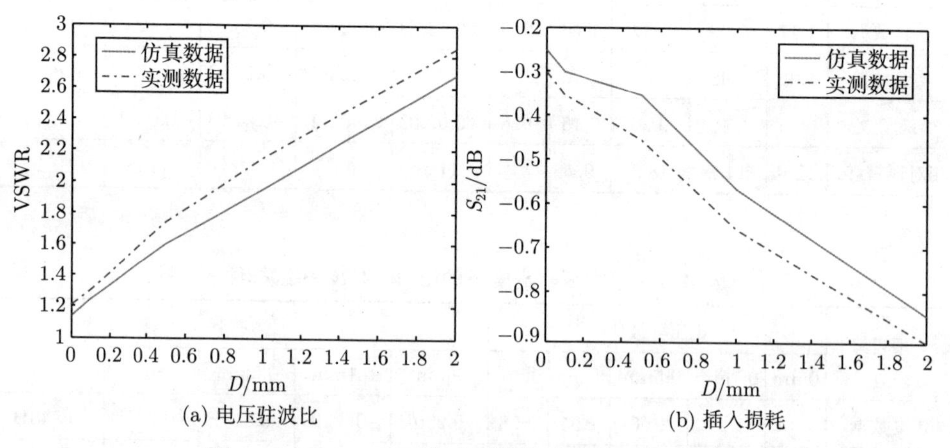

(a) 电压驻波比　　(b) 插入损耗

图 4.19　3.25GHz 下仿真数据与实测数据的对比图

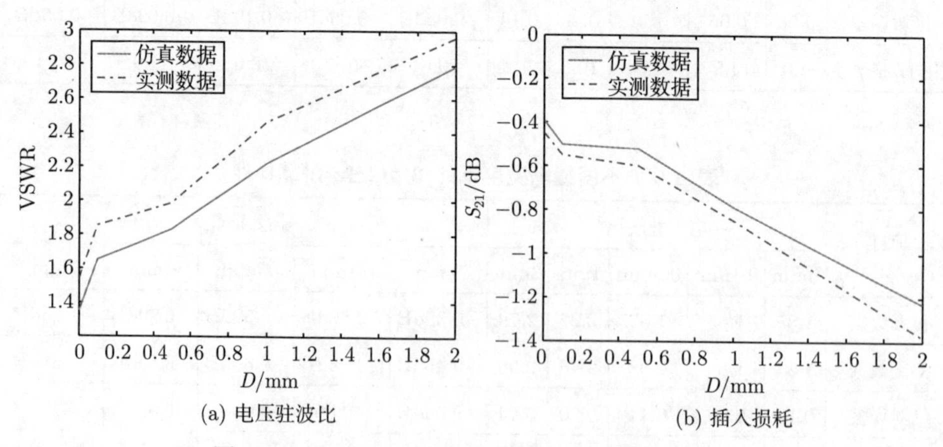

(a) 电压驻波比　　(b) 插入损耗

图 4.20　3.4GHz 下仿真数据与实测数据的对比图

综合分析上述数据可知，在 S 波段下仿真数据与实测数据都说明：随着微带基板之间拼缝宽度的增大，电压驻波比与插入损耗都是随着拼缝宽度的增大而增大的。这是由于随着拼缝宽度的增加，传输线路的特性发生了改变，这一方面造成了阻抗失配，导致了电压驻波比明显增大；另一方面造成电磁波能量的耗散，导致了传输损耗的加大。同时发现，测量值基本都大于理论仿真值，这是由于测量过程中微带板同轴端口无法达到理想程度上的匹配，测量过程中又难免存在一些误差，而且理论仿真建模中都是理想边界条件，因此导致了测量值的数据普遍偏大。另外，当拼缝宽度在 0 ～ 2mm 内变化时，S 波段下电压驻波比的理论值在 1.14 ～ 2.79 内变化，测量值在 1.21 ～ 2.96 内变化；插入损耗的理论值在 0.18 ～ 1.23dB 内变化，测量值在 0.20 ～ 1.38dB 内变化。从图表数据可以看到，仿真得到的数据与测量数据的一致性基本都是大于 80%，满足验证的指标要求。

2. X 波段测试验证

X 频段的模块拼缝测试验证在三个频点进行，分别为 8GHz、10GHz 和 12GHz，相应的仿真数据与实测数据及误差分别在表 4.7 ～表 4.9 中列出，相应的仿真数据与实测数据对比图如图 4.21 ～图 4.23 所示。

表 4.7 不同缝隙宽度下的 8GHz 拼缝样件

项目	电压驻波比					插入损耗				
	0mm	0.1mm	0.5mm	1mm	2mm	0mm	0.1mm	0.5mm	1mm	2mm
仿真数据	1.15	1.61	1.74	1.97	2.78	−0.44dB	−0.52dB	−0.65dB	−0.83dB	−1.03dB
实测数据	1.32	1.64	1.80	2.13	2.95	−0.52dB	−0.61dB	−0.78dB	−0.94dB	−1.21dB
绝对误差	0.17	0.03	0.16	0.2	0.17	−0.08dB	−0.09dB	−0.13dB	−0.11dB	−0.18dB
相对误差/%	14.8	1.9	9.2	8.1	6.1	18.2	17.3	20	13.3	17.5

表 4.8 不同缝隙宽度下的 10GHz 拼缝样件

项目	电压驻波比					插入损耗				
	0mm	0.1mm	0.5mm	1mm	2mm	0mm	0.1mm	0.5mm	1mm	2mm
仿真数据	2.25	2.45	3.27	4.93	8.99	−0.95dB	−1.06dB	−1.68dB	−2.79dB	−4.83dB
实测数据	2.45	2.75	3.65	5.47	9.89	−1.10dB	−1.20dB	−1.80dB	−2.90dB	−5.10dB
绝对误差	0.20	0.30	0.42	0.54	0.90	−0.15dB	−0.14dB	−0.12dB	−0.11dB	−0.27dB
相对误差/%	8.8	12.2	12.8	11.0	10.0	15.8	13.2	7.1	3.9	5.6

表 4.9 不同缝隙宽度下的 12GHz 拼缝样件

项目	电压驻波比					插入损耗				
	0mm	0.1mm	0.5mm	1mm	2mm	0mm	0.1mm	0.5mm	1mm	2mm
仿真数据	1.11	1.42	1.84	2.13	2.35	−0.65dB	−0.79dB	−1.12dB	−1.23dB	−1.57dB
实测数据	1.35	1.60	1.90	2.21	2.47	−0.75dB	−0.86dB	−1.31dB	−1.42dB	−1.71dB
绝对误差	0.19	0.18	0.06	0.08	0.12	0.1dB	0.07dB	0.19dB	0.19dB	0.14dB
相对误差/%	17.1	12.7	3.3	3.8	4.3	15.4	8.9	16.9	15.4	8.9

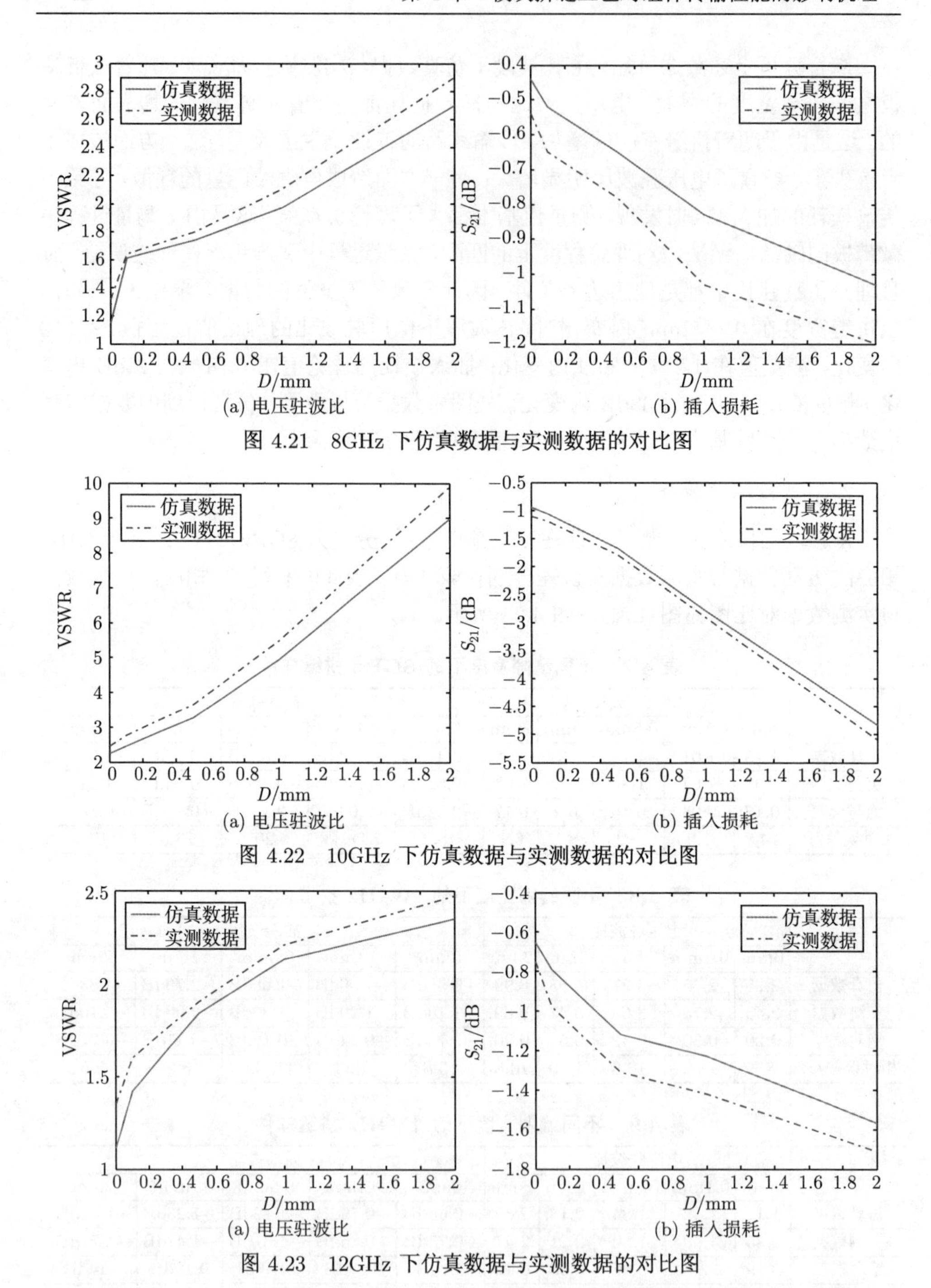

(a) 电压驻波比 (b) 插入损耗

图 4.21 8GHz 下仿真数据与实测数据的对比图

(a) 电压驻波比 (b) 插入损耗

图 4.22 10GHz 下仿真数据与实测数据的对比图

(a) 电压驻波比 (b) 插入损耗

图 4.23 12GHz 下仿真数据与实测数据的对比图

综合分析上述 X 波段下理论值与测量值可知，随着微带基板之间拼缝宽度的增大，电压驻波比与插入损耗都随之增大。拼缝宽度在 0 ～ 2mm 内变化时，X 波段下电压驻波比仿真值在 1.11 ~ 8.99 内变化，测量值在 1.32 ~ 9.89 内变化；插入损耗仿真值在 0.44 ~ 4.83dB 内变化，测量值在 0.52 ~ 5.1dB 内变化。图表数据说明仿真数据与测量数据的一致性基本都是大于 80%，满足验证指标要求。另外，从 10GHz 数据可以发现电压驻波比与插入损耗都变得非常大，这个数据突变是由于当工作频率达到 10GHz 时，电路特性发生了畸变，阻抗匹配变得非常差，传输损耗也严重加剧所致。

3. Ku 波段测试验证

Ku 频段的模块拼缝测试验证在两个频点进行，分别为 15GHz 和 18GHz。这里与前面 S 与 X 两个频段的不同之处是拼缝宽度有所扩大，相应的仿真数据与实测数据及误差分别在表 4.10 和表 4.11 中列出，相应的仿真数据与实测数据对比图如图 4.24 ～图 4.25 所示。

表 4.10　不同缝隙宽度下的 15GHz 拼缝样件

项目	电压驻波比					插入损耗				
	0mm	0.1mm	0.6mm	2mm	6mm	0mm	0.1mm	0.6mm	2mm	6mm
仿真数据	2.31	2.73	5.26	16.37	14.22	−1.8dB	−2.12dB	−3.04dB	−7.38dB	−6.94dB
实测数据	2.75	3.22	5.84	17.11	15.22	−2.05dB	−2.45dB	−3.54dB	−7.88dB	−7.56dB
绝对误差	0.44	0.49	0.58	0.74	1	−0.25dB	0.33dB	0.5dB	0.5dB	0.62dB
相对误差/%	19.0	17.9	11.2	4.5	7.1	13.9	15.6	16.4	6.8	8.9

表 4.11　不同缝隙宽度下的 18GHz 拼缝样件

项目	电压驻波比					插入损耗				
	0mm	0.1mm	0.6mm	2mm	6mm	0mm	0.1mm	0.6mm	2mm	6mm
仿真数据	2.47	2.10	1.01	3.69	15.01	−1.15dB	−0.88dB	−0.29dB	−2.28dB	−7.17dB
实测数据	2.85	2.12	1.21	4.24	17.52	−1.28dB	−0.98dB	−0.31dB	−2.71dB	−8.46dB
绝对误差	0.38	0.02	0.2	0.55	2.51	−0.13dB	−0.1dB	−0.29dB	−0.43dB	−1.29dB
相对误差/%	15.4	0.9	19.8	14.9	16.7	11.3	11.4	6.9	18.8	17.8

综合上述 Ku 波段的图表数据，可以发现：在 15GHz 时，当拼缝宽度从 0 扩大到 2mm 时，电压驻波比与插入损耗是逐渐增大的，电路失配恶化比较明显；当缝隙扩大到 6mm 时，电压驻波比与插入损耗可看出有小幅反转，甚至会变好，这是因为端口阻抗不匹配是始终存在的，当工作频率达到 15GHz 且拼缝宽度达到 6mm 时，电路特性发生了逆转，此时电路结构恰好补偿了端口处的阻抗适配，因此该工作状态下阻抗匹配相比之前反而会有改善，使得电路达到了自补偿效果，传输损耗相比之前有了略微减小。但要说明的是，这种现象在高频下有一定的突发性，这时候得到的理论结果通常不能直接用来对实际工程进行判别。在 18GHz 时，传输性能数据与之前 S 波段与 X 波段是一致的，都是随着微带基板之间拼缝宽度的增大，

电压驻波比与插入损耗随之增大。图表数据说明仿真数据与测量数据的一致性基本都是大于 80%，满足了验证指标要求。

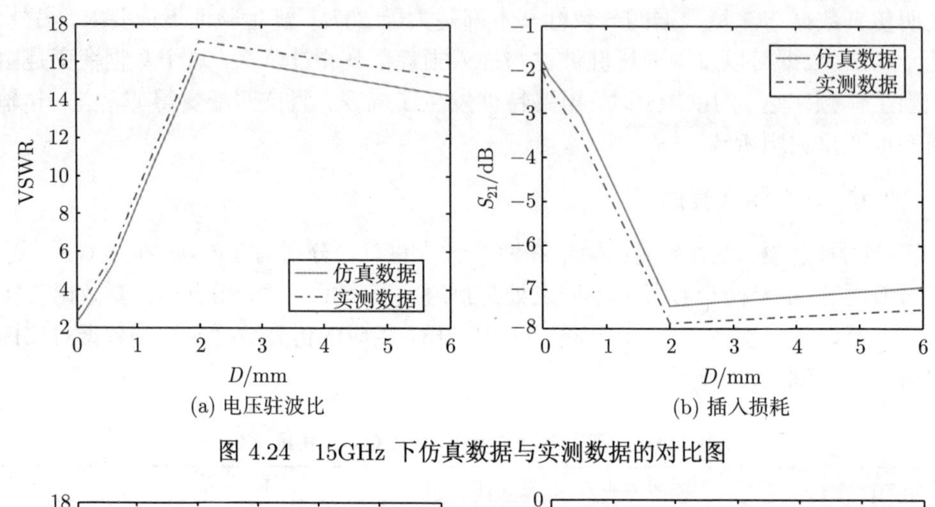

(a) 电压驻波比　　(b) 插入损耗

图 4.24　15GHz 下仿真数据与实测数据的对比图

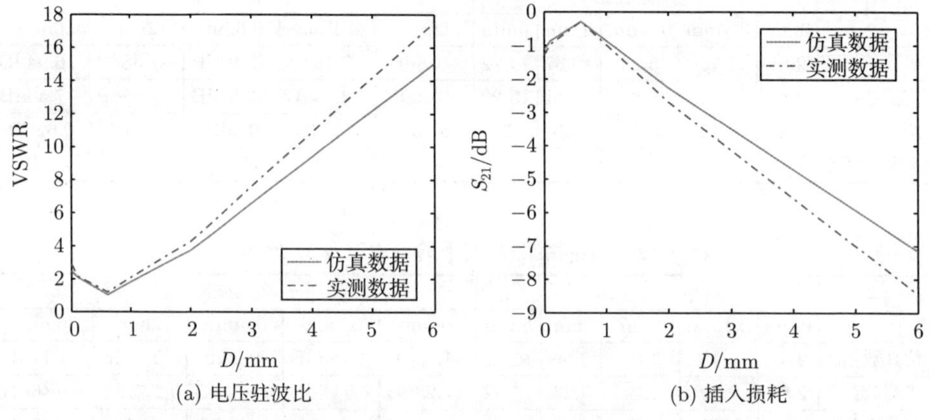

(a) 电压驻波比　　(b) 插入损耗

图 4.25　18GHz 下仿真数据与实测数据的对比图

4.6.3　验证结论

本章分析了模块拼缝互联工艺的等效电路模型，从场路结合的角度，探讨了缝隙宽度与导线高度的变化对微波组件传输性能的影响，并进行了样件的测试与分析，实例验证了不同频段下缝隙宽度变化造成的阻抗和损耗演变特质。

(1) 给出了等效串联电阻、等效串联电感与等效并联电容的求解方法，分析了互联工艺参数对串联电阻 R、串联电感 L 和并联电容 C 元件的影响。认为随着拼缝宽度的改变，导线长度也随之变化，工艺参数对微波组件传输性能的影响主要是由寄生的串联电感引入的，因此工程中可采取增加键合线的根数，或者适当增加键合线的直径以降低连接导线带来的寄生串联电感。

(2) 模块拼缝的缝隙宽度严重影响微波组件的传输性能，其宽度的变化破坏了原有信号传输过程中的阻抗匹配，加大了微波信号的传输损耗。主要影响机理是：随着拼缝宽度的增大，插入损耗和电压驻波比都是逐渐增大的，造成阻抗失配恶化，微波组件的传输性能随之变差，且随着工作频率的提升，微波组件的传输性能对缝隙宽度的变化越加敏感。

(3) 对于微波组件焊接的工程指导意见是：为保证电压驻波比和插入损耗控制在指标范围内，即电压驻波比低于 1.2 和插入损耗低于 0.15dB 时，S 波段下模块拼缝的缝隙宽度应当控制在 0 ～ 0.2mm 以内，X 波段的缝隙宽度应控制在 0 ～ 0.15mm 以内，Ku 波段的缝隙宽度应当控制在 0 ～ 0.1mm 以内，Ka 波段的缝隙宽度应当控制在 0 ～ 0.05mm 以内。

4.7　拼缝连接工艺影响机理分析软件

微波组件的发展日趋轻量化与小型化，电子元器件的排布变得更加密集，对微波组件互联工艺提出了更苛刻的要求。数字微波组件大多采用微焊接与封装工艺把各微波器件组装在高密度的多层互联基板上，为了使工程设计人员更快速、更准确地评估组件拼缝互联工艺对微波组件传输性能的影响，本书利用 HFSS 软件的 VBS 语言和外部调用功能，通过 C++ Builder 开发了模块拼缝连接工艺影响机理分析软件，实现了参数化建模、电磁分析环境集成加载以及自动提取后处理结果等功能。

4.7.1　软件总体设计

根据拼缝连接工艺影响机理分析方法，基于商品化分析软件，制定了微波组件模块拼缝连接工艺影响机理分析软件的开发流程，如图 4.26 所示。

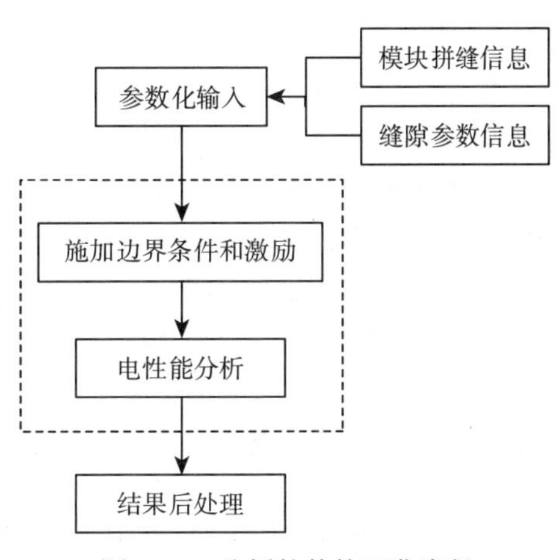

图 4.26　分析软件的开发流程

在进行传输性能仿真时，首先对拼缝连接工艺模型进行参数设置，第一步是输入拼缝连接模型的几何信息；第二步设置物性参数，包括微带线、基板、焊点和导线的物性参数等；参数设置完成后，进行参数化建模，等建模完成后，将模型的几何信息数据、传输性能分析信息数据等都存储于数据库中。然后，进行性能仿真分析：软件先将几何信息数据和性能分析信息数据进行处理和转换成 VBS 命令流文件，自动地完成网格处理、添加激励、施加边界条件等工作，再根据用户指令和命令流文件，后台调用 HFSS 进行组件传输性能求解。在求解完成后，可以查看电压驻波比和插入损耗等性能结果。根据以上操作，设计了如图 4.27 所示的软件工作流程。

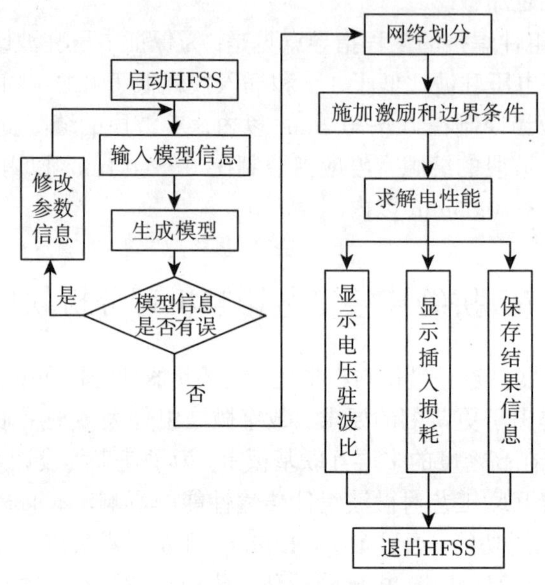

图 4.27　分析软件的工作流程

4.7.2　组成模块设计

根据拼缝连接工艺分析的工作流程，拼缝连接工艺影响机理分析软件具有三个模块：前处理模块、分析求解模块和后处理模块。软件整体组成架构如图 4.28 所示。前处理模块功能是针对拼缝连接电路结构，输入其结构几何参数，选择模型各部分材料类型，设置对应物理参数，输入模型工作频率。分析求解模块是根据输入参数建立拼缝连接电磁模型，调用 HFSS 软件求解电性能 (电压驻波比和插入损耗)，包含了两个子模块：电压驻波比求解模块，根据所输入的模型参数，调用 HFSS 软件求解模型的电压驻波比；插入损耗求解模块，调用 HFSS 软件求解模型的插入损耗，并且可根据用户输入的拼缝宽度范围，求解电压驻波比和插入损耗，以显示同一个拼缝连接模型下各种缝隙宽度范围内的传输性能变化曲线。后处理模块功能是根据用户的需求对分析的结果进行一些数据处理，并显示到软件界面，并将分析结果保存到指定文件目录下，包含了三个子模块：显示电压驻波比、显示插入损耗和保存分析结果。

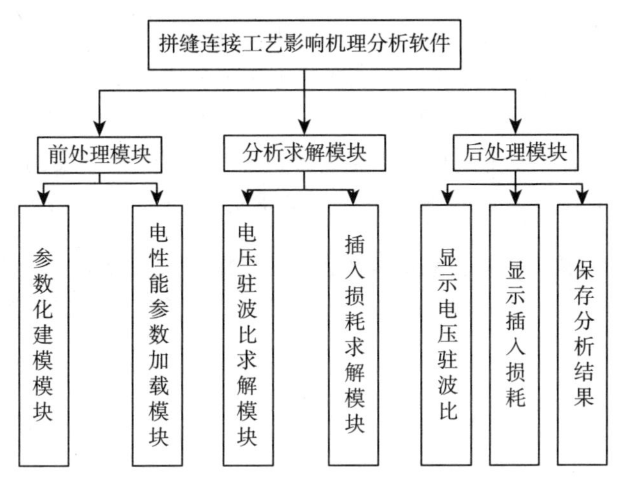

图 4.28 拼缝连接分析软件组成模块

4.7.3 软件功能设计

基于用户需求和软件工作流程，将拼缝连接工艺影响机理分析软件的界面也分为三个区域：流程控制区、信息主界面和命令提示区，如图 4.29 所示。

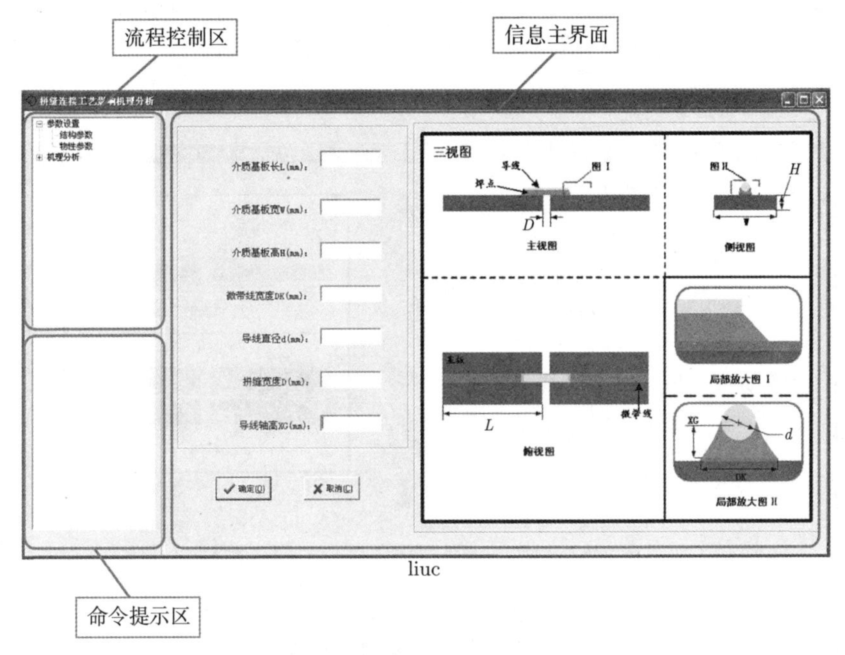

图 4.29 软件界面区域示意图

其中，流程控制区是以树状图的形式给出软件工作的基本流程，用于控制分析流程，单击图中条目，信息主界面区域便会跳转到相应的界面。信息主界面区域是软件的主要信息界面，以分页的形式包含了分析流程中的全部信息，每个页面包含了当页分析步骤所需的各项信息。命令提示区用于提示用户软件已经进行过的操作和正在进行的操作，便于用户控制整个分析流程，避免不必要的操作。整个分析软件的主要界面有四个，如图 4.30 ～图 4.33 所示。

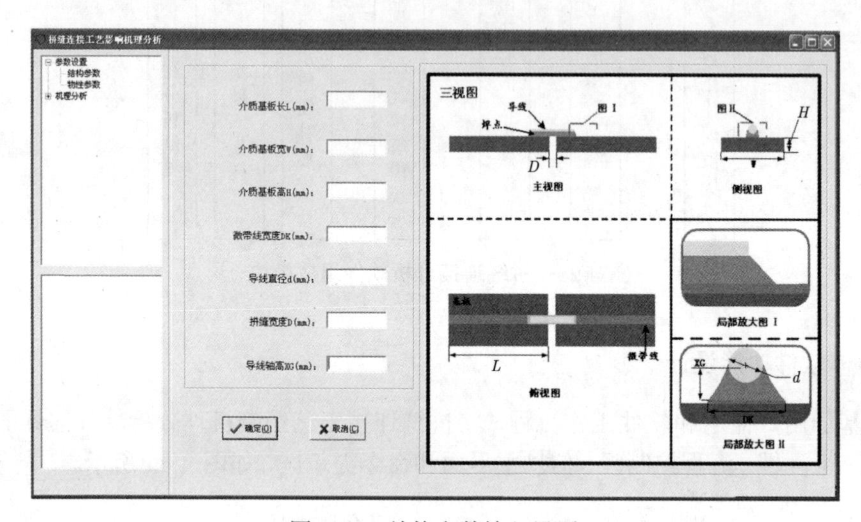

图 4.30　结构参数输入界面

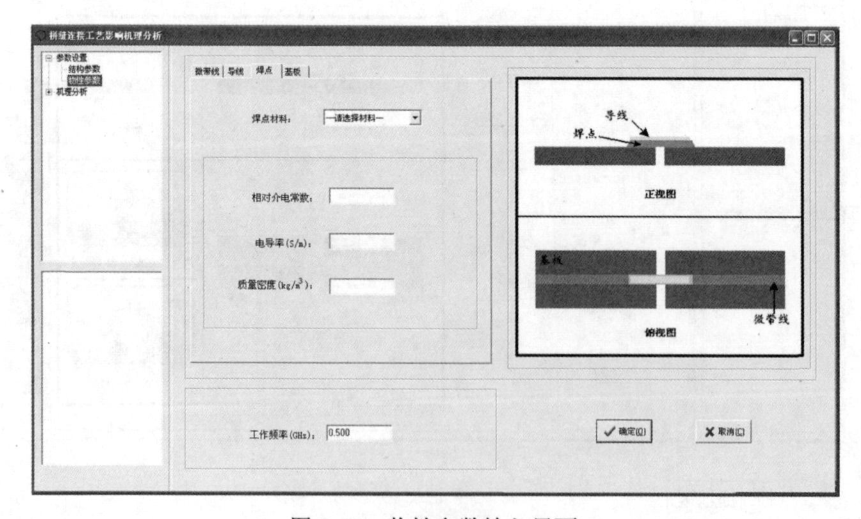

图 4.31　物性参数输入界面

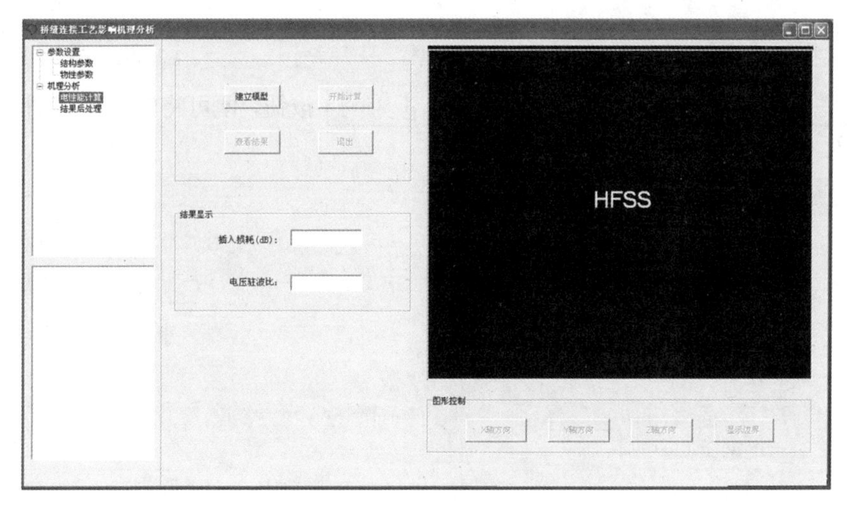

图 4.32 电性能计算界面

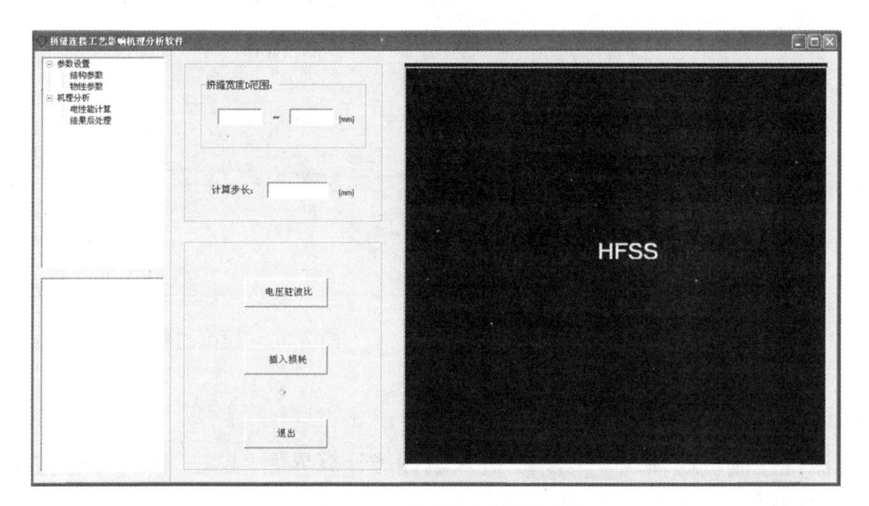

图 4.33 结果后处理界面

4.7.4 软件操作方法

(1) 输入拼缝模型结构参数。

在流程控制栏选择 参数设置，再选择 结构参数，根据拼缝连接结构信息示意图，填写拼缝连接结构模型信息。输入完成后单击 确定 按钮，若输入出现错误，单击 取消(C) 按钮，便可将输入内容清空，重新输入，如图 4.34 所示。

(2) 确定拼缝模型物性参数。

在流程控制栏选择 物性参数，根据物性参数信息示意图选择模型材料，输入材料物性参数，然后输入模型工作频率 工作频率(GHz): 。输入完成后单击 确定 按钮，若输入出现错误，单击 ✘取消(C) 按钮，便可将输入内容清空，重新输入，如图 4.35 所示。

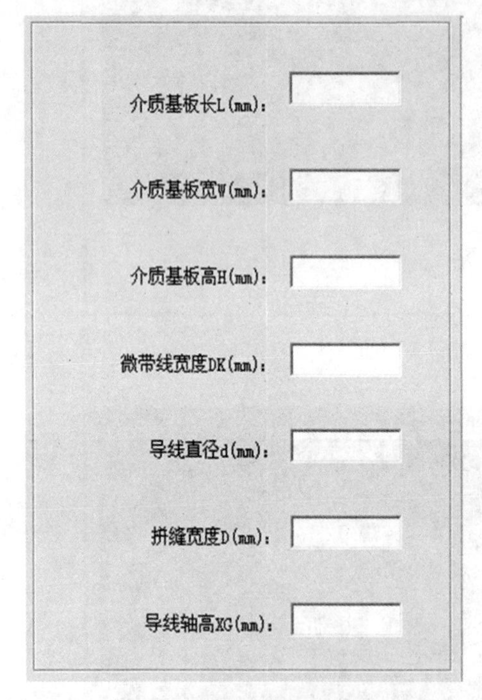

图 4.34　结构参数输入框

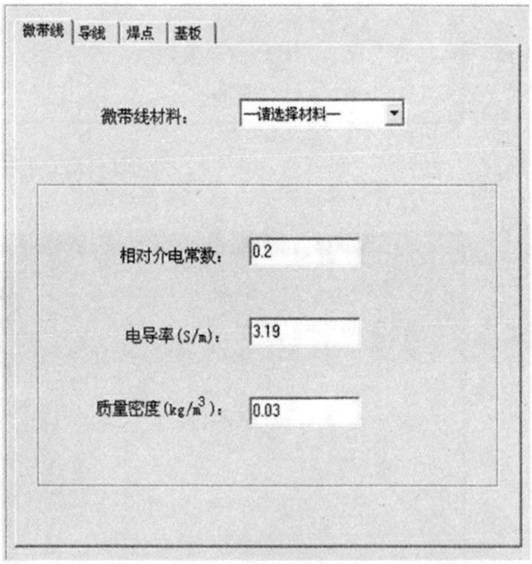

图 4.35　模型材料参数输入框

(3) 模块拼缝传输性能计算。

在流程控制栏选择 电性能计算，进入电性能计算界面。单击 建立模型 按钮，弹出提示对话框，如图 4.36 所示。

单击“确定”按钮后，软件在后台调用高频电磁仿真软件 HFSS 生成拼缝连接电磁模型，建模完成后，自动弹出提示对话框 (图 4.37)，并将 HFSS 显示界面嵌入软件图形显示区。

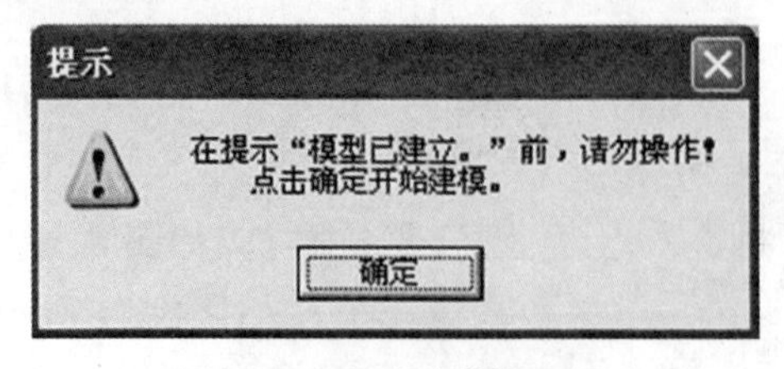

图 4.36　自动建模提示框

图 4.37　建模完成提示框

然后单击 开始计算 按钮，调用 HFSS 求解拼缝连接电路的电性能。计算完成后，单击 查看结果 按钮，查看计算结果并自动保存分析结果，同时结果会自动显示在界面结果显示框中，如图 4.38 所示。全部结束后，单击 退出HFSS 按钮，关闭后台的 HFSS 软件。

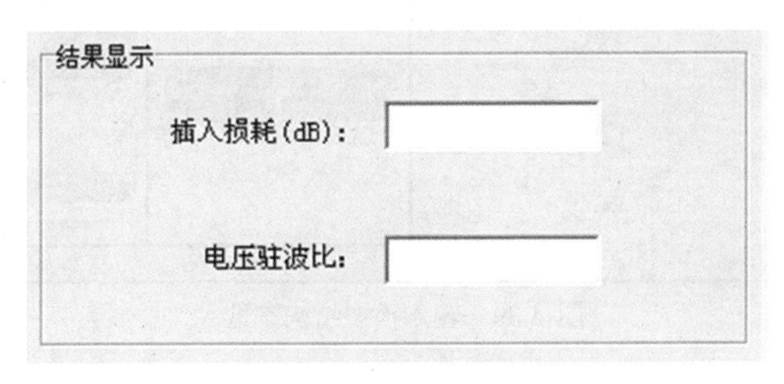

图 4.38 结果显示框

(4) 结果后处理。

在流程控制栏选择 结果后处理，进入结果后处理界面，输入拼缝连接工艺的缝隙宽度范围和计算步长，单击 电压驻波比 按钮，可以查看给定的缝隙宽度范围内电压驻波比变化曲线，同时会自动保存分析结果。单击 插入损耗 按钮，可以查看缝隙宽度范围内插入损耗变化曲线，并自动保存分析结果。完成后单击 退出 按钮，就可以关闭拼缝连接工艺影响机理分析软件。

4.7.5 工程案例应用

下面针对工程中某案例开展软件应用展示。在该组件案例中，拼缝宽度为 1mm，工作频率为 3.25GHz，拼缝宽度范围选择 0 ~ 1mm。具体分析过程如下：

首先启动软件，选择结构参数进入结构参数输入界面。输入拼缝连接模型结构参数信息，参数输入完毕后，单击“确定”按钮，如图 4.39 所示。

然后进入物性参数输入界面，选择微带线、导线、焊点、基板的材料，输入对应的物性参数，输入模型工作频率，完成后，单击“确定”按钮，如图 4.40 所示。

进入性能分析界面后单击建立模型按钮，生成拼缝连接模型。单击“开始”计算，软件调用后台计算程序进行求解，并自动保存结果。最后单击“查看结果”按钮，软件会自动读取数值结果并显示到软件界面 (图 4.41)。

计算完成后，单击退出 HFSS 按钮，关闭 HFSS 软件。单击“流程控制栏结果后处理”按钮，进入对应界面。输入拼缝模块间的缝隙宽度范围和计算步长，单击“电压驻波比”按钮，查看缝隙宽度对电压驻波比的影响曲线 (图 4.42)。

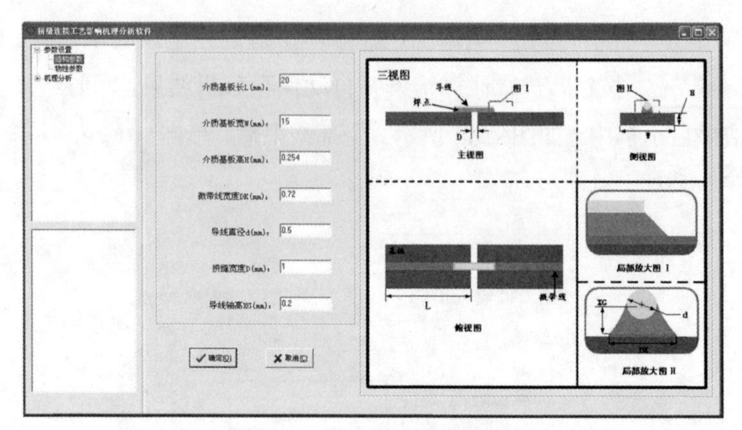

图 4.39　输入模型结构参数

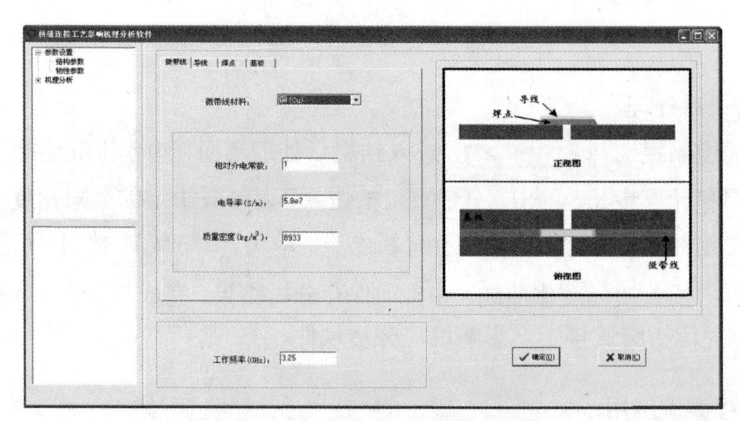

图 4.40　输入模型物性参数

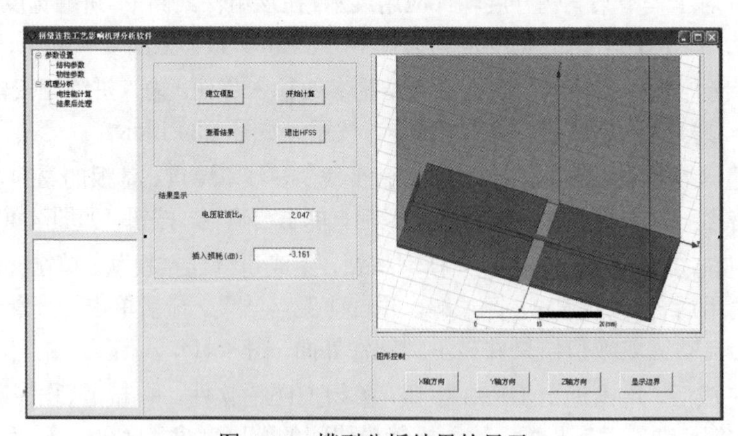

图 4.41　模型分析结果的显示

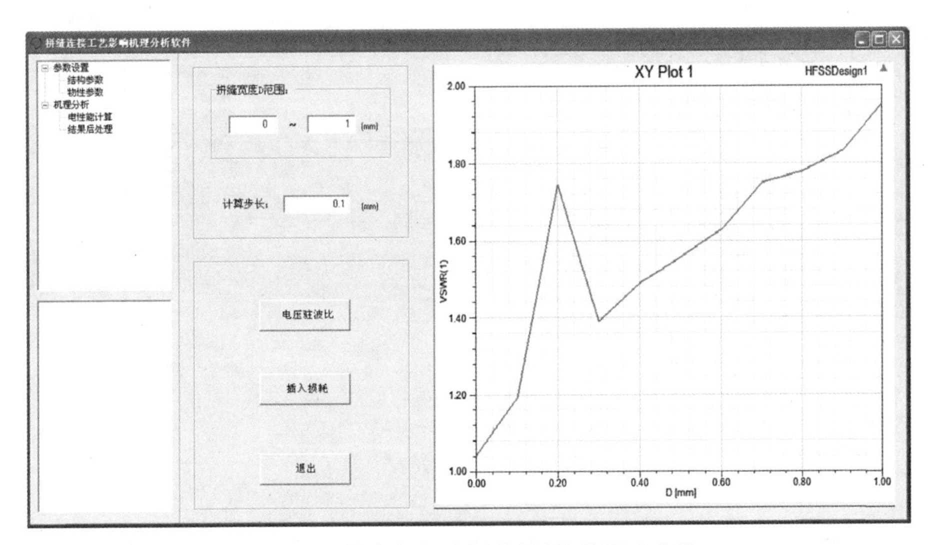

图 4.42 缝隙宽度对电压驻波比的影响曲线

单击“插入损耗”按钮，查看如图 4.43 所示的缝隙宽度对插入损耗的影响曲线。

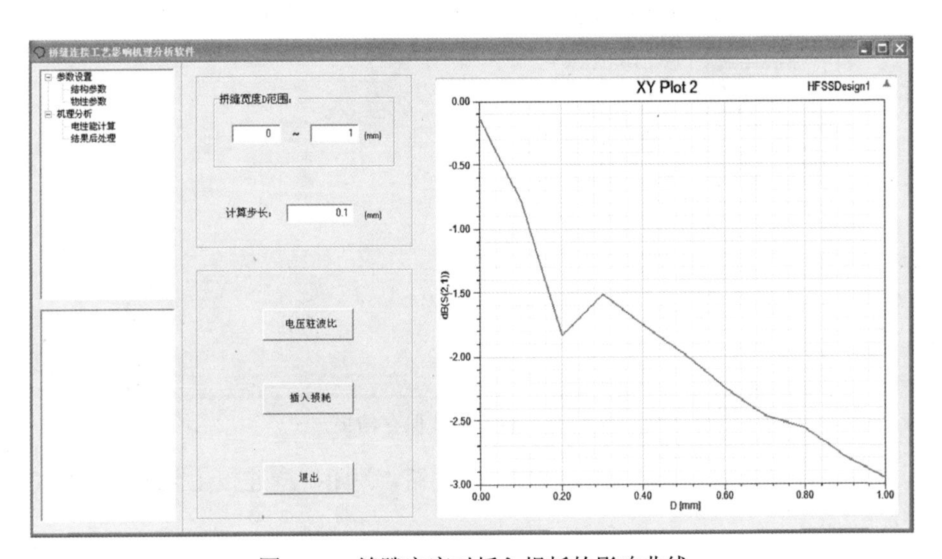

图 4.43 缝隙宽度对插入损耗的影响曲线

显示影响曲线的同时，该软件会自动保存，如图 4.44 和图 4.45 所示为对应计算结果。

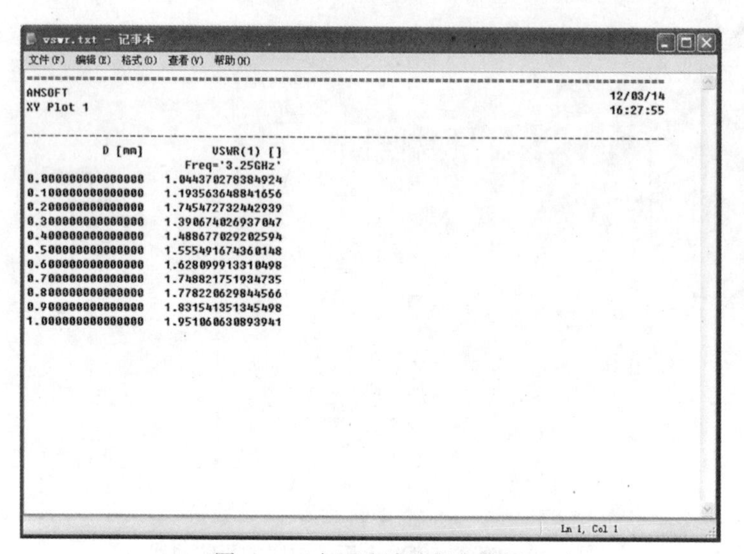

图 4.44　电压驻波比保存结果

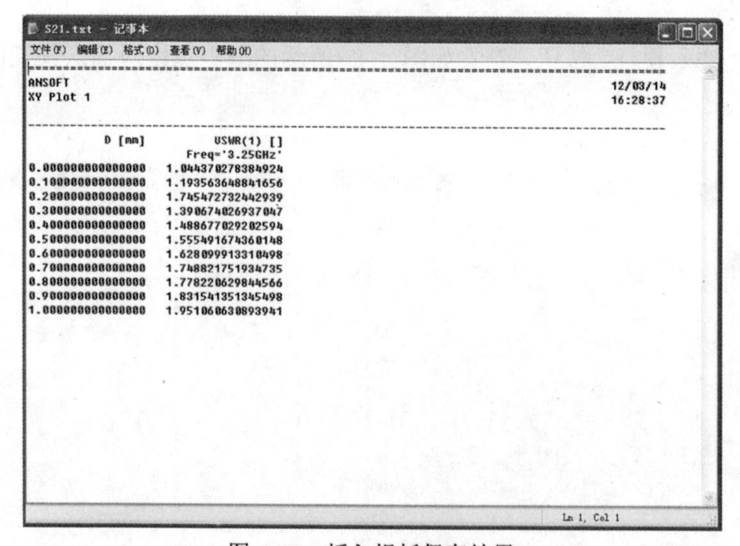

图 4.45　插入损耗保存结果

软件运行完成后，单击 “退出 HFSS” 按钮，关闭拼缝连接工艺影响机理分析软件。

参 考 文 献

[1] 王从思, 段宝岩, 仇原鹰. 电子设备的现代防护技术 [J]. 电子机械工程, 2005, 21(3): 1-4.

[2] 段宝岩, 王从思. 电子装备机电耦合理论、方法及应用 [M]. 北京: 科学出版社, 2011.

[3] 傅文斌. 微波技术与天线 [M]. 北京: 机械工业出版社, 2007.

[4] DESOR C A, KUH E S. Basic circuit theory[M].Tokyo: McGraw-Hill, 1969.
[5] KOPP B A. X-band transmit/receive module overview[C]. IEEE MTT-S Digest, 2000: 705-707.
[6] 王从思. 天线机电热多场耦合理论与综合分析方法研究 [D]. 西安: 西安电子科技大学,2007.
[7] 王从思, 王伟, 宋立伟. 微波天线多场耦合理论与技术 [M]. 北京: 科学出版社，2015.
[8] WANG C S, DUAN B Y, AND QIU Y Y. On distorted surface analysis and multidisciplinary structural optimization of large reflector antennas[J]. Structural and Multidisciplinary Optimization, 2007, 33(6): 519-528.
[9] DUAN B Y, WANG C S. Reflector antenna distortion analysis using MEFCM[J]. IEEE Transactions on Antennas and Propagation, 2009, 57(10): 3409-3413.
[10] WANG C S, DUAN B Y, ZHANG F S, et al. Coupled structural-electromagnetic-thermal modelling and analysis of active phased array antennas[J]. IET Microwaves, Antennas & Propagation, 2010, 4(2): 247-257.
[11] WANG C S, DUAN B Y , ZHANG F S, et al. Analysis of performance of active phased array antennas with distorted plane error[J]. International Journal of Electronics, 2009, 96(5): 549-559.
[12] JIN AU KONG. 电磁波理论 [M]. 吴季, 译. 北京: 电子工业出版社, 2003.
[13] 王从思, 保宏, 仇原鹰, 等. 星载智能天线结构的机电热耦合优化分析 [J]. 电波科学学报, 2008, 23(5): 991-996.
[14] ALIMENTI F, MEZZANOTTE P, ROSELLI L, et al. Modeling and characterization of the bonding-wire interconnection[J]. IEEE Transactions on Microwave Theory and Techniques, 2001, 49(1): 142-150.
[15] POZAR D M. Microwave engineering[M]. Hoboken: John Wiley & Sons, 2009.
[16] 李静. T/R 模块的发展现状及趋势 [J]. 半导体情报, 1999, 36(4): 22-24.
[17] 张屹遐. 微波 LTCC 垂直通孔互连建模研究 [D]. 成都: 电子科技大学,2012.
[18] 毛剑波. 微波平面传输线不连续性问题场分析与仿真研究 [D]. 合肥: 合肥工业大学, 2012.
[19] 范寿康, 电子学, 卢春兰, 等. 微波技术与微波电路 [M]. 北京: 机械工业出版社, 2003.
[20] 吴永诗. 微波集成电路的计算机辅助设计 [M]. 天津: 天津大学出版社, 2000.
[21] MARCH S L. Simple equations characterize bond wires[J]. Microwaves & RF, 1991, 30: 105-110.
[22] HILBERG W. Electrical characteristics of transmission lines[M]. Boston: Artech House books, 1979.
[23] SCHUSTER C, FICHTNER W. Parasitic modes on printed circuit boards and their effects on EMC and signal integrity[J]. IEEE Transations on Electromagnetic Compatibility, 2001, 43(4): 416-425.
[24] HOWE H. Stripline circuit design[M]. Dublin: Microwave Associates, 1974.
[25] LEE H Y. Wideband characterization of a typical bonding wire for microwave and millimeter-wave integrated circuits[J]. IEEE Trans.Microwave Theory and Techniques, 1995, 43(1): 63-68.
[26] KHOURY S L, BURKHARD D J, GALLOWAY D P, et al. A comparison of copper and gold wire bonding on integrated circuit devices[C]. IEEE Electronic Components and Technology Conference, 1990: 768-776.
[27] QINGXIN Y, XIAN Z, HAIYAN C, et al. Direct field-circuit coupled analysis and corresponding experiments of electromagnetic resonant coupling system[J]. IEEE Transations Magnetics, 2012, 48(11): 3961-3964.

第 5 章　金丝键合互联工艺对组件传输性能的影响机理

有源相控阵天线作为机电耦合影响的典型电子装备，采用了大量的发射/接收 (T/R) 组件[1]，这种微波组件内部包含很多单片微波集成电路 (monolithic microwave integrated circuit，MMIC)，如数字移相器、功率放大器、低噪声放大器、衰减器、环行器、限幅器和开关电源等，这些单片微波集成电路通常采用金丝键合实现微波信号的传输。金丝键合的工艺参数 (如金丝直径、跨距、拱高和金丝根数) 都显著影响微波信号的传输，其工艺参数的微小改变就有可能引起金丝键合器件传输性能的显著扰动，进而造成 T/R 组件电性能的恶化和整个天线性能的下降，因此有必要研究金丝键合互联工艺参数对组件传输性能的影响。

5.1　金丝键合互联工艺的发展

T/R 组件作为有源相控阵天线最为核心的组成部分之一 (图 5.1)，控制着电磁信号的接收与发送。随着 T/R 组件内部器件的高度集成化，在体积、质量、可靠性与稳定性等方面对 T/R 组件提出了更严格的标准，也就意味着对 T/R 组件内部电路的组装工艺也提出了更加苛刻的要求。为解决这个难题，微波多芯片组件技术应运而生[2]，它由于自身可实现体积小、质量小、高密度、寄生参数影响小、带宽大、工作频率高和可靠性高的优点，被迅速应用于数字微波组件模块的设计、加工与封装过程中[3]。

图 5.1　有源相控阵天线 T/R 组件

微波多芯片组件技术极大地促进了微波电子电路的发展，它是在高密度多层互联基板上利用微焊接技术和封装工艺组装微波电路的各个元器件，形成高密度、高可靠性、高性能和立体结构的电子装备的高新技术。在微波多芯片组件中，通常采用金丝键合 (图 5.2) 来实现单片微波集成电路、微带传输线、共面波导和集总式元器件之间的信息连接[4,5]。

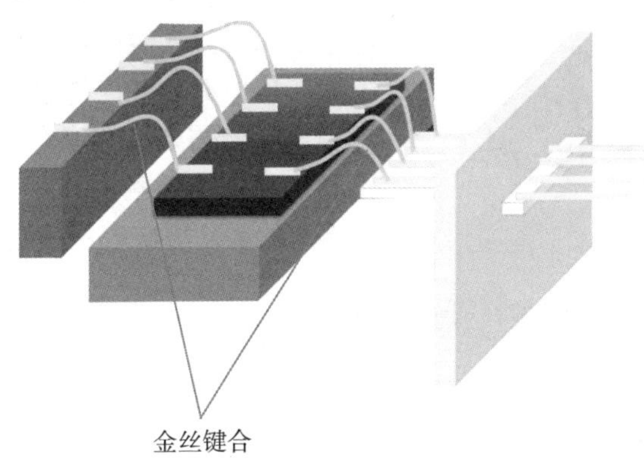

图 5.2 金丝键合的典型应用

金丝键合互联的工艺参数，如金丝直径、金丝拱高、金丝跨距、金丝根数和焊点位置等，都会对微波电路传输性能产生严重的影响[6]，尤其是在高频段 (如 Ka 频段)。随着微波电路工作频率升高，金丝的集肤深度减小，微波电路的传输性能将严重恶化。然而，目前缺乏对金丝键合互联工艺的影响机理分析，工程人员更多的是在电磁仿真软件中建模、仿真分析金丝键合互联工艺参数对微波组件传输性能的影响。在整个过程中，工程人员必须准确建模和设置各种工艺参数和边界条件等，然后才能进行仿真计算，当电性能不满足指标要求时，需要重复工艺模型修改和仿真计算，这大大地增加了工程人员的工作难度，并影响了高性能组件研发效率。

为此，本章针对微波多芯片组件中的金丝键合互联工艺，开展金丝键合互联工艺参数对微波组件传输性能的影响机理研究工作，从电路参数耦合影响集总参数角度，采用等效电路方法，建立微波组件中金丝键合电参数与工艺参数的路耦合模型，并基于路耦合模型，分析金丝键合工艺参数对组件传输性能的影响，同时开发相应的金丝键合工艺影响机理分析软件。

5.2 金丝键合互联工艺特性分析

5.2.1 金丝键合互联工艺分类

键合 (bonding) 属于压力焊接的一种形式，是指在连接接头处施加不同能量，如图 5.3 所示利用热、压力、超声振动等形成连接接头的一种电子制造工艺方法[7,8]。

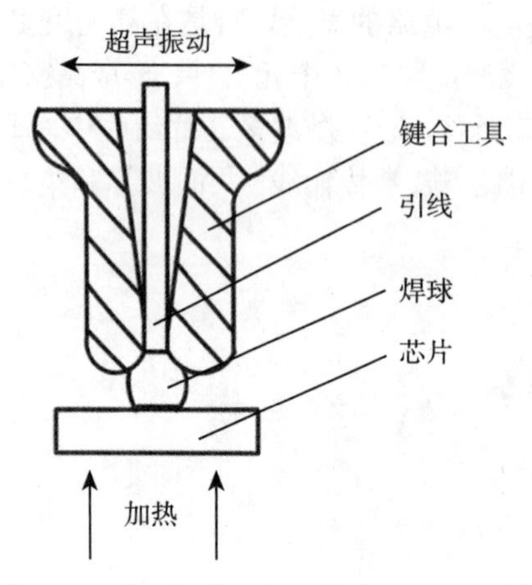

图 5.3　热、压力、超声振动键合示意图

在键合过程中，引线在键合接头处不发生熔化，只是在键合接触面上发生原子扩散，产生吸引力，使接触面与扩散的原子产生结合力，达到键合目的。

引线键合互联是指微波器件中固态电路内部互联线的连接，通过把铝丝、金丝、金带键合或点焊到芯片上的焊盘处。引线键合需要满足条件：① 保证引线键合过程中与接触面良好接触；② 对引线施加的力、热量应不能过大，否则键合过程中产生破坏或应力；③ 键合产生的阻抗不能过大，否则微波器件不能正常工作。

根据引线键合工艺分类[9]，引线键合分为热压键合 (thermal compression bonding，TCB)、超声键合 (wire ultrasonic bonding，WUB) 和热超声键合 (thermal ultrasonic bonding，TSB)。① 热压键合是通过对引线施加热量使引线熔化，然后对引线施加力的作用，将引线键合在接触面上的一种工艺。在键合过程中，由于同时施加力和热量，容易使引线产生化合反应，产生有害物质，因此热压键合常使用金丝，它具有优异的导电、抗腐蚀氧化性能力。② 超声键合是对引线施加超声波能量，从而使引线和接触面键合在一起的工艺。由于在超声波键合中施加的是超声波能量，不需要加入热量，因此键合过程可以在常温下进行，这样大大减小了有害氧化物的生成，比较环保节能。③ 热超声键合是在超声键合的基础上，再施加热量，使引线键合的工艺。由于热超声键合同时结合超声和热压键合，故键合过程的工艺复杂，一般用于高精度、高工艺、高难度的引线互联。热压键合、超声键合和热超声键合三种引线键合有相应的适用范围和优缺点，具体见表 5.1。

表 5.1　三种引线键合对比

特性	热压键合	超声键合	热超声键合
引线材料	金丝	金丝，铝丝	金丝
引线直径	15 ～ 100μm	15 ～ 500μm	15 ～ 100μm
键合线切断方法	高电压 (电弧)	拉断 (超声压头)	高电压 (电弧)
	拉断	拉断 (送丝压头)	拉断
		高电压 (电弧)	
优点	键合工艺简单	不需要尾部加热	与热压电压相比可以在较低温度、较低压力下实现键合
	键合牢固，强度高	对表面洁净度不十分敏感	
	粗糙表面可应用	玻璃、陶瓷上可应用	

续表

特性	热压键合	超声键合	热超声键合
缺点	要求接触面干净光洁	要求接触面光滑	需要加热
	器件容易受温度的影响	工艺控制复杂	与热压法相比工艺控制复杂
适用范围	LSI	最适合铝丝	多芯片大 LSI 内部布线连接

根据键合点的形态，引线键合可以分为：球键合 (ball bonding) 和楔形键合 (wedge bonding)，具体形式如图 5.4 和图 5.5 所示。① 球键合是指在一定的温度下，利用劈刀产生的电火花熔化金丝伸出劈刀外的部分，同时加载超声振动，使熔融金丝形成球形[10]。② 楔形键合是指在劈刀的作用下，将不同的能量 (如热能和超声波能量等) 作用在劈刀上，通过劈刀的传导作用，将引线和接触面焊接在一起[11]。球键合和楔形键合有各自的适用范围和优缺点，具体见表 5.2。

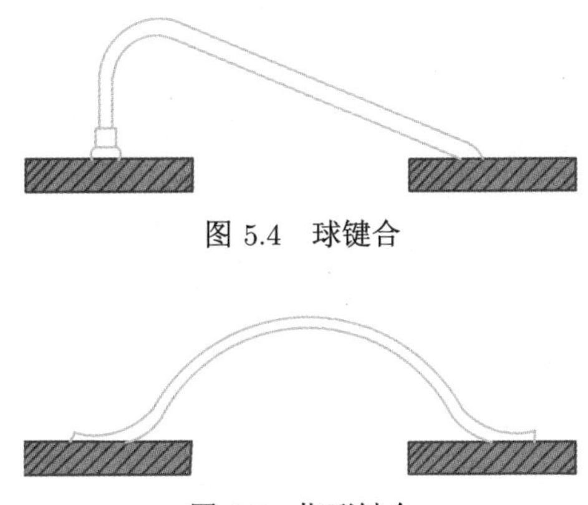

图 5.4 球键合

图 5.5 楔形键合

表 5.2 球键合和楔形键合对比

分类	球键合	楔形键合
适用范围	焊盘间距不小于 100μm	焊盘间距不大于 50μm
优点	高温受压下变形	焊点小于球键合
	抗腐蚀和氧化性能好	
	易于呈球形	
缺点	焊点大	焊接效率低

5.2.2 金丝键合互联分析方法

国内外很多学者对金丝键合互联理论分析方法进行了研究[12-19]，下面介绍几种常用的研究方法。

1. 时域有限差分法

时域有限差分法核心思想是把带时间变量的麦克斯韦旋度方程转换为差分方程，模拟出理想导体作用的时域响应[20-24]，其求解过程是：首先通过网格划分将场域进行离散化；然后，通过差分离散化处理场内的方程和边界条件，进而建立差分方程组；最后，选取代数方程组，求解边值问题的数值解。时域有限差分法具有运算时间短、节省计算存储空间和网格划分简单的特点，包括微波组件键合工艺在内的很多领域得到迅速发展，主要应用在如表 5.3 所示的多个领域。

表 5.3　时域有限差分法的应用

应用领域	分类
射频天线	柱状、圆锥天线
	喇叭天线
	微带天线
	手机天线
微波器件、导行波结构	铁氧体器件
	波导传输
	加载谐振腔
散射和雷达截面计算	地下物体散射
	复杂结构物体的雷达截面
电子封装、电磁兼容	高密度封装时的数字信号传输
周期结构	周期阵列天线
	光子带隙结构
	随机粗糙表面

目前有很多商用软件采用时域有限差分法，主要如表 5.4 所示。

表 5.4　时域有限差分法的软件

软件类型	软件应用对象及功能特点
FDTDA	三维时域有限差分法
XFDTD	瞬态近–远场外推、亚网络技术
	可用以分析生物体对电磁波的吸收特性 (SAR)
	有耗介质、磁化铁氧体介质
	螺旋及微带天线阻抗频率特性
	移动电场强度分布，细导线及复杂物体电磁散射及 RCS
EDA3D	分析核电磁脉冲及雷电耦合、高功率微波、宽带 RCS
	印刷电路板的电磁兼容
	软件具有多种边界条件、亚网格划分
	用于有耗介质、平面波源、电压电流源

续表

软件类型	软件应用对象及功能特点
AutoMESH	对于复杂结构物体，软件可以自动生成三维非均匀正交网格，并将三维转化成二维，显示分层结构
	计算微带滤波器、微带天线传输、辐射特性
AConformal FDTDSoftware Package	用来模拟射频天线、微带电路元件
	用以非均匀及共形网格、PML 吸收边界、近–远场变换
	可处理曲面和有边缘物体

2. 人工神经网络法

人工神经网络法 (artificial neural network，ANN) 是指在人脑神经网络的基本特征认识基础上，大脑通过感知人体对外界环境的反应，模拟某种行为特征的方法。人工神经网络法由于具有能逼近任意复杂的非线性、快速进行大量运算、使用灵活、占内存小、高速寻找优化解的能力，可以用在金丝键合互联的模型分析。神经网络中的多层前传网络模型常用于分析金丝键合互联特性[25]，它是由一个个单层前传网络通过级联构成的，与单层前传网络不同的是在多层前传网络只输入和输出可见，中间全是隐蔽层。在隐蔽层中起作用的是隐蔽元，隐蔽元起到调节整个模型，在整个神经网络中，神经元只向前一层输出信号，让神经网络的最后一层构成整个网络的总体响应，主要分析过程如图 5.6 所示。

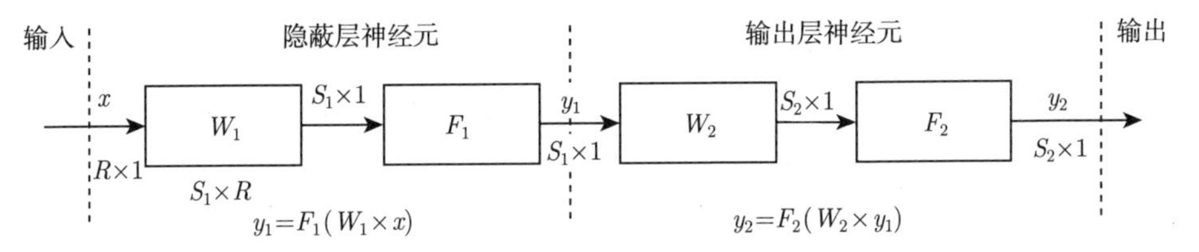

图 5.6 金丝键合两层前传神经网络模型图

在金丝键合影响机理分析中，假设影响组件电路传输性能的因素是金丝跨距、金丝拱高和金丝直径，因此采用两层前传神经网络，输入端口 R 有三个变量，在输出层采用线性活化函数。

3. 准静态模型法

金丝键合准静态分析方法是先将金丝分割成若干段，被分割的每一段用相同传输线代替，求得每一段传输线的集总参数，然后采用矩量法求得集总参数的电感、电阻和电容[26-32]。

4. 矩量法

矩量法是将复杂的微分方程和积分方程离散为简单的代数方程进行求解的方

法[33]。矩量法用于电磁求解的过程是：① 将微分方程或积分方程离散为带算符的符号方程；② 选用一组基函数进行线性组合替代所求函数；③ 选用一组权函数取矩量，得到矩阵方程；④ 利用计算机对矩阵方程反演和数字积分。相比于解析法和近似法，矩量法求解精度高，且能够简化复杂的边界问题，被广泛应用于微波电磁领域。

对于金丝键合互联工艺，由于金丝直径很小，假设轴向电流只沿着金丝轴线，使用洛伦兹条件，电流散射的电场 $\vec{E}_s$ 可以由自由空间格林函数表示为矢量势 $\vec{A}$ 和标量势 Φ，其中电荷分布 $q(s)$ 通过连续性方程与电流分布 $I(s)$ 相关。

$$\vec{E}_s = -\mathrm{j}\omega\mu\vec{A} - \nabla\Phi \tag{5.1}$$

$$\vec{A} = \frac{1}{4\pi}\int I(s')\hat{s}(s')\,k(s-s')\,\mathrm{d}s' \tag{5.2}$$

$$\Phi = \frac{1}{4\pi\varepsilon}\int q(s')k(s-s')\,\mathrm{d}s' \tag{5.3}$$

式中，

$$q(s) = \frac{1}{-\mathrm{j}\omega}\frac{\mathrm{d}I}{\mathrm{d}s} \tag{5.4}$$

$$k(s-s') = \frac{1}{2\pi}\int_{-\pi}^{\pi}\frac{e^{-\mathrm{j}kr}}{r}\mathrm{d}\Phi \tag{5.5}$$

$$r = \sqrt{\left((s-s')^2 + 4a^2\frac{\Phi}{2}\right)} \tag{5.6}$$

施加电场边界条件，入射场 $\vec{E}_i$ 可以由积分方程表示为

$$-\vec{E}_i\cdot\hat{s} = \left(-\mathrm{j}\omega\mu\vec{A} - \nabla\Phi\right)\cdot\hat{s} = \vec{E}_s\cdot\hat{s} \tag{5.7}$$

积分方程可使用脉冲测试和脉冲基函数的 Galerkin 方法离散化为矩阵形式：

$$I(s) = \sum_{1}^{N} I_n p_n(s) \tag{5.8}$$

$$q(s) = -\frac{1}{\mathrm{j}\omega}\sum_{1}^{N}\frac{(I_{n+1}-I_n)}{(s_{n+1}-s_n)} \tag{5.9}$$

$$p_n(s) = \begin{cases} 1, & s_{n-1/2}\leqslant s\leqslant s_{n+1/2} \\ 0, & 其他 \end{cases} \tag{5.10}$$

假设在脉冲段上的缓变电场和电位分布，电流离散化可得到

$$\vec{E}_i(s_m)\cdot\vec{s}_m = \mathrm{j}\omega\mu\vec{A}(s_m)\cdot\vec{s}_m + \Phi\left(s_{m+1/2}\right) - \Phi\left(s_{m-1/2}\right) \tag{5.11}$$

其中

$$A\left(s_{m}\right)=\frac{1}{4\pi}\sum_{1}^{N}I_{n}\hat{s}_{n}\int_{s_{n-1/2}}^{s_{n+1/2}}k\left(s_{m}-s'\right)\mathrm{d}s' \tag{5.12}$$

$$\varPhi\left(s_{m\pm1/2}\right)=-\frac{1}{\mathrm{j}4\pi\omega\varepsilon}\sum_{1}^{N}\frac{I_{n+1}-I_{n}}{s_{n+1}-s_{n}}\cdot\int_{s_{n-1/2}}^{s_{n+1/2}}k\left(s_{m\pm1/2}-s'\right)\mathrm{d}s' \tag{5.13}$$

离散积分方程重新排列成 $N\times N$ 的矩阵，得到

$$[Z][I]=[V] \tag{5.14}$$

$$\begin{aligned}Z_{mn}=\frac{1}{\mathrm{j}4\pi\omega\varepsilon}\Bigg(&\omega^{2}\varepsilon\mu\left(\vec{s}_{m}\cdot\hat{s}_{n}\right)\varPsi_{m,n-1/2,n+1/2}-\frac{1}{s_{n+1}-s_{n}}\\&\cdot\left(\varPsi_{m+1/2,n,n+1}-\varPsi_{m-1/2,m,n+1}\right)+\frac{1}{s_{n}-s_{n-1}}\\&\cdot\left(\varPsi_{m+1/2,n-1,n}-\varPsi_{m+1/2,n-1,n}\right)\Bigg)\end{aligned} \tag{5.15}$$

$$\varPsi_{m,p,q}\equiv\int_{s_{p}}^{s_{q}}k\left(s_{m}-s'\right)\mathrm{d}s' \tag{5.16}$$

对金丝键合采用矩量法进行仿真分析时，先将金丝线等效为很短的传输线，然后建立金丝键合的等效电路模型，提取等效电路中集总参数，包括等效串联电阻、等效串联电感和等效并联电容[34,35]。

5.3 金丝键合路耦合建模方法

5.3.1 金丝键合结构形式

T/R 组件作为典型的微波多芯片组件，其内部包含众多单片微波集成电路和微带传输线，以数字移相器和功率放大器为例，将其等效为两块大小和结构形式完全相同的微带介质基板，介质基板上是微带线，将单根金丝和双根金丝分别焊接到微带线上，金丝起到传输信号的作用[36-38]，具体的金丝键合结构形式如图 5.7 ～图 5.9 所示。

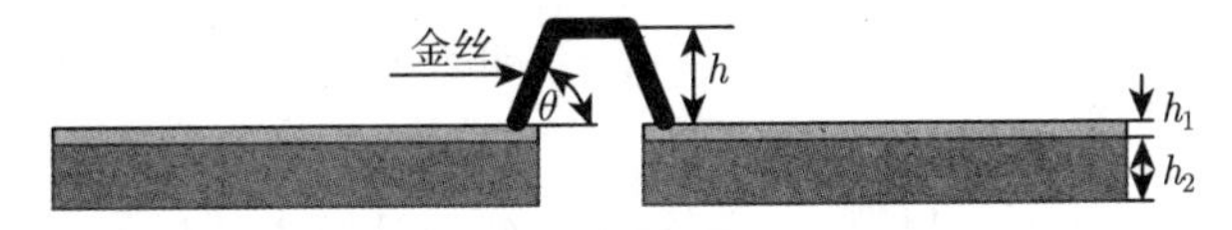

图 5.7 单根和双根金丝键合模型正视图

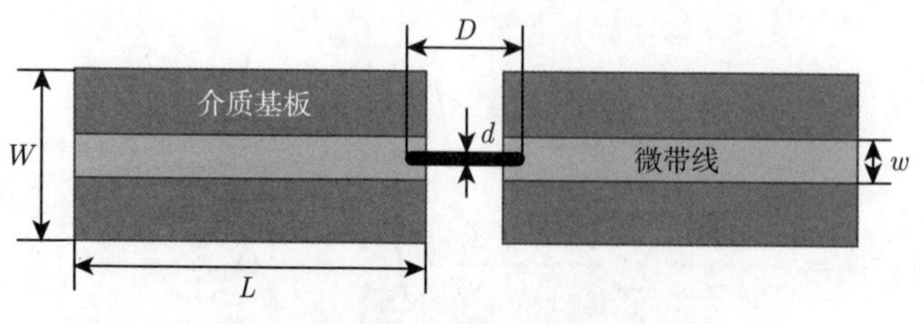

图 5.8 单根金丝键合模型俯视图

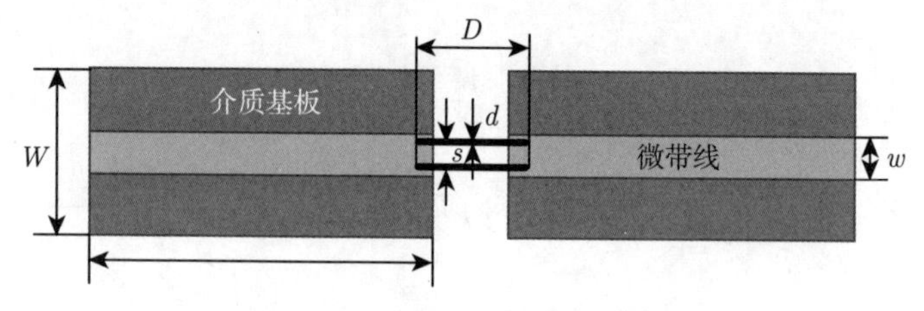

图 5.9 双根金丝键合模型俯视图

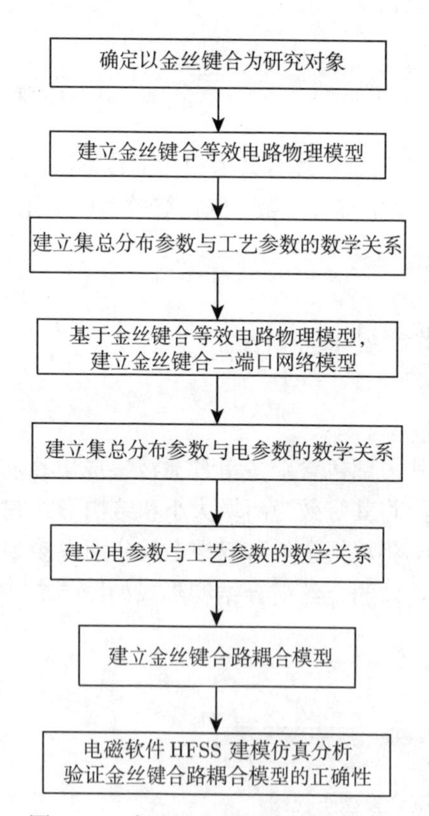

图 5.10 金丝键合路耦合建模流程图

5.3.2 金丝键合路耦合建模思路

采用等效电路方法来分析金丝键合工艺参数对传输性能的耦合机理模型，即路耦合建模的思路是：首先，建立金丝键合等效电路物理模型。其次，根据建立的等效电路物理模型，确定金丝键合工艺参数 (包括金丝直径、金丝拱高、金丝跨距和工作频率等) 与集总分布参数 (等效串联电阻、等效串联电感和等效并联电容) 之间的数学关系表达式。再次，基于金丝键合等效电路物理模型，将金丝键合等效电路模型看成二端口网路，利用二端口网络的特性，建立集总分布参数与电路电参数 (S 参数) 的数学关系。然后，根据上述建立的金丝键合工艺参数与集总分布参数、分布参数与电参数的数学关系，推导出金丝键合工艺参数与电路电参数的耦合模型，即金丝键合路耦合模型[39-44]。最后，从场的角度，在商用电磁仿真软件 HFSS 中参数化建模计算电路性能，对比利用金丝键合路耦合模型计算的结果，评估金丝键合路耦合模型的正确性[45-49]。金丝键合路耦合建模的流程如图 5.10 所示。

5.3.3 金丝键合等效电路模型

在频率低的时候，金丝键合互联工艺的连接线的寄生效应不明显，随着频率的升高，寄生效应变成制约微波电路传输性能的关键因素，键合金丝的直径、拱高和跨距等对微波传输性能的影响必须评估[50-58]。目前金丝键合互联的等效电路物理模型常用图 5.11 来表示，图中 R 代表等效串联阻抗，L 为等效串联电感，C 为等效并联电容。

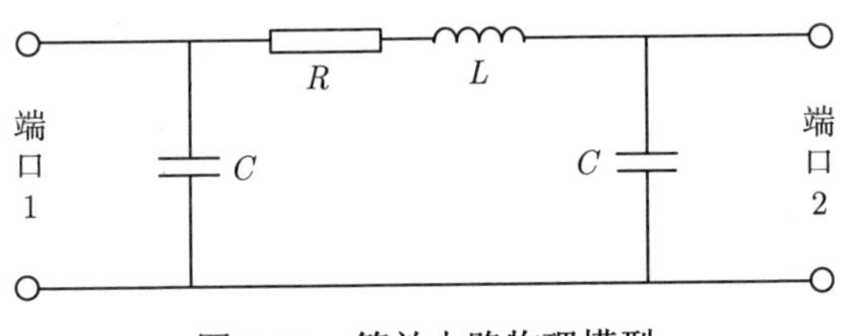

图 5.11 等效电路物理模型

1. 等效串联电阻

等效串联电阻需考虑导体的集肤效应，其计算公式如下：

$$R=\frac{4l\rho}{\pi d^2}\left(0.25\frac{d}{d_{\mathrm{s}}}+0.27\right) \tag{5.17}$$

式中，l 为键合金丝的长度；d 为金丝直径；ρ 为金丝电阻率 $(2.5\times10^{-8}\Omega\cdot\mathrm{m})$；$d_{\mathrm{s}}$ 为金丝导体的集肤深度。l 和 d_{s} 可由下式表示：

$$d_{\mathrm{s}}=\sqrt{\frac{\rho}{\pi f\mu_0\mu_{\mathrm{r}}}} \tag{5.18}$$

$$l=D+\frac{2h}{\sin\theta}-\frac{2h}{\tan\theta} \tag{5.19}$$

式中，μ_0 为真空磁导率，取值为 $4\pi\times10^{-7}\mathrm{H/m}$；$\mu_{\mathrm{r}}$ 为金丝的相对磁导率；f 为微波组件的工作频率；D 为金丝的跨距；h 为金丝拱高；$\theta\left(0\leqslant\theta\leqslant\frac{\pi}{2}\right)$ 为金丝与介质基板间的夹角。

综上所述，可以得到等效串联电阻的计算公式：

$$R=\frac{4\rho}{\pi d^2}\cdot\left(D+\frac{2h}{\sin\theta}-\frac{2h}{\tan\theta}\right)\cdot\left(0.25d\sqrt{\frac{\pi f\mu_0\mu_{\mathrm{r}}}{\rho}}+0.27\right) \tag{5.20}$$

可以看出，等效串联电阻与频率成正比，频率越高，金丝键合的等效串联电阻越大；等效串联电阻也与金丝长度成正比。将等效串联电阻和金丝键合工艺参数的函数关系简记为

$$R=F_1(D,h,d,f) \tag{5.21}$$

2. 等效串联电感

1) 单根金丝的等效串联电感

对于单根金丝键合，等效串联电感的计算公式如下：

$$L=\left(\frac{\mu_0 l}{2\pi}\right)\left[\ln\left[\left(\frac{2l}{d}\right)+\sqrt{1+\left(\frac{2l}{d}\right)^2}\right]+\frac{d}{2l}-\sqrt{1+\left(\frac{d}{2l}\right)^2}+\mu_{\mathrm{r}}\delta\right] \tag{5.22}$$

$$\delta=0.25\tanh\left(\frac{4d_{\mathrm{s}}}{d}\right) \tag{5.23}$$

式中，δ 为集肤因子。可以看出，等效串联电感与键合金丝的长度成正比。

2) 双根金丝的等效串联电感

为改善微波电路传输性能，金丝键合工艺中通常会增加金丝的根数，一般采用双根金丝并联的方式，如图 5.7 所示。采用双根金丝并联后，由于金丝之间的互感作用，其等效串联电感会发生改变。改变后的等效串联电感公式如下；

$$L'=\frac{L+M}{2} \tag{5.24}$$

式中，L 为单根金丝键合中等效电感值；M 为双根金丝的互感值，具体是

$$M=2\times10^{-4}\times l\times\left[\ln\left(\frac{l}{s}+\sqrt{1+\left(\frac{l}{s}\right)^2}\right)-\sqrt{1+\left(\frac{l}{s}\right)^2}+\frac{s}{l}\right] \tag{5.25}$$

式中，s 为双根金丝的间距。

因此，可以得到双根金丝的等效串联电感为

$$\begin{aligned}2L'=&\left(\frac{\mu_0 l}{2\pi}\right)\left[\ln\left[\left(\frac{2l}{d}\right)+\sqrt{1+\left(\frac{2l}{d}\right)^2}\right]+\frac{d}{2l}-\sqrt{1+\left(\frac{d}{2l}\right)^2}+\mu_{\mathrm{r}}\delta\right]\\&+2\times10^{-4}\times l\times\left[\ln\left(\frac{l}{s}+\sqrt{1+\left(\frac{l}{s}\right)^2}\right)-\sqrt{1+\left(\frac{l}{s}\right)^2}+\frac{s}{l}\right]\end{aligned} \tag{5.26}$$

将等效串联电感和金丝键合工艺参数的函数关系简记为

$$L=\begin{cases}F_2(D,h,d,f), & \text{单根金丝}\\ F_3(D,h,d,s,f), & \text{双根金丝}\end{cases} \tag{5.27}$$

3. 等效并联电容

对于等效并联电容，可以将键合金丝看成完全对称结构，通过保角变换来计算等效并联电容：

$$C=\frac{\varepsilon_0}{\cosh^{-1}}\int_0^{\pi}\left[1-\frac{1}{\cosh^{-1}\left(\frac{2h}{d}\right)}\left(1-\frac{1}{\varepsilon_{\rm r}}\right)f(v)\right]^{-1}{\rm d}v \tag{5.28}$$

$$f(v)=\tanh^{-1}\left(\frac{2P}{1+P^2+\frac{1}{\tan(v)}\left(\sqrt{1+(1-P^2)\cdot\tan^2(v)}+\delta\right)^2}\right) \tag{5.29}$$

$$P=\frac{2(h_1+h_2)/d}{\sqrt{\left(\frac{2h}{d}\right)^2-1}} \tag{5.30}$$

$$\delta=\begin{cases}1, & v\in\left[0,-\frac{\pi}{2}\right]\\ -1, & v\in\left[-\frac{\pi}{2},-\pi\right]\end{cases} \tag{5.31}$$

式中，ε_0 与 $\varepsilon_{\rm r}$ 分别为真空与介质基板的相对介电常数；h_1 为微带线高度；h_2 为介质基板厚度。可以看出，等效并联电容主要与金丝直径和金丝拱高有关，大小与 $\frac{h}{d}$ 成反比。

将等效并联电容和金丝键合工艺参数的函数关系简记为

$$C=F_4(h,d) \tag{5.32}$$

综上，可得到金丝键合工艺参数和集总分布参数之间的函数关系为

$$\begin{cases}R=F_1(D,h,d,f)\\ L=\begin{cases}F_2(D,h,d,f), & \text{单根金丝}\\ F_3(D,h,d,s,f), & \text{双根金丝}\end{cases}\\ C=F_4(h,d)\end{cases} \tag{5.33}$$

5.3.4 金丝键合路耦合模型

将金丝键合等效电路物理模型看成二端口网络，如图 5.12 所示，其 Z 参数计算如下：

$$Z_{11}=\left.\frac{U_1}{I_1}\right|_{I_2=0}=\frac{Z_{\rm a}+Z_{\rm b}}{Z_{\rm a}Z_{\rm b}} \tag{5.34}$$

$$Z_{12} = \left.\frac{U_1}{I_2}\right|_{I_1=0} = -\frac{1}{Z_{\mathrm{b}}} \tag{5.35}$$

$$Z_{21} = \left.\frac{U_2}{I_1}\right|_{I_2=0} = -\frac{1}{Z_{\mathrm{b}}} \tag{5.36}$$

$$Z_{22} = \left.\frac{U_2}{I_2}\right|_{I_1=0} = \frac{Z_{\mathrm{b}} + Z_{\mathrm{c}}}{Z_{\mathrm{b}} Z_{\mathrm{c}}} \tag{5.37}$$

$$\begin{cases} Z_{11} + Z_{12} = \dfrac{1}{Z_{\mathrm{a}}} \\ Z_{12} = -\dfrac{1}{Z_{\mathrm{b}}} \\ Z_{22} + Z_{12} = \dfrac{1}{Z_{\mathrm{c}}} \end{cases} \tag{5.38}$$

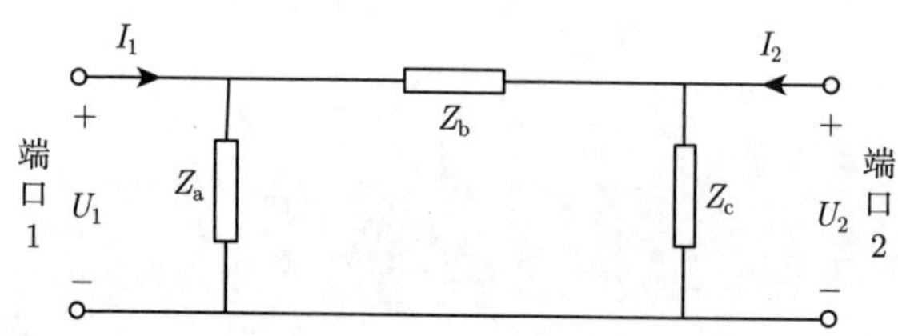

图 5.12 端口 2 网络 Z 参数模型

根据等效电路模型，可得到金丝键合集总分布参数与电参数的关系为

$$C = \frac{\mathrm{imag}\,(Z_{11} + Z_{12})}{2\pi f} \tag{5.39}$$

$$R = \mathrm{real}\,(-Z_{12}) \tag{5.40}$$

$$L = \frac{\mathrm{imag}\,(-Z_{12})}{2\pi f} \tag{5.41}$$

二端口网络中 S 参数和 Z 参数间的相互转换关系是

$$Z_{11} = Z_0 \frac{(1 + S_{11})(1 - S_{22}) + S_{12}S_{21}}{(1 - S_{11})(1 - S_{22}) - S_{12}S_{21}} \tag{5.42}$$

$$Z_{12} = Z_0 \frac{2S_{12}}{(1 - S_{11})(1 - S_{22}) - S_{12}S_{21}} \tag{5.43}$$

$$Z_{21} = Z_0 \frac{2S_{21}}{(1 - S_{11})(1 - S_{22}) - S_{12}S_{21}} \tag{5.44}$$

$$Z_{22} = Z_0 \frac{(1 - S_{11})(1 + S_{22}) + S_{12}S_{21}}{(1 - S_{11})(1 - S_{22}) - S_{12}S_{21}} \tag{5.45}$$

式中，Z_0 为微带线特征阻抗，一般取 50Ω。由于金丝键合模型为对称结构，因此可知 $S_{11}=S_{22}$，$S_{12}=S_{21}$。

这里将集总分布参数与电参数的函数关系简记为

$$\begin{cases} R = G_1\left(S_{11}, S_{21}\right) \\ L = G_2\left(S_{11}, S_{21}\right) \\ C = G_3\left(S_{11}, S_{21}\right) \end{cases} \tag{5.46}$$

因此，利用金丝键合工艺参数与集总分布参数的关系，以及集总分布参数与电参数的关系，可推导出金丝键合工艺参数与电参数的数学关系，即金丝键合互联工艺路耦合模型：

$$\begin{cases} G_1\left(S_{11}, S_{21}\right) = F_1\left(D, h, d, f\right) \\ G_2\left(S_{11}, S_{21}\right) = \begin{cases} F_2\left(D, h, d, f\right), & \text{单根金丝} \\ F_3\left(D, h, d, s, f\right), & \text{双根金丝} \end{cases} \\ G_3\left(S_{11}, S_{21}\right) = F_4\left(h, d\right) \end{cases} \tag{5.47}$$

5.4 金丝键合路耦合模型验证

针对建立的金丝键合路耦合模型，下面将路耦合模型的计算结果和商业电磁仿真软件 HFSS 的结果进行比较，以评估金丝键合路耦合模型的准确性与有效性。

在验证前，首先要确定金丝键合结构模型中微带传输线的特征阻抗，这里选取为常用的 50Ω；然后计算微带传输线的宽度，这里选用 TXLine 软件来计算微带线宽度和基板结构尺寸。因为频率不同，微带线特征阻抗不同，所以一般工作频率越高，微带线的特征阻抗越小，最终趋向稳定值。因此，工作频段不同，微带线的宽度不一样。

因此，确定后的微带板和金丝结构参数是：介质基板长度为 20mm，宽度为 15mm，厚度为 0.254mm；键合金丝直径为 d，拱高为 h，键合金丝与介质基板的夹角为 θ，金丝的跨距为 D，双根金丝的间距为 s，微带线高度为 0.018mm，微带线宽为 w。为研究不同频率的金丝键合路耦合模型，这里考虑三个不同频段，其对应的微带线宽度如表 5.5 所示，介质基板、微带线和键合丝的材料属性表 5.6 所示。

表 5.5 不同频率下的微带线宽度

工作频段	中心频率/GHz	微带线宽度/mm
X(8 ∼ 12GHz)	10	0.62
Ku(12 ∼ 18GHz)	15	0.55
Ka(26 ∼ 40GHz)	35	0.65

表 5.6　介质基板、微带线和键合丝的材料属性

组件名称	材料	相对介电常数
介质基板	Arlon CLTE-XT(tm)	2.94
微带线	Cu	1
键合丝	Au	1

根据金丝键合互联微带电路的结构形式与结构参数，在商用电磁仿真软件 HFSS 中建立金丝键合互联微带电路，其中，在介质基板底层建立金属地层 (图 5.13)，并将其设置为理想电边界层。同时对于波端口尺寸边界的设置要满足一定条件，否则会出现高次模，导致仿真结果不准确。

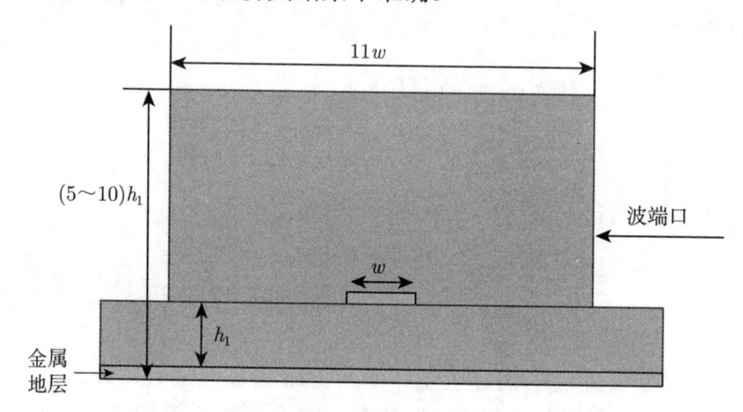

图 5.13　金丝键合模型波端口尺寸示意图

在 HFSS 软件中建立的单根金丝互联和双根金丝互联的三维电磁计算模型分别如图 5.14 和图 5.15 所示。

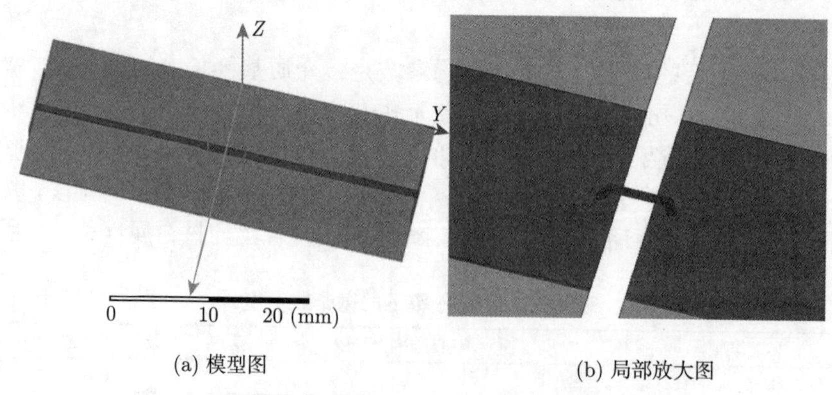

(a) 模型图　　　　(b) 局部放大图

图 5.14　单根金丝互联的三维电磁计算模型和局部放大图

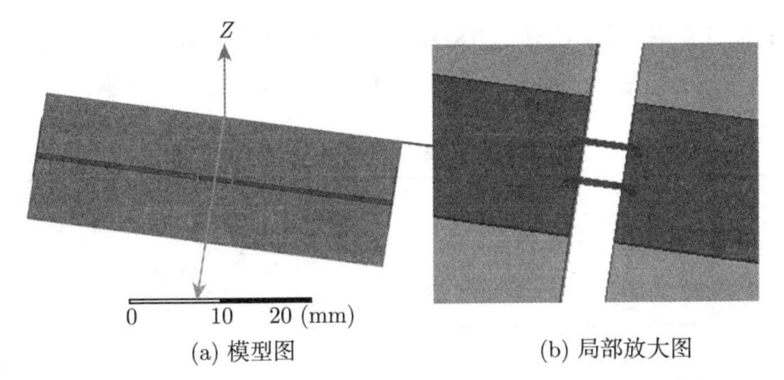

(a) 模型图 (b) 局部放大图

图 5.15 双根金丝互联的三维电磁计算模型和局部放大图

(1) 对于工作频率为 10GHz 的单根金丝，以金丝跨距 D 为例，选取 10 组不同的跨距验证路耦合模型，选取的工艺参数如表 5.7 所示。

表 5.7 单根金丝键合工艺参数

D/mm	d/mm	h/mm	θ/(°)
0.1	0.025	0.1	80
0.2	0.025	0.1	80
0.3	0.025	0.1	80
0.4	0.025	0.1	80
0.5	0.025	0.1	80
0.6	0.025	0.1	80
0.7	0.025	0.1	80
0.8	0.025	0.1	80
0.9	0.025	0.1	80
1	0.025	0.1	80

采用路耦合模型计算金丝键合不同工艺参数下的插入损耗和回波损耗，以及商用电磁仿真软件 HFSS 计算的结果分别如图 5.16 和图 5.17 所示。

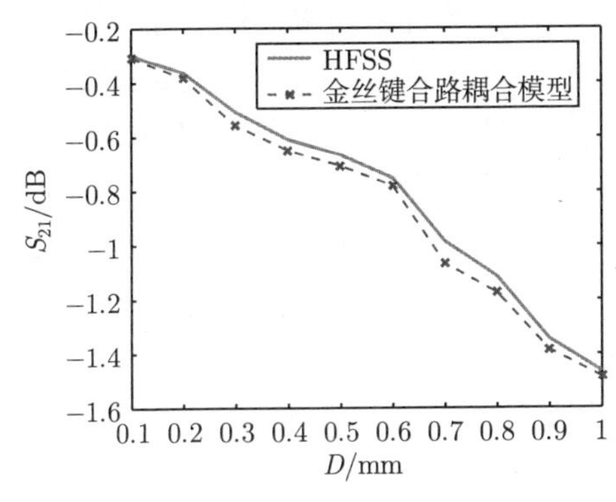

图 5.16 单根金丝路耦合模型和 HFSS 软件计算的插入损耗

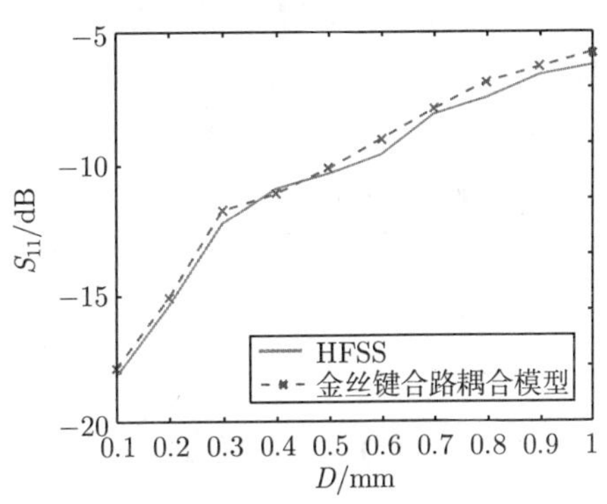

图 5.17 单根金丝路耦合模型和 HFSS 软件计算的回波损耗

(2) 对于工作频率为 10GHz 的双根金丝，以双根金丝间距 s 为例，选取 5 组不同的金丝间距验证路耦合模型，选取的工艺参数如表 5.8 所示。

表 5.8 双根金丝键合工艺参数

s/mm	D/mm	d/mm	h/mm	θ/(°)
0.04	0.1	0.025	0.2	80
0.05	0.1	0.025	0.2	80
0.06	0.1	0.025	0.2	80
0.07	0.1	0.025	0.2	80
0.08	0.1	0.025	0.2	80

采用路耦合模型计算金丝键合不同工艺参数下的插入损耗和回波损耗，以及商用电磁仿真软件 HFSS 计算的结果分别如图 5.18 和图 5.19 所示。

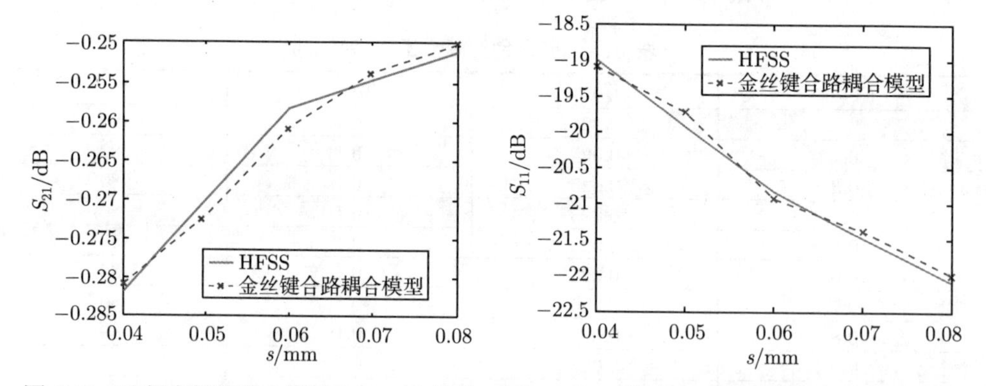

图 5.18 双根金丝路耦合模型和 HFSS 软件计算的插入损耗

图 5.19 双根金丝路耦合模型和 HFSS 软件计算的回波损耗

分析图 5.16 ～图 5.19 四个图中的数据，可以发现对于单根和双根金丝键合互联工艺，当选取金丝键合不同的工艺参数时，基于金丝键合路耦合模型计算的结果和采用商用电磁仿真软件 HFSS 的结果吻合程度较好，这说明了所建立的金丝键合路耦合模型是准确的。另外，以配置为主频 3.2GHz、8G 内存的计算机为例，利用商用电磁仿真软件 HFSS 进行仿真计算一组电性能数据共需约 10min，然而利用建立的金丝键合路耦合模型约需 10s，这说明采用所建立的金丝键合路耦合模型是非常高效的。

5.5 金丝键合工艺参数对传输性能的影响

下面将基于建立的金丝键合路耦合模型，研究金丝键合不同工艺参数对微波电路传输性能的影响机理[59-65]，将分别从金丝跨距、金丝拱高、金丝直径和不同工作频率等角度，探讨金丝键合工艺参数对插入损耗和回波损耗的影响规律。

5.5.1 单根金丝键合工艺

1. 金丝跨距

首先基于单根金丝键合路耦合模型，分析单根金丝跨距变化对组件传输性能的影响。微波电路的工作频率 $f=10\text{GHz}$，金丝线的拱高 $h=0.1\text{mm}$，直径 d 为 0.025mm(工程中常采用该直径金丝)，分别选取金丝跨距 D 为 0.1mm、0.2mm、0.3mm、0.4mm、0.5mm、0.6mm、0.7mm、0.8mm、0.9mm、1mm 作为工艺参数变化，利用单根金丝键合路耦合模型计算不同金丝跨距下的插入损耗和回波损耗，数值结果如表 5.9 所示，相应的曲线如图 5.20 和图 5.21 所示。

表 5.9 不同金丝跨距下的插入损耗和回波损耗

金丝跨距 D/mm	插入损耗/dB	回波损耗/dB
0.1	−0.299	−18.329
0.2	−0.361	−14.616
0.3	−0.507	−12.433
0.4	−0.609	−11.093
0.5	−0.666	−10.523
0.6	−0.751	−9.800
0.7	−0.986	−8.255
0.8	−1.115	−7.624
0.9	−1.344	−6.743
1	−1.465	−6.384

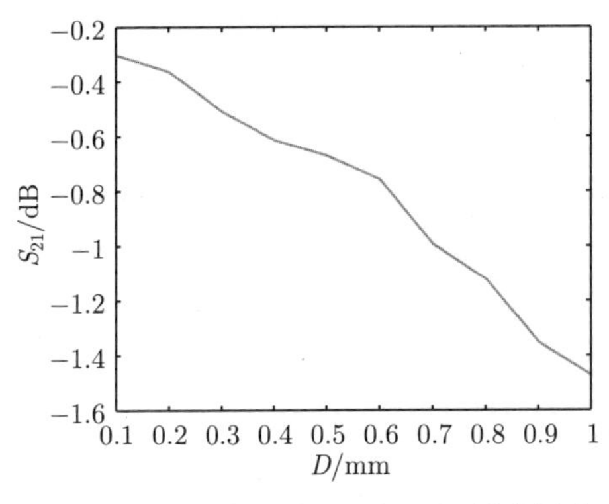

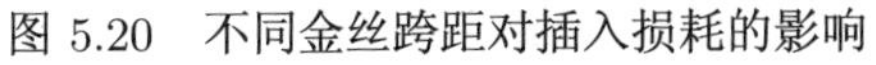
图 5.20 不同金丝跨距对插入损耗的影响

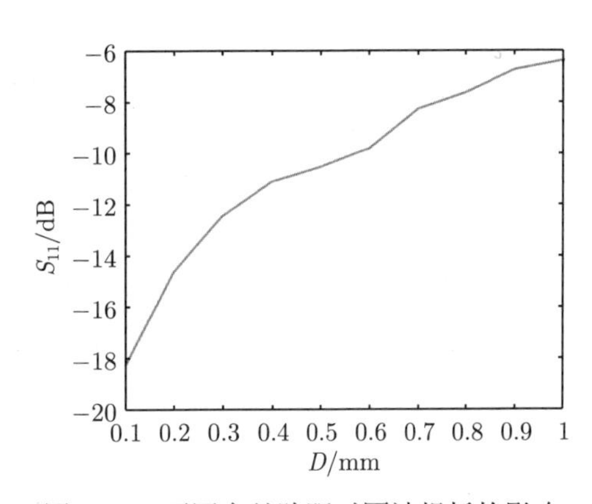

图 5.21 不同金丝跨距对回波损耗的影响

由图 5.20 和图 5.21 可知，当工作频率 f=10GHz、金丝直径和金丝拱高保持不变时，随着金丝跨距 D 的增加，微波电路插入损耗 S_{21} 逐渐减小，而回波损耗 S_{11}

逐渐增大。由表 5.9 可以看出，当金丝跨距大小为 0.1mm 时，对应的插入损耗 S_{21} 和回波损耗 S_{11} 分别为 −0.299dB 和 −18.329dB，此时，金丝键合效果良好，微波电路传输损耗小、阻抗匹配性能好；当金丝跨距扩大到 0.5mm 时，对应的插入损耗 S_{21} 和回波损耗 S_{11} 分别为 −0.612dB 和 −10.972dB；当金丝跨距扩大到 1mm 时，对应的插入损耗 S_{21} 和回波损耗 S_{11} 分别为 −1.306dB 和 −6.812dB，此时，微波电路的传输损耗大，电路性能恶化严重。因此，由以上分析可知当金丝跨距越小时，微波电路的传输性能越好。

2. 金丝拱高

下面分析单根金丝拱高变化对微波电路传输性能的影响。微波电路的工作频率 $f = 10\text{GHz}$，选取金丝直径 d 为 0.025mm，金丝跨距 D 为 0.1mm，分别选取金丝拱高 h 为 0.1mm、0.2mm、0.3mm、0.4mm、0.5mm 作为工艺参数变化，利用单根金丝键合路耦合模型计算不同金丝拱高下的插入损耗和回波损耗，数值结果如表 5.10 所示，相应的曲线如图 5.22 和图 5.23 所示。

表 5.10　不同金丝拱高下的插入损耗和回波损耗

拱高 h/mm	插入损耗/dB	回波损耗/dB
0.1	−0.254	−21.511
0.2	−0.299	−17.818
0.3	−0.330	−16.598
0.4	−0.394	−14.693
0.5	−0.485	−13.877

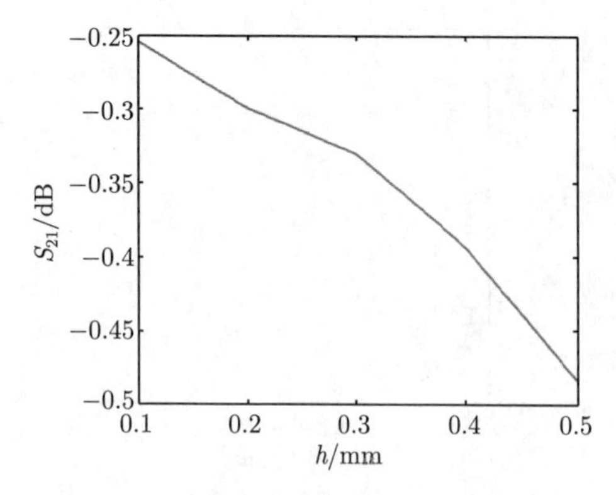

图 5.22　不同金丝拱高对插入损耗的影响

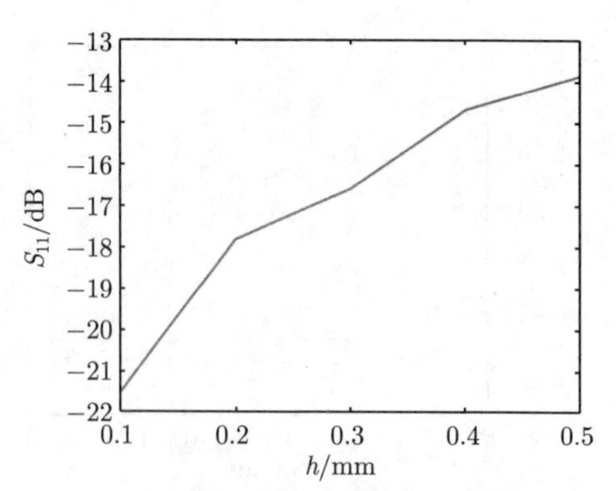

图 5.23　不同金丝拱高对回波损耗的影响表

由图 5.22 和图 5.23 所示的计算结果可以看到，当工作频率 $f = 10\text{GHz}$、金丝线直径和金丝跨距保持不变时，随着金丝拱高 h 的增大，插入损耗 S_{21} 逐渐减小，

回波损耗 S_{11} 也逐渐增大。由表 5.10 可以看出，当金丝拱高为 0.1mm 时，对应的插入损耗 S_{21} 和回波损耗 S_{11} 分别为 −0.254dB 和 −21.511dB，此时金丝键合效果好，传输损耗小，阻抗匹配性能好；当金丝拱高增加到 0.4mm 时，插入损耗减小到 −0.394dB，回波损耗增加到 −14.693dB，此时，微波电路传输损耗大，电路性能恶化严重。因此，可知金丝拱高越高，微波电路的传输性能越差。

3. 金丝直径

下面分析单根金丝线直径变化对微波电路传输性能的影响。微波电路的工作频率 $f = 10\text{GHz}$，选取金丝拱高 h 为 0.1mm，金丝跨距 D 为 0.1mm，分别选取金丝线直径 d 为 0.02mm、0.03mm、0.04mm、0.05mm、0.06mm、0.07mm、0.08mm、0.09mm、0.1mm 作为工艺参数变化，利用单根金丝键合路耦合模型计算不同金丝线直径下的插入损耗和回波损耗，数值结果如表 5.11 所示，相应的曲线如图 5.24 和图 5.25 所示。

表 5.11 不同金丝直径下的插入损耗和回波损耗

金丝直径 d/mm	插入损耗/dB	回波损耗/dB
0.02	−0.308	−17.789
0.03	−0.299	−18.916
0.04	−0.285	−19.288
0.05	−0.254	−21.511
0.06	−0.249	−22.126
0.07	−0.243	−23.482
0.08	−0.239	−24.240
0.09	−0.235	−24.360
0.1	−0.234	−24.420

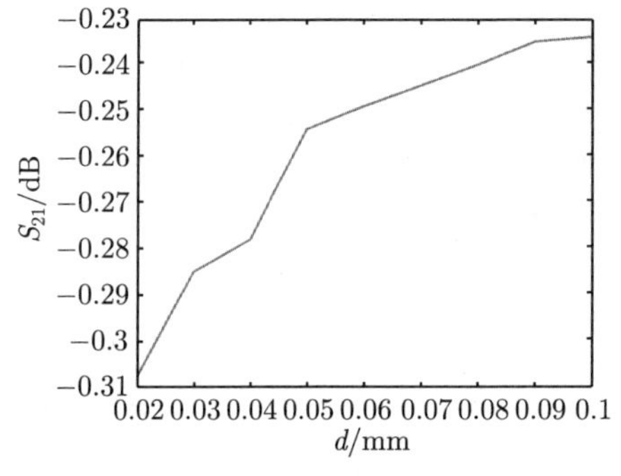

图 5.24 不同金丝直径对插入损耗的影响

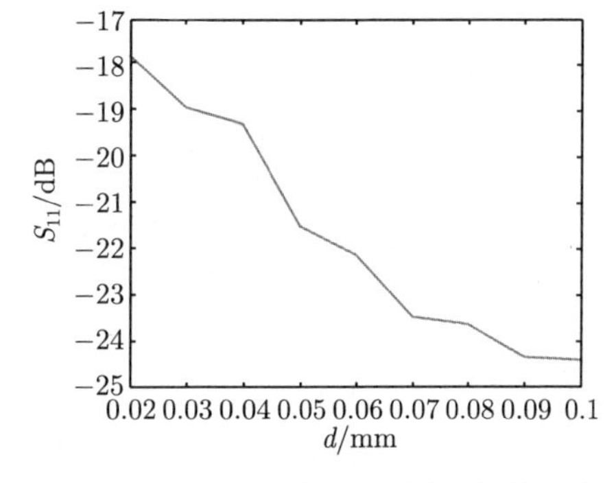

图 5.25 不同金丝直径对回波损耗的影响

由图 5.24 和图 5.25 所示的计算结果可以看出，当工作频率 $f = 10\text{GHz}$、金丝跨距和金丝拱高保持不变时，随着金丝线直径 d 的增大，插入损耗 S_{21} 逐渐增大，

回波损耗 S_{11} 逐渐减小。由表 5.11 可以看出，当金丝直径为 0.02mm 时，对应的插入损耗 S_{21} 和回波损耗 S_{11} 分别为 −0.308dB 和 −17.789dB，此时金丝键合效果差，微波电路传输损耗大；当金丝直径增加到 0.06mm 时，插入损耗增加到 −0.249dB，回波损耗减小到 −22.126dB；当金丝直径增加到 0.1mm 时，插入损耗 S_{21} 增大到 −0.234dB，回波损耗 S_{11} 减小到 −24.420dB，此时，微波电路阻抗匹配好，传输损耗小。因此，可知金丝线的直径越大，微波电路传输性能越好。

4. 结果讨论

前面基于单根金丝键合路耦合模型，分析了单根金丝键合不同工艺参数下的电路传输性能，得到的影响机理主要如下：

(1) 当工作频率相同时，随着金丝跨距的增大，插入损耗逐渐减小，回波损耗增大，电路阻抗失配严重，微波组件的传输性能越来越差。

(2) 当工作频率相同时，随着金丝拱高的增大，插入损耗逐渐减小，回波损耗逐渐增大，金丝键合工艺性能变差，微波电路的传输损耗变大。

(3) 当工作频率相同时，随着金丝直径的增大，插入损耗逐渐增大，回波损耗逐渐减小，键合键合工艺性能变好，微波电路的传输损耗逐渐改善。

5.5.2　双根金丝键合工艺

为提高微波组件的传输性能，通常会增加金丝的根数，一般多采用双根金丝并联的方式。由于双根金丝之间的互感作用，金丝键合等效电路中的串联电感会发生改变。下面基于双根金丝键合的路耦合模型，探讨双根金丝不同工艺参数对微波电路传输性能的影响机理。

1. 金丝跨距

下面基于双根金丝键合路耦合模型，分析双根金丝跨距变化对插入损耗和回波损耗的影响。微波电路的工作频率 $f = 10\text{GHz}$，金丝拱高 $h = 0.1\text{mm}$，直径为 0.025mm，分别选取金丝跨距 D 为 0.1mm、0.2mm、0.3mm、0.4mm、0.5mm、0.6mm、0.7mm、0.8mm、0.9mm、1mm 作为工艺参数变化，即与单根金丝工艺参数一致，然后利用双根金丝键合路耦合模型计算不同金丝跨距下的插入损耗和回波损耗，数值结果如表 5.12 所示，相应的曲线如图 5.26 和图 5.27 所示。

由图 5.26、图 5.27 和表 5.12 可以看出，当金丝跨距 D 大小为 0.1mm 时，对应的插入损耗 S_{21} 和回波损耗 S_{11} 分别为 −0.216dB 和 −30.440dB，金丝键合效果良好，微波电路传输损耗小，阻抗匹配性能好；当金丝跨距 D 扩大到 0.5mm 时，插入损耗减小到 −0.456dB，回波损耗增大到 −13.191dB；当金丝跨距 D 扩大到 1mm 时，插入损耗减小到 −0.971dB，回波损耗增大到 −8.347dB，此时，微波电路阻抗失配严重，传输损耗很大。因此，可知双根金丝跨距越小，微波电路的传输损耗越小，组件性能越好。对比单根金丝的影响机理，可以看出，在相同跨距下，双根金丝的插入损耗比单根金丝的大，回波损耗比单根金丝的小，微波电路传输性能优于单根金丝，因此在工程实际中，建议在条件允许时选用双根金丝。

表 5.12 双根金丝、不同金丝跨距下的插入损耗和回波损耗

金丝跨距 D/mm	插入损耗/dB	回波损耗/dB
0.1	−0.255	−21.694
0.2	−0.308	−17.564
0.3	−0.354	−15.543
0.4	−0.393	−14.537
0.5	−0.456	−13.191
0.6	−0.558	−11.605
0.7	−0.651	−10.583
0.8	−0.686	−10.285
0.9	−0.838	−9.095
1	−0.971	−8.347

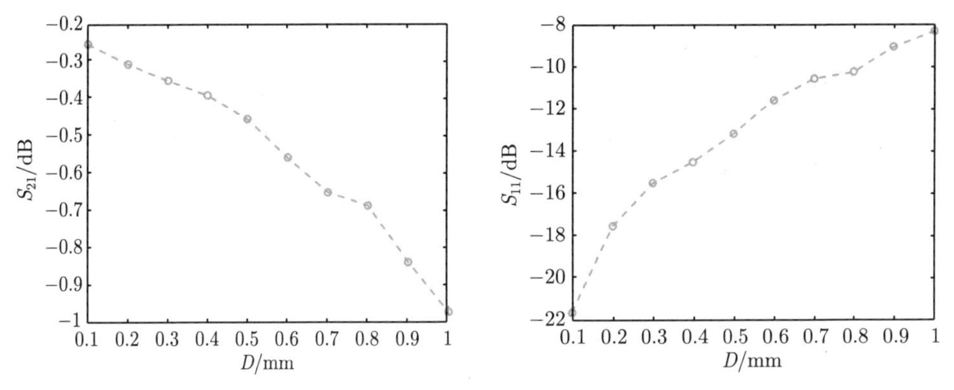

图 5.26 双根金丝、不同金丝跨距对插入损耗的影响

图 5.27 双根金丝、不同金丝跨距对回波损耗的影响

2. 金丝拱高

这里选取金丝拱高 h 分别为 0.1mm、0.2mm、0.3mm、0.4mm、0.5mm，其他参数等同于分析单根金丝拱高影响机理时的工艺参数数值，得到的插入损耗和回波损耗如表 5.13 所示，相应的曲线如图 5.28 和图 5.29 所示。

由图 5.28、图 5.29 和表 5.13 所示的计算结果可以看到，当金丝拱高为 0.1mm 时，对应的插入损耗 S_{21} 和回波损耗 S_{11} 分别为 −0.254dB 和 −21.694dB，金丝键合效果良好，微波电路传输损耗小，匹配性能好；当金丝拱高增加到 0.5mm 时，插入损耗减小到 −0.274dB，回波损耗扩大到 −19.5693dB，此时，微波电路传输损耗大，可见双根金丝线的拱高越低，微波电路的传输性能越好。相比于单根金丝，还可以看出在相同拱高大小下，双根金丝的插入损耗 S_{21} 比单根金丝大，回波损耗 S_{11} 比单根金丝小，此时电路传输性能同样是优于单根金丝的。

表 5.13 双根金丝、不同金丝拱高下的插入损耗和回波损耗

拱高 h/mm	插入损耗/dB	回波损耗/dB
0.1	−0.254	−21.694
0.2	−0.271	−19.972
0.3	−0.272	−20.017
0.4	−0.274	−19.569
0.5	−0.338	−16.430

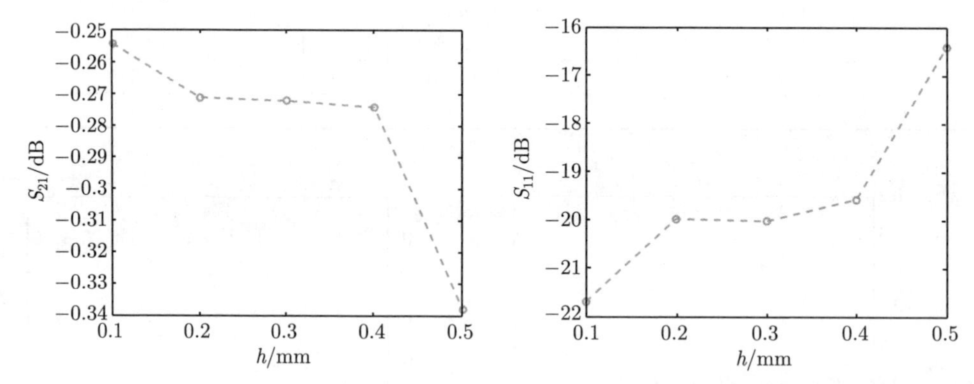

图 5.28 双根金丝、不同金丝拱高对插入损耗的影响

图 5.29 双根金丝、不同金丝拱高对回波损耗的影响

3. 金丝直径

这里选取金丝直径 d 分别为 0.01mm、0.03mm、0.04mm、0.05mm、0.06mm、0.07mm、0.08mm、0.09mm、0.1mm，其他参数等同于分析单根金丝直径影响机理时的工艺参数数值，得到的插入损耗和回波损耗如表 5.14 所示，相应的曲线如图 5.30 和图 5.31 所示。

由图 5.30、图 5.31 和表 5.14 可以看出，当金丝直径为 0.02mm 时，对应的插入损耗 S_{21} 和回波损耗 S_{11} 分别为 −0.258dB 和 −21.158dB，此时，键合金丝性能差，微波电路传输损耗大；当金丝直径增加大到 0.06mm 时，插入损耗增加到 −0.237dB，回波损耗减小到 −23.876dB；当金丝直径增加到 0.1mm 时，插入损耗增加到 −0.223dB，回波损耗减小到 −27.296dB，此时，金丝键合效果良好，阻抗匹配好，微波电路传输损耗小。因此，可知双根金丝的直径越大，微波电路传输特性越好。对比单根金丝，在相同金丝直径下，双根金丝的插入损耗 S_{21} 比单根金丝大，回波损耗 S_{11} 比单根金丝的小，此时电路传输性能优于单根金丝。

表 5.14 双根金丝、不同金丝直径下的插入损耗和回波损耗

金丝直径 d/mm	插入损耗/dB	回波损耗/dB
0.02	−0.258	−21.158
0.03	−0.252	−21.923
0.04	−0.242	−23.094
0.05	−0.239	−23.435
0.06	−0.237	−23.876
0.07	−0.235	−23.482
0.08	−0.233	−24.322
0.09	−0.228	−25.859
0.1	−0.223	−27.296

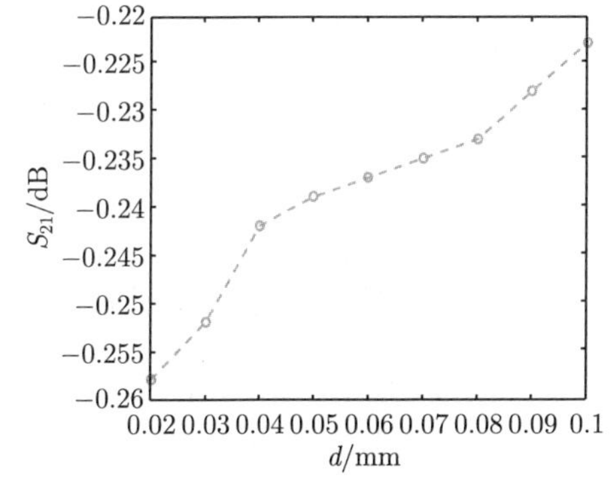

图 5.30 双根金丝、不同金丝直径对插入损耗的影响

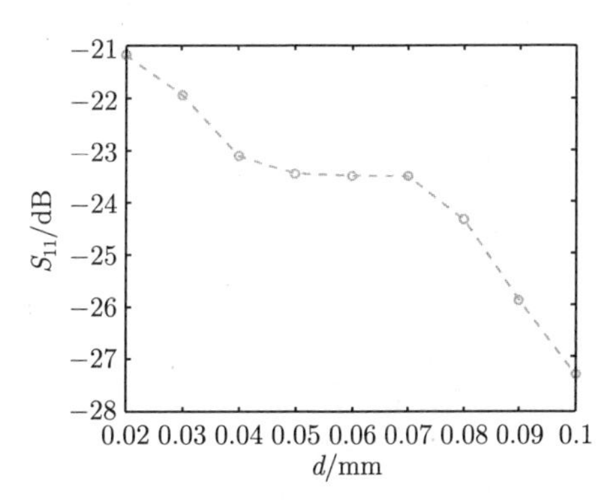

图 5.31 双根金丝、不同金丝直径对回波损耗的影响

4. 双根金丝间距

采用双根金丝并联时金丝之间会产生互感作用，因此双根金丝的间距大小对微波电路传输损耗会产生影响。下面围绕双根金丝，选取微波电路的工作频率 $f=$ 10GHz，金丝跨距 D 为 0.1mm，金丝拱高 h 为 0.1mm，金丝线直径 d 为 0.025mm，选取金丝线间距 s 分别为 0.04mm、0.05mm、0.06mm、0.07mm、0.08mm 作为工艺参数变化，利用双根金丝键合路耦合模型计算不同金丝间距下电路的插入损耗和回波损耗，数值结果如表 5.15 所示，相应的曲线如图 5.32 和图 5.33 所示。

由图 5.32 和图 5.33 可知，随着双根金丝间距 s 的增大，插入损耗 S_{21} 逐渐减增大，回波损耗 S_{11} 逐渐减小，但整体变化不是很大。由表 5.15 所示的计算结果可以看到，当金丝间距为 0.04mm 时，对应的插入损耗 S_{21} 和回波损耗 S_{11} 分别为 −0.282dB 和 −18.987dB，双根金丝之间互感作用比较大，金丝键合效果差，微波电路传输损耗大；当金丝间距增加到 0.08mm 时，插入损耗 S_{21} 和回波损耗 S_{11} 分

别为 −0.2512dB 和 −22.089dB，此时，传输损耗小，电路的传输特性好。因此，可知金丝间距越大，金丝互感作用越小，微波电路的传输性能相对越好。

表 5.15 双根金丝、不同金丝间距下的插入损耗和回波损耗

金丝间距 s/mm	插入损耗/dB	回波损耗/dB
0.04	−0.282	−18.987
0.05	−0.2702	−19.924
0.06	−0.2584	−20.823
0.07	−0.2548	−21.476
0.08	−0.2512	−22.089

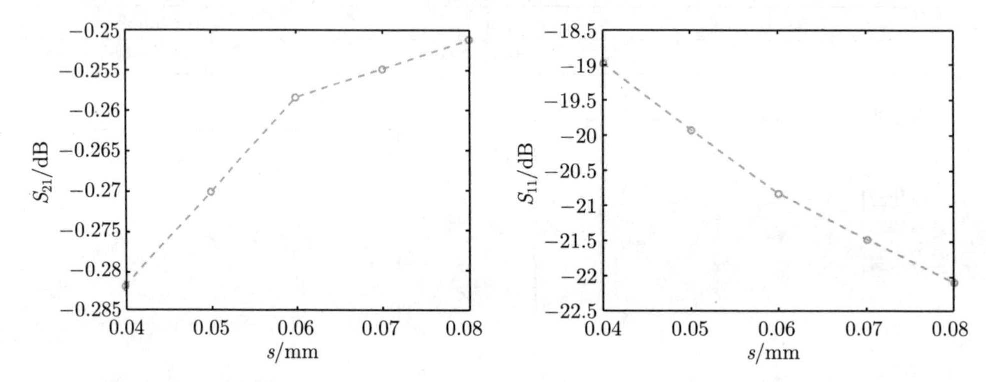

图 5.32 双根金丝、不同金丝间距大小对插入损耗的影响

图 5.33 双根金丝、不同金丝间距大小对回波损耗的影响

5. 结果讨论

前面基于双根金丝键合路耦合模型，分析了双根金丝键合不同工艺参数下的电路传输性能，得到的影响机理主要如下：

(1) 相同工作频率下，随着金丝跨距的增大，插入损耗逐渐减小，回波损耗逐渐增大，阻抗失配严重，微波电路的传输性能越来越差。相比于单根金丝，在相同金丝跨距下，双根金丝键合的电路传输性能优于单根金丝。

(2) 相同工作频率下，随着金丝拱高的增高，插入损耗逐渐减小，回波损耗逐渐增大，阻抗匹配性能变差，传输损耗变大，微波电路的传输性能越来越差。相比于单根金丝，在相同金丝拱高下，双根金丝键合效果要优于单根金丝。

(3) 相同工作频率下，随着金丝直径的增加，插入损耗逐渐增大，回波损耗逐渐减小，阻抗匹配性能变好，传输损耗变小，微波电路的传输性能越来越好。相比于单根金丝，在相同金丝直径下，双根金丝键合效果优于单根金丝。

(4) 相同工作频率下，随着双根金丝间距的增大，插入损耗逐渐增大，回波损耗逐渐减小，金丝键合效果变好，传输损耗变小，微波电路的传输性能越来越好，

因此，在工程实际中应尽量增大金丝的间距。

5.5.3 影响机理对比分析

对于单根金丝键合互联工艺，影响微波电路传输性能的工艺因素有金丝的跨距、拱高和直径。金丝的跨距越大，插入损耗越小，回波损耗越大；金丝的拱高越高，插入损耗越小，回波损耗越大；金丝的直径越大，插入损耗越大，回波损耗越小。另外，随着频率的增加，金丝的跨距、拱高和直径对微波电路的传输性能影响越来越明显，尤其是在高频段 (Ku、Ka 的波段)，阻抗失配更为严重。因此，在工程实际中要尽量减小金丝的跨距，降低金丝的拱高，增大金丝的直径，以减小阻抗失配和传输能量损耗，保证微波电路高效工作。

对于双根金丝键合互联工艺，影响微波电路传输性能的工艺因素不仅有金丝的跨距、拱高和直径，还有双根金丝之间的距离。双根金丝间距越小，金丝之间的互感作用越强，会加重微波电路的传输损耗，因此在工程实际中不仅要尽量减小金丝跨距和拱高，增大金丝直径，而且还应尽量增大双根金丝之间的距离，以减弱双根金丝间的互感作用，从而改善微波电路的传输性能。

5.6 不同频段下金丝键合工艺参数对传输性能的影响

微波电路工作频率越高，键合互联的金丝寄生效应越明显，意味着金丝键合的工艺参数对整个微波电路影响越严重。为此，下面基于金丝键合路耦合模型，分析不同频段的工作频率下金丝键合工艺参数对微波电路传输性能的影响。选取的多组频率采样点在表 5.16 中列出。

表 5.16 工作频率范围

工作频段	频率采样点/GHz
X(8 ～ 12GHz)	10
Ku(12 ～ 18GHz)	15
	18
Ka(26 ～ 40GHz)	26
	33

5.6.1 X、Ku、Ka 频段单根金丝键合

1. 金丝跨距

由图 5.34 和图 5.35 可知，在相同金丝跨距下，随着频率的增加，插入损耗逐渐减小，回波损耗都增大，并且频率越高，微波电路传输特性越差，影响越明显。当金丝跨距为 0.1mm 时，插入损耗在 −0.473dB ～ −0.299dB 内变化，相应的回波

损耗在 −18.329dB ~ −10.156dB 内变化；当金丝跨距扩大到 0.5mm 时，插入损耗在 −3.583dB ~ −0.666dB 内变化，相应的回波损耗在 −10.533 ~ −3.428dB 内变化；当金丝跨距扩大到 1mm 时，插入损耗在 −6.234dB ~ −1.465dB 内变化，相应的回波损耗在 −6.384dB ~ −1.836dB 内变化，此时，微波电路阻抗匹配较差，传输损耗较大，传输性能较差。

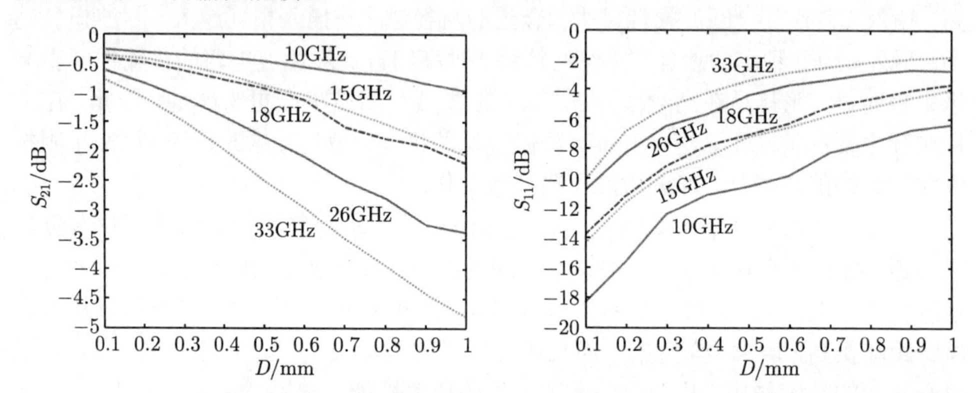

图 5.34　X、Ku、Ka 频段单根金丝跨距对插入损耗的影响

图 5.35　X、Ku、Ka 频段单根金丝跨距对回波损耗的影响

2. 金丝拱高

由图 5.36 和图 5.37 可知，在相同金丝拱高下，随着频率的增加，插入损耗逐渐减小，回波损耗逐渐增大，并且频率越高，微波电路传输特性越差，插入损耗增加幅度和回波损耗变化的幅度越大。当金丝拱高为 0.1mm 时，插入损耗在 −1.075dB ~ −0.254dB 内变化，相应的回波损耗在 −21.511dB ~ −9.540dB 内变化；当金丝拱高增加到 0.4mm 时，插入损耗在 −3.035dB ~ −0.394dB 内变化，相

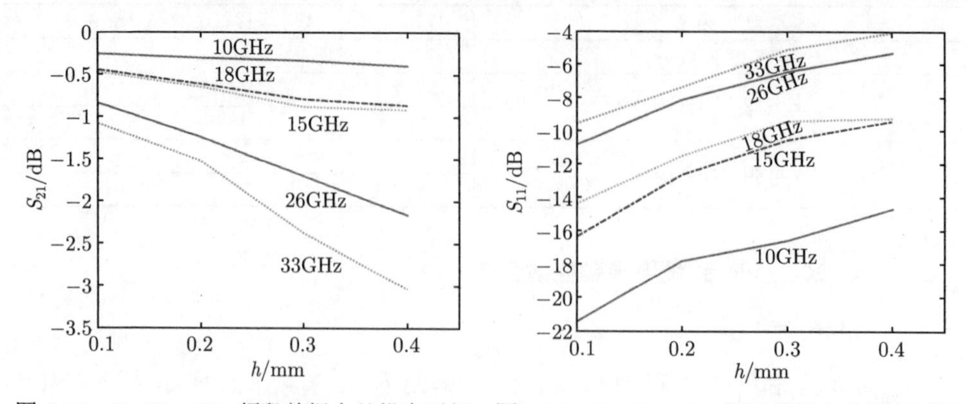

图 5.36　X、Ku、Ka 频段单根金丝拱高对插入损耗的影响

图 5.37　X、Ku、Ka 频段单根金丝拱高对回波损耗的影响

应的回波损耗在 −14.693dB ~ −4.071dB 内变化，此时，微波电路阻抗匹配较差，传输损耗较大，传输性能较差。

3. 金丝直径

由图 5.38 和图 5.39 可知，在相同金丝直径下，随着频率的增加，插入损耗逐渐减小，回波损耗逐渐增大，并且频率越高，微波电路传输特性越差，插入损耗和回波损耗变化越明显。当金丝直径为 0.02mm 时，插入损耗在 −1.169dB ~ −0.308dB 内变化，相应的回波损耗在 −17.789dB ~ −8.983dB 内变化，当金丝的直径增加到 0.05mm 时，插入损耗在 −0.783dB ~ −0.254dB 内变化，相应的回波损耗在 −21.511dB ~ −12.278dB 内变化，当金丝的直径增加到 0.1mm 时，插入损耗在 −0.587dB ~ −0.234dB 内变化，相应的回波损耗在 −25.419dB ~ −16.562dB 内变化，此时，微波信号的阻抗匹配较好，传输损耗较小，微波电路传输性能较好。

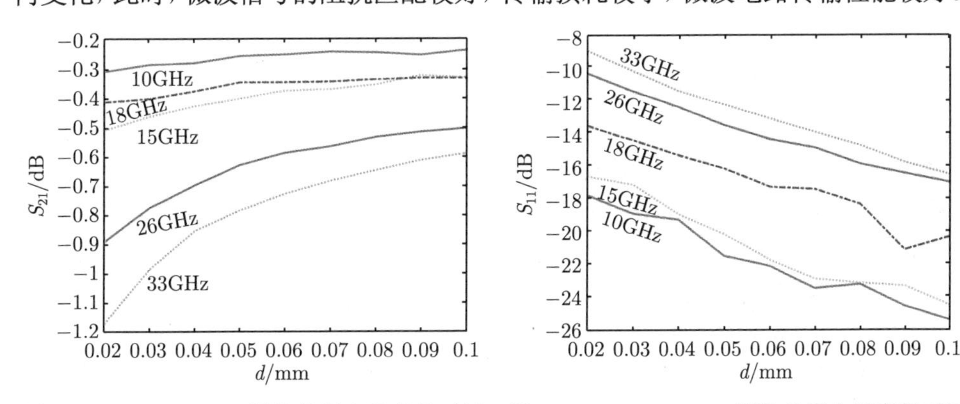

图 5.38 X、Ku、Ka 频段单根金丝直径对插入损耗的影响

图 5.39 X、Ku、Ka 频段单根金丝直径对回波损耗的影响

5.6.2 X、Ku、Ka 频段双根金丝键合

1. 金丝跨距

由图 5.40 和图 5.41 可知，在相同金丝跨距下，随着频率的增加，插入损耗逐渐减小，回波损耗逐渐增大，并且频率越高，微波电路传输特性越差，影响越明显。当金丝跨距为 0.1mm 时，插入损耗在 −0.770dB ~ −0.254dB 内变化，相应的回波损耗在 −21.694dB ~ −12.478dB 内变化；当金丝跨距扩大到 0.5mm 时，插入损耗在 −2.503dB ~ −0.456dB 内变化，相应的回波损耗在 −13.191dB ~ −4.801dB 内变化；当金丝跨距扩大到 1mm 时，插入损耗在 −4.487dB ~ −0.970dB 内变化，相应的回波损耗在 −8.347dB ~ −2.488dB 内变化，此时，微波电路的传输损耗较大，传输性能较差。对比单根金丝，可以看出在相同频率下，双根金丝的插入损耗比单根金丝大，回波损耗比单根金丝小，传输性能优于单根金丝。

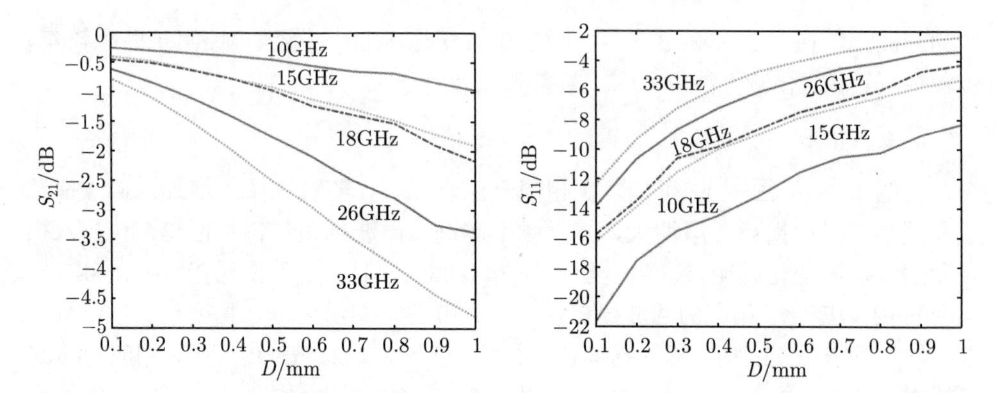

图 5.40 X、Ku、Ka 频段双根金丝跨距对插入损耗的影响

图 5.41 X、Ku、Ka 频段双根金丝跨距对回波损耗的影响

2. 金丝拱高

由图 5.42 和图 5.43 可知，在相同金丝拱高下，随着频率的增加，插入损耗逐渐减小，回波损耗都增大，并且频率越高，微波电路传输特性越差，影响越明显。当金丝拱高为 0.1mm 时，插入损耗在 −0.770dB ～ −0.254dB 内变化，相应的回波损耗在 −21.694dB ～ −12.478dB 内变化；当金丝拱高扩大到 0.4mm 时，插入损耗在 −1.657dB ～ −0.274dB 内变化，相应的回波损耗在 −19.569dB ～ −6.809dB 内变化，此时，微波电路的传输损耗较大，传输性能较差。对比单根金丝，可以看出在相同频率下，双根金丝的插入损耗比单根金丝大，回波损耗比单根金丝小，传输性能优于单根金丝。

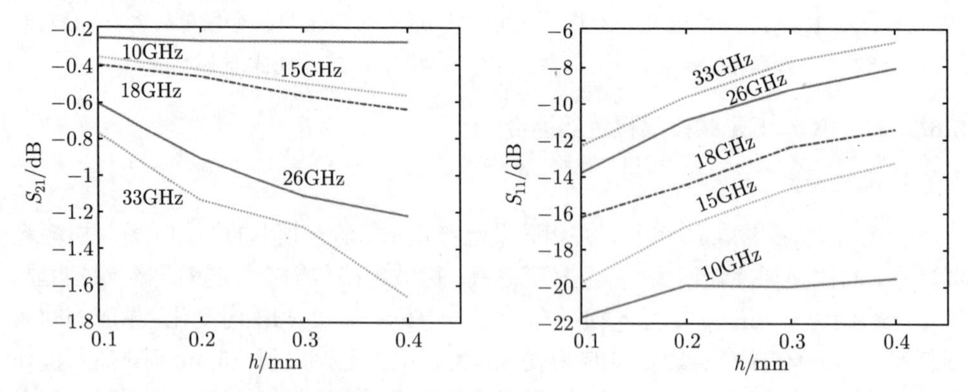

图 5.42 X、Ku、Ka 频段双根金丝拱高对插入损耗的影响

图 5.43 X、Ku、Ka 频段双根金丝拱高对回波损耗的影响

3. 金丝直径

由图 5.44 和图 5.45 可知，在相同金丝直径下，随着频率的增加，插入损耗逐

渐减小，回波损耗都增大，并且频率越高，微波电路传输特性越差，影响越明显。当金丝直径为 0.02mm 时，插入损耗在 −0.798dB ～ −12.152dB 内变化，相应的回波损耗在 −21.158dB ～ −12.478dB 内变化；当金丝直径扩大到 0.06mm 时，插入损耗在 −0.586dB ～ −0.237dB 内变化，相应的回波损耗在 −23.876dB ～ −15.590dB 内变化；当金丝直径扩大到 0.1mm 时，插入损耗在 −0.515dB ～ −0.223dB 内变化，相应的回波损耗在 −27.296dB ～ −18.973dB 内变化，此时，传输损耗较小，微波电路的传输性能较好。对比单根金丝，可以看出在相同频率下，双根金丝的插入损耗比单根金丝大，回波损耗比单根金丝小，传输性能优于单根金丝。

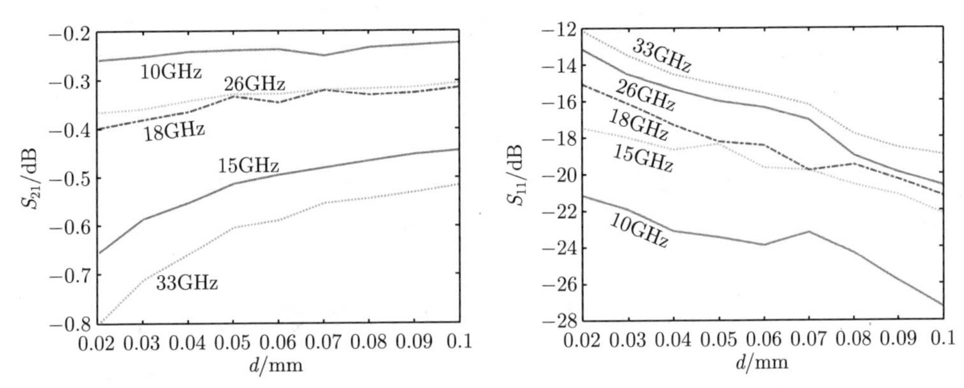

图 5.44　X、Ku、Ka 频段双根金丝直径对插入损耗的影响　　图 5.45　X、Ku、Ka 频段双根金丝直径对回波损耗的影响

4. **双根金丝间距**

由图 5.46 和图 5.47 可知，在相同金丝间距下，随着频率的增加，插入损耗逐渐减小，回波损耗逐渐增大，微波电路传输特性变差。当金丝间距为 0.04mm 时，

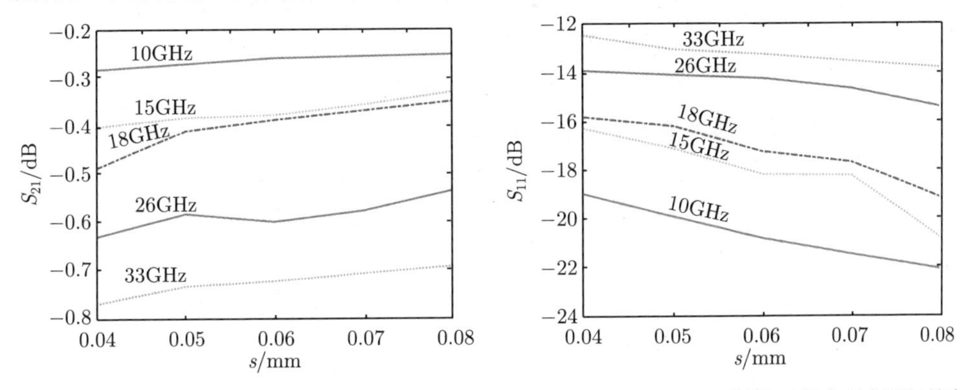

图 5.46　X、Ku、Ka 频段双根金丝间距对插入损耗的影响　　图 5.47　X、Ku、Ka 频段双根金丝间距对回波损耗的影响

插入损耗在 −0.770dB ∼ −0.282dB 内变化，相应的回波损耗在 −18.987dB ∼ −12.478dB 内变化；当金丝间距扩大到 0.08mm 时，插入损耗在 −0.692dB ∼ −0.267dB 内变化，相应的回波损耗在 −20.569dB ∼ −13.824dB 内变化，此时，传输损耗较小，微波电路的传输性能较好。因此，可以得知，双根金丝的间距越大，金丝互感作用越小，微波电路的传输性能相对就越好。

5.6.3 影响机理对比分析

前面采用建立的金丝键合路耦合模型，分析了单根和双根金丝不同频段 (X 频段、Ku 频段、Ka 频段) 下互联工艺参数对微波电路传输性能的影响机理，具体规律如下：在相同金丝跨距下，频率越高，插入损耗越小，回波损耗越大；在相同金丝拱高下，频率越高，插入损耗越小，回波损耗越大；在相同金丝直径下，频率越高，插入损耗越小，回波损耗越大；在相同金丝间距下，频率越高，插入损耗越小，回波损耗越大。另外，频率越高，金丝键合工艺参数对微波电路传输性能的影响越明显，即在相同工艺参数下，频率越高，微波电路的传输损耗越大，传输性能越差。

5.7 基于路耦合的金丝键合工艺参数设计软件

目前，国际上多采用商用电磁仿真软件 HFSS 和 CST 等分析金丝键合互联工艺参数的影响，进行金丝键合互联电性能计算的过程主要包括：设置求解类型、参数化金丝键合互联电磁模型、网格划分、施加激励和边界条件、进行互联性能计算和结果分析。对于某一金丝键合互联工艺模型，当仿真计算结果表明该金丝键合互联工艺的电性能不满足要求时，需要对金丝键合互联工艺进行修改，重新建立新的金丝键合互联电磁模型，再重复上述金丝键合互联工艺的电性能计算过程。这种“建模—电性能分析—修改建模—再次电性能分析—再次评估” 的过程存在大量重复性的工作，且对于金丝键合互联工艺模型，工作频率越高，HFSS 和 CST 等软件分析时间越长，极大地影响工作效率，造成了资源的浪费。

针对上述问题，本书基于金丝键合路耦合模型，开发基于路耦合的金丝键合工艺影响机理分析软件。通过使用该软件，用户可以选择金丝键合不同的工艺参数，快速准确的评估金丝键合互联工艺参数对微波电路传输性能的影响，极大地提高工作效率，减少电磁仿真软件重复建模和电性能分析等操作，为微波电路中金丝键合互联工艺的改善提供了指导方案和定量参数，具有重要的工程实用价值。

5.7.1 软件总体设计

本书根据金丝键合路耦合建模分析的基本流程，开发了基于路耦合的金丝键合工艺参数设计软件，制定了如图 5.48 所示的软件开发流程。

根据图 5.48 所示的金丝键合工艺参数设计软件的开发流程，当开始电性能计算时，第一步先启动软件，输入金丝键合互联工艺参数，包括结构参数和物性参数两项，结构参数包括介质基板长度、宽度、高度，金丝的直径、拱高、跨距，金丝与介质基板的夹角，微带线长度、宽度、高度，物性参数包括微带线、介质基板与金丝的材料属性、相对介电常数、电导率和质量密度以及微波组件的工作频率；第二步，基于金丝键合互联工艺的路耦合数学模型，在后台调用路耦合模型源程序计算金丝键合互联工艺的电性能参数，主要包括插入损耗 S_{21} 和回波损耗 S_{11}；第三步，显示电路传输性能的插入损耗 S_{21}、回波损耗 S_{11} 数据和图形；第四，保存电性能参数计算结果数据，退出工艺参数设计软件。

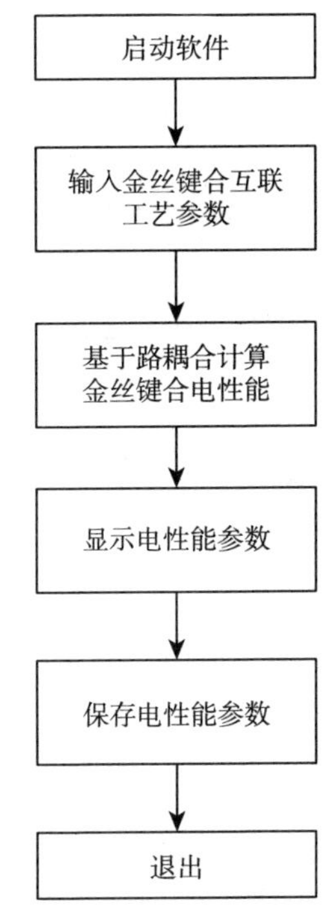

图 5.48 金丝键合工艺参数设计软件的开发流程

5.7.2 组成模块设计

基于路耦合的金丝键合工艺参数设计软件由三个模块组成，分别为前处理模块、分析求解模块和后处理模块，具体如图 5.49 所示。

基于路耦合的金丝键合工艺参数设计软件前处理模块包含了两部分：第一部分是确定结构参数，其功能是针对金丝键合互联工艺模型，输入互联结构几何参数；第二部分是确定物性参数，其功能是选择模型各部分材料类型，设置对应物理参数，然后输入组件工作频率。

分析求解模块调用路耦合模型 MATLAB 源程序进行金丝键合工艺参数影响分析，包含了两部分：第一部分是调用 MATLAB 软件，利用金丝键合路耦合数学模型的源程序来计算插入损耗；第二部分是调用 MATLAB 软件，利用路耦合源程序来计算回波损耗，两者可以同时进行。

后处理模块主要是针对电性能计算结果，根据用户需求进行结果后处理，包括三部分：第一部分是在软件界面上显示插入损耗；第二部分是在软件界面上显示回波损耗；第三部分是分析结果保存。

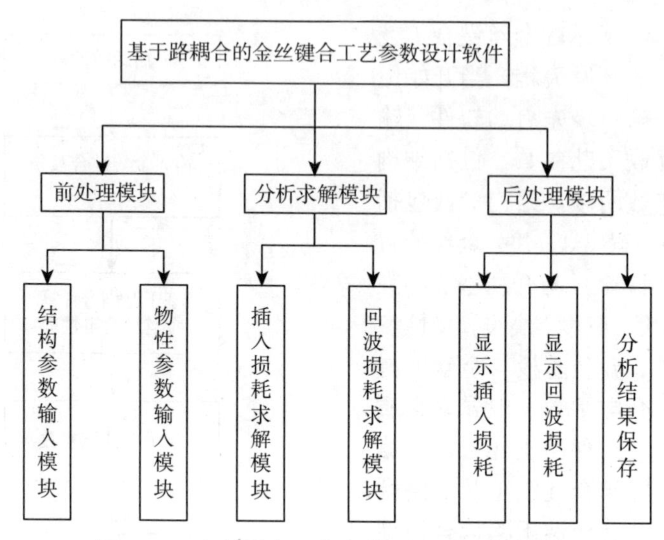

图 5.49　金丝键合工艺参数设计软件组成模块

5.7.3　软件功能设计

从普遍性与便于用户操作的角度，将金丝键合工艺参数设计软件界面分为三个区域：信息主界面、流程控制区和命令提示区，如图 5.50 所示。

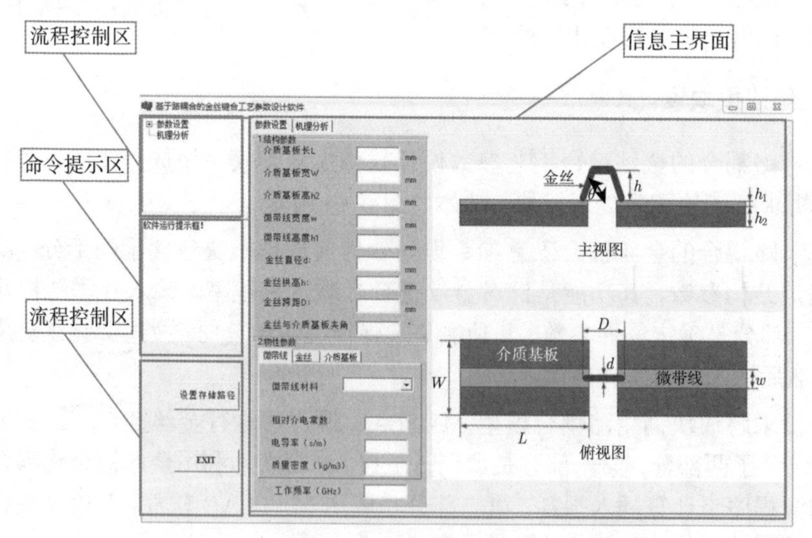

图 5.50　金丝键合工艺参数设计软件区域示意图

信息主界面：该区域主要由两部分组成：第一部分是金丝键合互联工艺的结构示意图；第二部分是金丝键合互联工艺参数输入部分，包括输入金丝键合互联工艺结构参数以及物性参数。

流程控制区：该区域控制整个金丝键合工艺参数设计软件的操作，点击不同的操作按钮进入对应的软件模块。

命令提示区：该区域会显示操作的整个进程，方便用户对整个金丝键合互联工艺的计算流程进行控制，避免产生不需要的操作。

软件的主要界面有两个，如图 5.51 和图 5.52 所示。

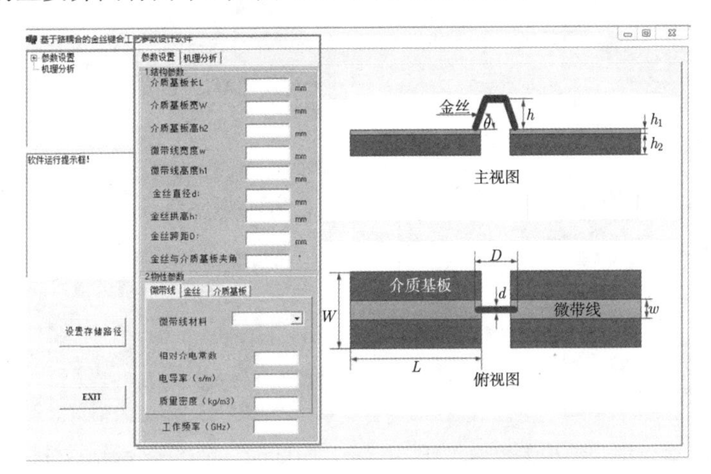

图 5.51　金丝键合工艺参数和物性参数输入界面

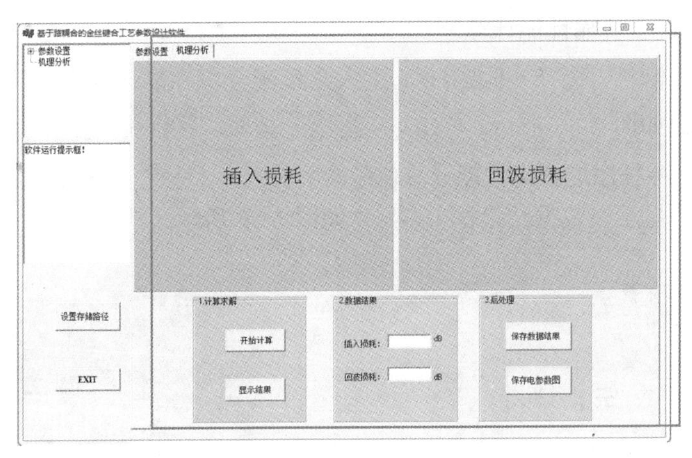

图 5.52　电性能计算结果后处理界面

5.7.4　软件操作方法

(1) 输入金丝键合结构参数。

在流程控制栏，选择 ⊟参数设置，再选择 结构参数，根据金丝键合结构信息示意图，输入金丝键合结构模型参数信息，具体如图 5.53 所示。

(2) 输入模型物性参数。

在流程控制栏，选择 物性参数，根据物性参数信息示意图，选择模型材料，输入材料物性参数，如图 5.54 所示。

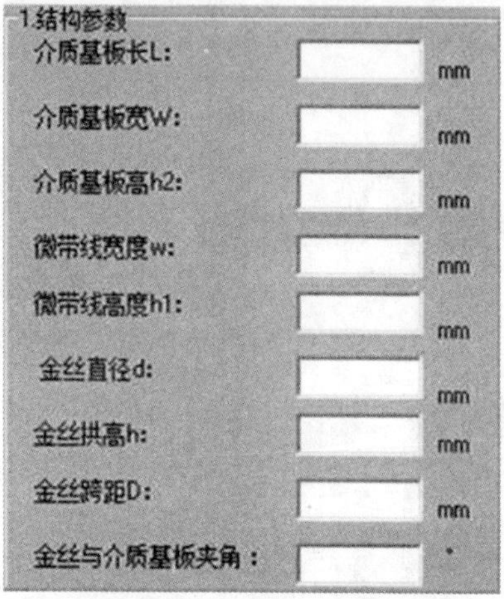

1.结构参数
介质基板长L:
mm
介质基板宽W:
mm
介质基板高h2:
mm
微带线宽度w:
mm
微带线高度h1:
mm
金丝直径d:
mm
金丝拱高h:
mm
金丝跨距D:
mm
金丝与介质基板夹角：
°

图 5.53　金丝键合结构参数输入框

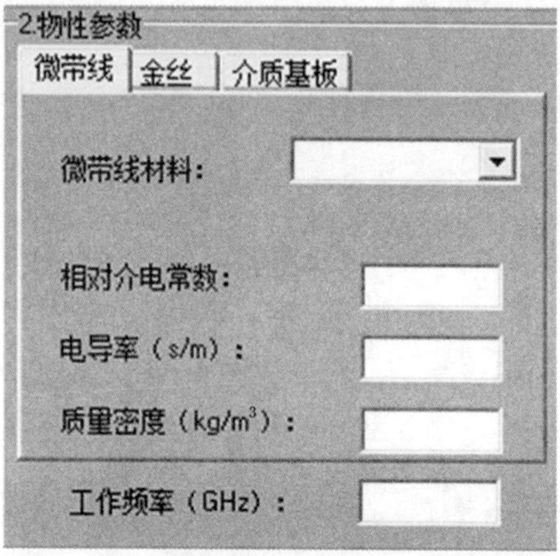

2.物性参数
微带线
金丝
介质基板
微带线材料:
相对介电常数:
电导率（s/m）:
质量密度（kg/m³）:
工作频率（GHz）:

图 5.54　金丝键合模型材料参数输入框

(3) 金丝键合传输性能计算。

在流程控制栏，选择 机理分析，进入金丝键合电性能计算求解界面，电性能计算求解界面如图 5.55 所示。单击 开始分析 按钮，后台调用金丝键合路耦合模型 MATLAB 源程序进行电性能计算，完成后单击 显示结果 按钮，查看电性能计算结果并自动显示在数据结果框中，具体如图 5.56 所示。

1.计算求解
开始分析
显示结果

图 5.55　计算求解按钮

2.数据结果
插入损耗:
dB
回波损耗:
dB

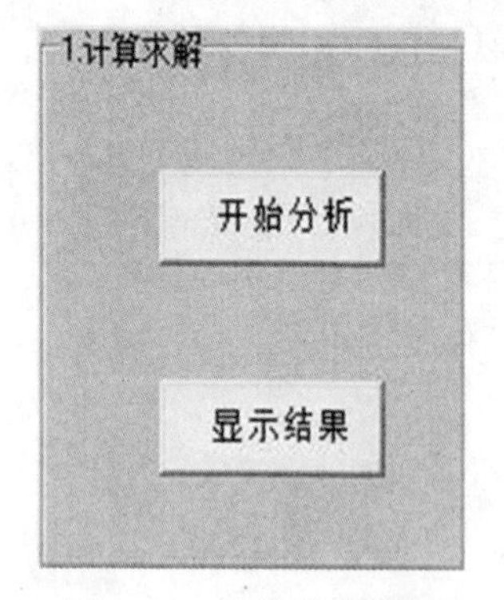

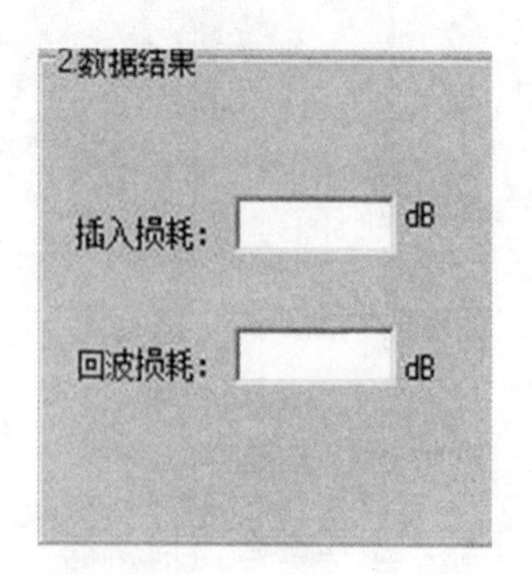

图 5.56　电性能结果显示框

(4) 结果后处理。

在流程控制栏，选择 机理分析，进入结果后处理界面 (图5.57)，单击 保存数据结果，将计算结果保存起来。重复步骤 (1) ～ (4)，可以得到一组电参数数据，然后单击 保存电参数图，则会将电参数图存下来。单击 设置存储路径，将电参数数据和数据图保存在起来，存储路径图如图 5.58 所示。当保存好电性能结果，单击退出按钮，则退出金丝键合工艺参数设计软件。

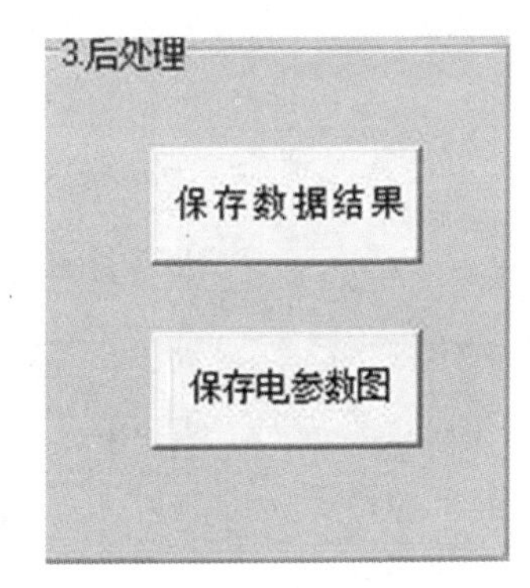

图 5.57 后处理界面框

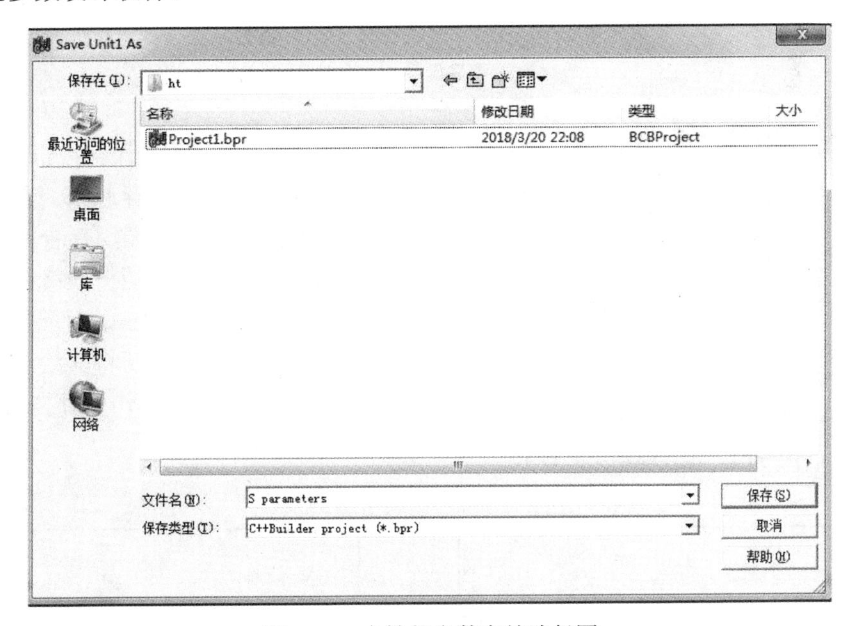

图 5.58 电性能参数存储路径图

5.7.5 工程案例应用

下面针对某工程案例进行软件应用说明。在此工程案例中以单根金丝的不同跨距大小为例，分析金丝跨距对传输性能的影响，具体过程如下：

输入金丝键合互联工艺结构参数和物性参数，具体数值分别如图 5.59 和图 5.60 所示。软件计算的金丝键合互联电性能结果如图 5.61 所示。

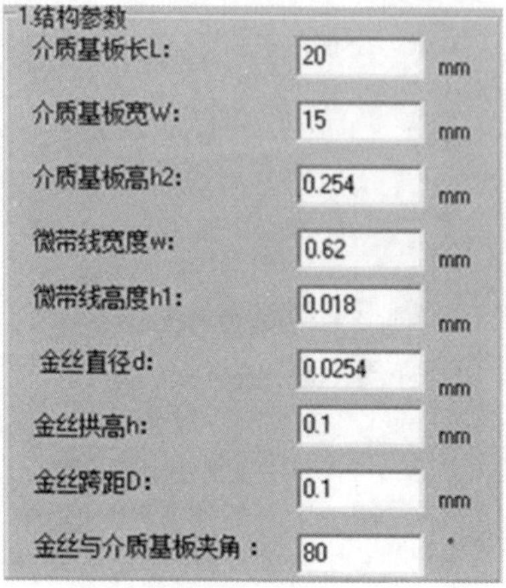

1.结构参数
介质基板长L: 20 mm
介质基板宽W: 15 mm
介质基板高h2: 0.254 mm
微带线宽度w: 0.62 mm
微带线高度h1: 0.018 mm
金丝直径d: 0.0254 mm
金丝拱高h: 0.1 mm
金丝跨距D: 0.1 mm
金丝与介质基板夹角： 80 °

图 5.59　金丝键合互联工艺结构参数

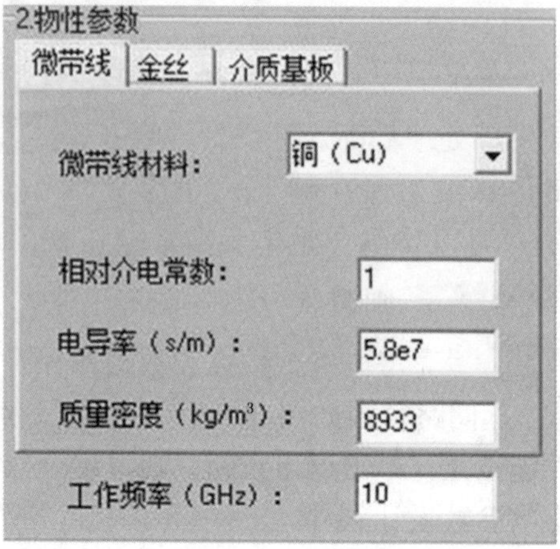

2.物性参数
微带线
金丝
介质基板
微带线材料: 铜（Cu）
相对介电常数: 1
电导率（s/m）: 5.8e7
质量密度（kg/m³）: 8933
工作频率（GHz）: 10

图 5.60　输入金丝键合模型物性参数

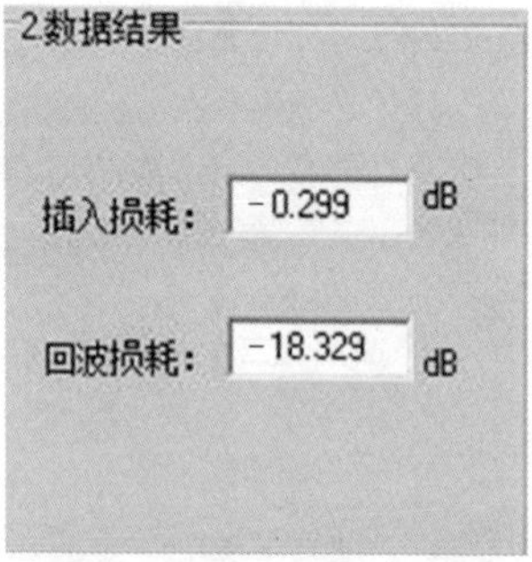

2.数据结果
插入损耗: -0.299 dB
回波损耗: -18.329 dB

图 5.61　电性能结果的显示

计算完成后，单击保存按钮，将此次电参数数据结果保存起来。重复输入工艺参数，并反复调用后台路耦合模型源程序计算电性能，最终得到单根金丝跨距从 0.1 ～ 1mm 对应的一组电性能数据，软件自动将其绘制成曲线，如图 5.62 所示。单击保存按钮，则将电参数图保存起来。

S_{21}/dB
D/mm
S_{11}/dB
D/mm

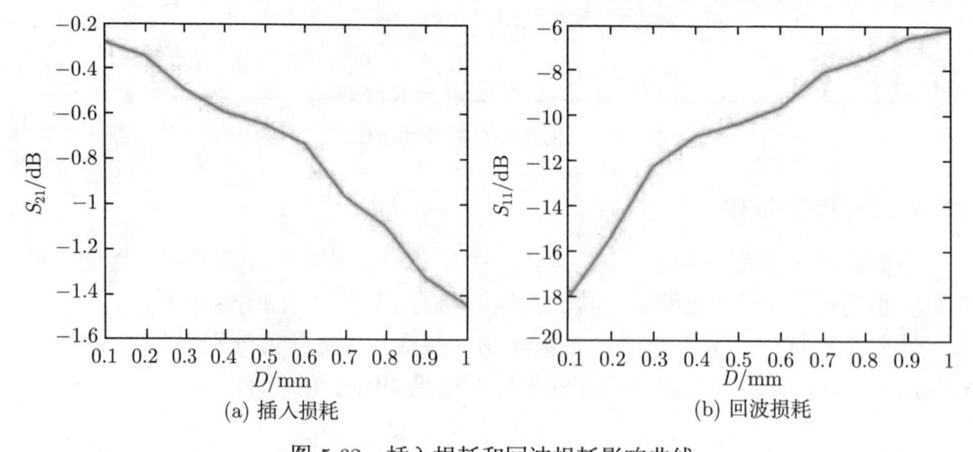

(a) 插入损耗　　　　(b) 回波损耗

图 5.62　插入损耗和回波损耗影响曲线

参 考 文 献

[1] 蒋庆全. 有源相控阵雷达技术发展趋势 [J]. 国防技术基础, 2005, 4: 9-11.

[2] 张经国, 杨邦朝. 三维多芯片微组装组件 [J]. 世界产品与技术, 2001, 4: 53-56.

[3] 古健. 基于基片集成波导的 LTCC 电路研究 [D]. 成都: 电子科技大学, 2011.

[4] 韩玉鹏. T/R 组件的 MMIC 设计技术研究 [D]. 西安: 西安电子科技大学, 2014.

[5] 张生春. T/R 组件中金丝键合的仿真与优化 [J]. 中国电子商情: 通信市场, 2009, 6: 205-209.

[6] 严伟, 符鹏, 洪伟. LTCC 微波多芯片组件中键合互连的微波特性 [J]. 微波学报, 2003, 19(3): 30-34.

[7] 晁宇晴, 杨兆建, 乔海灵. 引线键合技术进展 [J]. 电子工艺技术, 2007, 28(4): 205-210.

[8] 易容. 金丝键合质量信息研究 [J]. 南京: 南京理工大学, 2004.

[9] 栾冬. 轧制紫铜箔与金丝球键合工艺研究 [D]. 哈尔滨: 哈尔滨工业大学, 2013.

[10] 邱颖霞. 微波多芯片组件中的微连接 [J]. 电子工艺技术, 2005, 26(6): 319-322.

[11] 孙瑞婷. 微组装技术中的金丝键合工艺研究 [J]. 舰船电子对抗, 2013, 36(4): 116-120.

[12] KHOURY S L, BURKHARD D J, GALLOWAY D P, et al. A comparison of copper and gold wire bonding on integrated circuit devices[J]. IEEE Transactions on Components Hybrids & Manufacturing Technology, 1990, 13(4): 673-681.

[13] JIN H, VAHLDIECK R, HUANG J, et al. Rigorous analysis of mixed transmission line interconnects using the frequency-domain TLM method[J]. IEEE Transactions on Microwave Theory & Techniques, 1993, 41(12): 2248-2255.

[14] HORNG T S. A rigorous study of microstrip crossovers and their possible improvements[J]. IEEE Transactions on Microwave Theory & Techniques, 1994, 42(9): 1802-1806.

[15] LEE H Y. Wideband characterization of mutual coupling between high density bonding wires[J]. IEEE Microwave & Guided Wave Letters, 1994, 4(8): 265-267.

[16] VAHLDIECK R, CHEN S, JIN H, et al. Flip-chip and bond wire/airbridge transitions between passive microwave transmission lines and laser diodes[C]. Microwave Conference, 1995: 875-878.

[17] LEE H Y. Wideband characterization of a typical bonding wire for microwave and millimeter-wave integrated circuits[J]. IEEE Transactions on Microwave Theory & Techniques, 1995, 43(1): 63-68.

[18] ALIMENTI F, GOEBEL U, SORRENTINO R. Quasi static analysis of microstrip bondwire interconnects[C]. IEEE MTT-S International Microwave Symposium Digest, 1995, 2: 679-682.

[19] YUN S K, LEE H Y. Parasitic impedance analysis of double bonding wires for high-frequency integrated circuit packaging[J]. IEEE Microwave & Guided Wave Letters, 1995, 5(9): 296-298.

[20] SCHUSTER C, LEONHARDT G, FICHTNER W. Electromagnetic simulation of bonding wires and comparison with wide band measurements[J]. IEEE Transactions on Advanced Packaging, 2000, 23(1): 69-79.

[21] ALIMENTI F, MEZZANOTTE P, ROSELLI L, et al. Modeling and characterization of the bonding-wire interconnection[J]. IEEE Transactions on Microwave Theory & Techniques, 2001, 49(1): 142-150.

[22] NICHOLSON D, LEE H S. Characterization and modeling of bond wires for high-frequency applications[J]. Microwave Engineering Europe, 2006: 40-46.

[23] 丁伟. 并行 FDTD 技术分析微波多芯片组件的互连效应 [D]. 西安: 西安电子科技大学, 2006.

[24] YEE K S. Numerical solution of initial boundary value problems involving maxwell's equations in isotropic media[J]. IEEE Transactions on Antennas & Propagation, 1966, 14(3): 302-307.

[25] 徐鸿飞, 殷晓星, 孙忠良. 毫米波微带键合金丝互连模型的研究 [J]. 电子学报, 2003, 31(S1): 2015-2017.

[26] SERCU J, HESE J V, FACHE N, et al. Improved calculation of the inductive and capacitive interactions of vertical sheet currents in a multilayered medium[C]. Microwave Conference, 1996: 533-536.

[27] KREMS T, HAYDL W, MASSLER H, et al. Millimeter-wave performance of chip interconnections using wire bonding and flip chip[J]. 特色文献库, 1996, 1: 247-250.

[28] ALIMENTI F, MEZZANOTTE P, ROSELLI L, et al. Multi-wire microstrip interconnections: a systematic analysis for the extraction of an equivalent circuit[C]. IEEE MTT-S International Microwave Symposium Digest, 1998, 3: 1929-1932.

[29] ALIMENTI F, MEZZANOTTE P, ROSELLI L, et al. An equivalent circuit for the double bonding wire interconnection[C]. IEEE MTT-S International Microwave Symposium Digest, 1999: 633-636.

[30] LIANG T, PLA J A, AAEN P H, et al. Equivalent-circuit modeling and verification of metal-ceramic packages for RF and microwave power transistors[J]. IEEE Transactions on Microwave Theory & Techniques, 1999, 47(6): 709-714.

[31] QI X, YUE P, ARNBORG T, et al. A fast 3D modeling approach to electrical parameters extraction of bonding wires for RF circuits[J]. IEEE Transactions on Advanced Packaging, 1998, 23(3): 480-488.

[32] WANG T, HARRINGTON R F, MAUTZ J R. Quasi-static analysis of a microstrip via through a hole in a ground plane[J]. IEEE Transactions on Microwave Theory and Techniques, 1988, 36(6): 1008-1013.

[33] LAM C W, ALI S M, NUYTKENS P. Three-dimensional modeling of multichip module interconnects[J]. IEEE Transactions on Components Hybrids & Manufacturing Technology, 1993, 16(7): 699-704.

[34] 李成国, 牟善祥, 张忠传, 等. 基于 LTCC 技术的毫米波键合金丝的分析与优化设计 [J]. 电子器件, 2007, 30(6): 218-222.

[35] 李成国. 基于 LTCC 的毫米波集成电路理论分析与仿真设计技术研究 [D]. 南京: 南京理工大学, 2008.

[36] SUTONO A, CAFARO N G, LASKAR J, et al. Experimental modeling repeatability investigation and optimization of microwave bond wire interconnects[J]. IEEE Transactions on Advanced Packaging, 2001, 24(4): 595-603.

[37] CHUANG J Y, TSENG S P, YEH J A. Radio frequency characterization of bonding wire interconnections in a molded chip[C]. Electronic Components and Technology Conference, 2004: 392-399.

[38] LIM J H, KWON D H, RIEH J S, et al. RF characterization and modeling of various wire bond transitions[J]. IEEE Transactions on Advanced Packaging, 2005, 28(4): 772-778.

[39] CHEN C D, TZUANG C K C, PENG S T. Full-wave analysis of a lossy rectangular waveguide containing rough inner surfaces[J]. IEEE Microwave & Guided Wave Letters, 1992, 2(5): 180-181.

[40] CAIGNET F, BENDHIA S D, SICARD E. The challenge of signal integrity in deep-submicrometer CMOS technology[J]. Proceedings of the IEEE, 2001, 89(4): 556-573.

[41] SCHUSTER C, FICHTNER W. Parasitic modes on printed circuit boards and their effects on EMC and signal integrity[J]. IEEE Transactions on Electromagnetic Compatibility, 2001, 43(4):

416-425.
[42] CHUN S, SWAMINATHAN M, SMITH L D, et al. Modeling of simultaneous switching noise in high speed systems[J]. IEEE Transactions on Advanced Packaging, 2001, 24(2): 132-142.
[43] KAMGAING T, RAMAHI O M. Design and modeling of high-impedance electromagnetic surfaces for switching noise suppression in power planes[J]. IEEE Transactions on Electromagnetic Compatibility, 2005, 47(3): 479-489.
[44] LI E P, WEI X C, CANGELLARIS A C, et al. Progress review of electromagnetic compatibility analysis technologies for packages, printed circuit boards, and novel interconnects[J]. IEEE Transactions on Electromagnetic Compatibility, 2010, 52(2): 248-265.
[45] YING L, HUANG C, WANG W. Modeling and characterization of the bonding-wire interconnection for microwave MCM[C]. International Conference on Electronic Packaging Technology & High Density Packaging, 2010: 810-814.
[46] 邹军. T/R 组件中键合互连的微波特性和一致性研究 [D]. 南京: 南京理工大学, 2009.
[47] 何宗郭. 基于 RF MEMS 单刀多掷开关的五位数字移相器 [D]. 成都: 电子科技大学, 2013.
[48] 姚帅. 基于 LTCC 技术的金丝键合及通孔互连微波特性研究 [D]. 西安: 西安电子科技大学,2012.
[49] 吴含琴, 廖小平. RF MEMS 引线键合的射频性能和等效电路研究 [C]. 第八届中国微米/纳米技术学术年会, 2006: 1951-1954.
[50] 朱浩然, 倪涛, 戴跃飞. 多芯片电路中金丝键合互连线电容补偿特性的分析 [C]. 全国微波毫米波会议, 2015.
[51] 邹军, 谢昶. 多芯片组件中金丝金带键合互连的特性比较 [J]. 微波学报, 2010, S1: 378-380.
[52] 贾世旺. EHF 频段卫星通信上行射频链路关键技术研究 [D]. 成都: 电子科技大学, 2012.
[53] 布鲁克斯, 刘雷波, 赵岩. 信号完整性问题和印制电路板设计 [M]. 北京: 机械工业出版社, 2006.
[54] 张伟, 王银. 开关电源的场路耦合模型分析 [J]. 中南林业科技大学学报, 2011, 31(1): 136-141.
[55] 张木水. 高速电路电源分配网络设计与电源完整性分析 [D]. 西安: 西安电子科技大学, 2009.
[56] 李绪益. 微波技术与微波电路 [M]. 广州: 华南理工大学出版社, 2007.
[57] 王从思, 王伟, 宋立伟. 微波天线多场耦合理论与技术 [M]. 北京: 科学出版社, 2015.
[58] 龚书喜. 微波技术与天线 [M]. 北京: 高等教育出版社, 2014.
[59] WANG T, HARRINGTON R F, MAUTE J R. Quasistatic analysis of a microstrip via through a hole in a ground plane[J]. IEEE Transactions on Microwave Theory & Techniques, 1988, 36(6): 1008-1013.
[60] WANG C S, DUAN B Y, AND QIU Y Y. On distorted surface analysis and multidisciplinary structural optimization of large reflector antennas[J]. Structural and Multidisciplinary Optimization. 2007, 33(6): 519-528.
[61] DUAN B Y AND WANG C S. Reflector antenna distortion analysis using MEFCM[J]. IEEE Transactions on Antennas and Propagation, 2009, 57(10): 3409-3413.
[62] WANG C S, DUAN B Y, ZHANG F S, et al. Coupled structural-electromagnetic-thermal modelling and analysis of active phased array antennas[J]. IET Microwaves, Antennas & Propagation, 2010, 4(2): 247-257.
[63] WANG C S, DUAN B Y, ZHANG F S, et al. Analysis of performance of active phased array antennas with distorted plane error[J]. International Journal of Electronics, 2009, 96(5): 549-559.
[64] MARCH S L. Simple equations characterize bond wires[J]. Microwaves & RF, 1991, 30: 105-110.
[65] 曾耿华, 唐高弟. 微波多芯片组件中键合线的参数提取和优化 [J]. 太赫兹科学与电子信息学报, 2007, 5(1): 40-43.

第6章　钎焊连接工艺对组件传输性能的影响机理

接地技术是有源微波组件互联工艺中的一项核心技术，这是因为电路中的电流需要流经地线形成回路。目前微波组件微带基板和接地壳体间的连接，大部分采用微带板和壳体的钎焊连接工艺取代传统的螺钉紧固方式，从而实现芯片的接地和电信号连接。钎焊连接主要应用在电路微带基板中芯片中间位置处接地，实现芯片的接地和信号连接[1-4]。微带基板钎焊技术是一种较先进的装配工艺，这是因为微带板钎焊后具有良好的接地和传热特性，减小了微带线的传输损耗[5-7]。但工程中发现，由于对技术人员能力要求较高，钎焊在芯片中间位置处，需要大面积接地连接。但现有的钎焊工艺在再流焊接过程中，由于焊剂受热产生气泡和助焊剂在焊层形成时被包裹在焊料里面而未完全挥发，微带板钎焊后很容易在焊料层残留空洞，导致焊接不均匀和钎透率相对较低，这对于高性能的微波组件来说，钎焊空洞缺陷已逐步成为制约器件长期高效工作的因素之一[8-10]。

钎焊空洞不仅会引起器件接地的可靠性变差，同时也会恶化器件的导热和导电特能，钎焊空洞所处的位置、大小、形状和数目都会对芯片接地特性产生影响。伴随着当前微波组件工作频率的提升，钎焊空洞还会引起严重的信号完整性问题，导致微波信号阻抗失配，严重恶化电路的传输性能[11-15]。目前国内外学者对钎焊空洞的影响机理研究非常少，只停留在经验预测层面，为此，本章以有源微波组件互联工艺中典型的钎焊连接为研究对象，分析钎焊空洞特性的位置、大小、形状和数目等对微波组件传输性能的影响，通过理论分析、仿真数据和实测数据，对钎焊工艺提出工程指导性意见，降低传输性能对焊接空洞的敏感度[16-19]。

6.1　钎焊连接空洞特性分析

钎焊空洞的分布与形状都有很大的随机性，工程中主要关心的空洞分布典型位置有组件微带基板馈电端口处、微带线正下方处和钎焊层的边缘处等。对于形状而言，因为钎焊空洞的形状通常不规则，且随机性很大，工程上对钎焊工艺方法的评估多数采用物理 X 光照射，通过对阴影形态进行辨别来确定钎焊空洞的形状并进行钎透率的估算。总地来说，圆柱形空洞和方形空洞比较常见，边缘线性不规则的空洞常见于钎透率较低的情况，故一般不予考虑，为此这里选取典型的圆柱形空洞为研究对象。

微带基板钎焊工艺的等效电路模型可以看作为最经典的 RLC 等效电路，如

图 6.1 所示。钎焊缺陷带来的空洞往往会引起微波组件的接地不良，从等效电路的角度看，空洞的出现实际上改变的是接地电容 C 的大小，从而造成微波电路的失配，而电容 C 的改变对无源电路匹配网络的影响比较弱。从理论上来看，空洞的出现对无源组件传输性能的影响并不会很大，然而对于有源微波组件的级联特性，空洞接地特性会被放大，因此对微波组件的传输性能影响会很明显[20-22]。

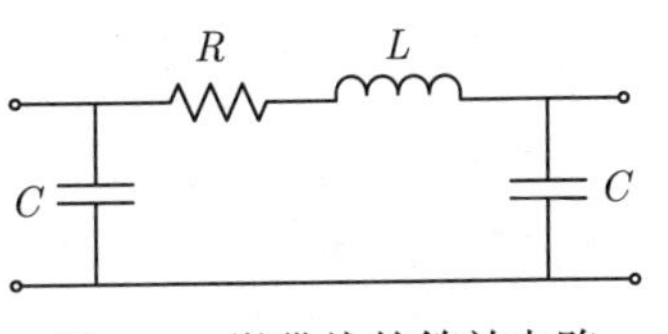

图 6.1 微带线的等效电路

6.2 钎焊空洞结构形式与参数

为定量掌握圆柱形空洞的结构尺寸、位置、数目和钎透率对组件信号传输性能的影响，下面以微波印制板为典型组件代表 (图 6.2)，研究微波印制板底部大面积钎焊接地后，空洞特性对高频微波电路传输特性的影响。

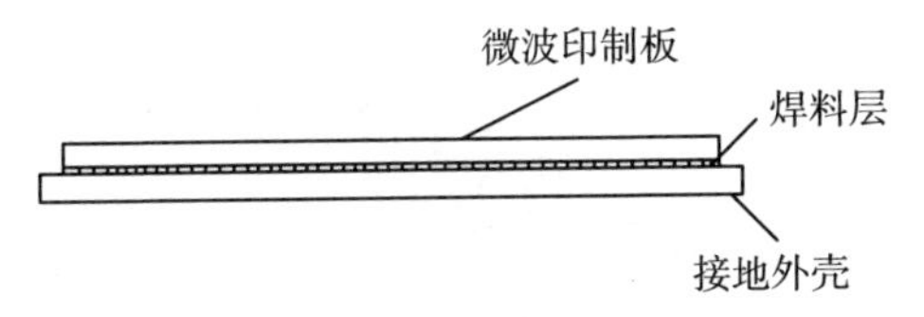

图 6.2 大面积钎焊示意图

微波印制板结构形式包括微带线、基板、钎焊层和接地外壳等四个部分，微带板的几何尺寸确定是根据特性阻抗选为 50Ω 来进行设计，通过 TXline 工具来确定结构尺寸，得到介质基板的几何尺寸是：长 L 为 20mm，宽 W 为 10mm，厚度 H 为 0.254mm；微带板的覆铜厚度为 0.018mm，微带线宽度为 0.75mm，微带线厚为 0.018mm；焊料层的长宽尺寸与介质基板长宽尺寸一致，焊料层厚度为 0.08mm；接地外壳的长宽尺寸与介质基板长宽尺寸一致，厚度为 0.2mm。模型的几何尺寸如图 6.3 所示。

微波组件的结构尺寸与材料属性见表 6.1。

表 6.1 器件结构参数与材料属性

组件	几何尺寸 (长 × 宽 × 高)/mm^3	材料
微带线	0.95×10×0.018	Cu
基板	20×10×0.354	ArlonCLTE-XT(tm)
钎焊层	20×10×0.08	Sn63Pb37
接地外壳	20×10×0.018	Cu

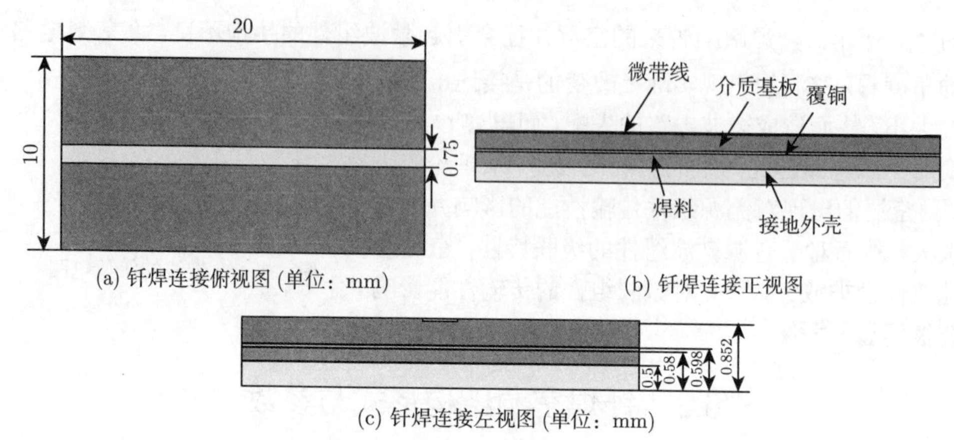

(a) 钎焊连接俯视图 (单位：mm)　　(b) 钎焊连接正视图

(c) 钎焊连接左视图 (单位：mm)

图 6.3　钎焊连接结构形式与参数

6.3　钎焊空洞分析方法与计算模型

下面分别从空洞位置、大小、数目和钎透率四个方面分析空洞特性对微波组件传输性能的影响。图 6.4 是空洞的位置示意图，其中位置①和⑤为微带线端口处的空洞，位置②与位置③为钎焊层内部的空洞，位置④为钎焊层侧边位置的空洞。

基于钎焊空洞位置，在三维电磁建模软件 HFSS 中分别对钎焊连接模型中圆柱形空洞的位置、空洞直径、数目和钎透率等参数，开展电压驻波比和插入损耗等传输性能的演变机理探索。在建模分析时，空洞模型都为圆柱体，在基板边界处的空洞模型为圆柱体的一半，模型结构参数为表 6.1 所示。针对所述的四种不同参数变化情况先分别在三维电磁场软件中建立微带传输线模型 (图 6.5)，然后计算特定频带范围内模型的传输性能参数。

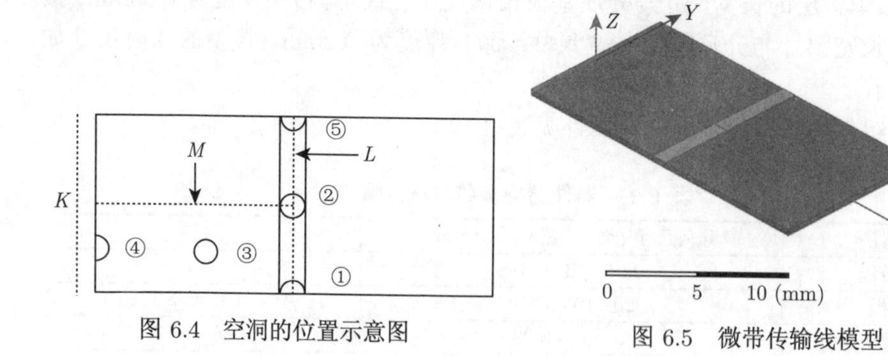

图 6.4　空洞的位置示意图　　图 6.5　微带传输线模型

6.4 钎焊空洞特征对传输性能的影响

6.4.1 空洞位置

为探讨空洞位置的变化对微波组件信号传输性能的影响，在钎焊层内选取 5 个不同位置，并分别建立直径为 1mm、高度为 0.08mm 的钎焊圆柱形空洞模型，位置①和⑤的位置特性一样，因此选择其中一个进行分析。两个频段 (S、X) 下圆柱空洞不存在或具有 4 种不同位置时，微波组件电压驻波比和插入损耗都发生了相应变化，具体如图 6.6 ～图 6.9 所示。

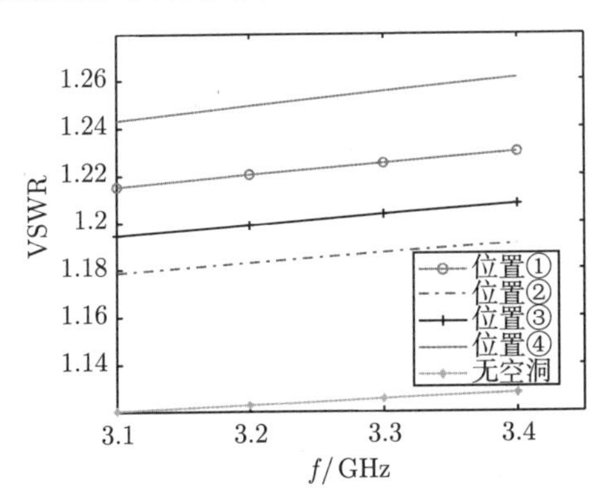

图 6.6 S 波段不同位置的电压驻波比

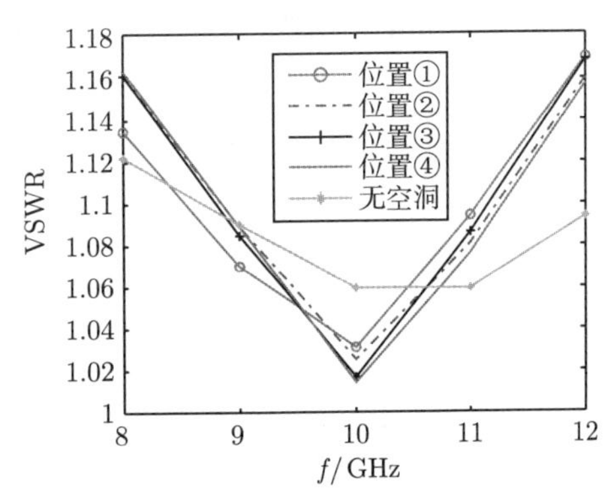

图 6.7 X 波段不同位置的电压驻波比

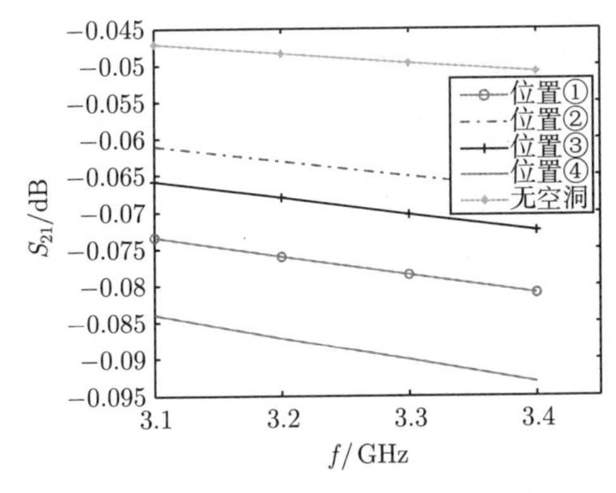

图 6.8 S 波段不同位置的插入损耗

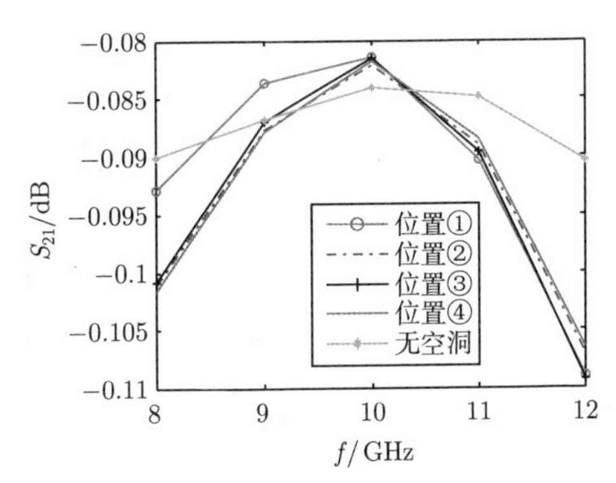

图 6.9 X 波段不同位置的插入损耗

从图中可以看出，空洞的出现对微波电路的传输性能存在一定的影响：在 S 波段，空洞位置对微波信号传输性能的影响从大到小的顺序依次是④①③②，即空洞在钎焊层的侧边位置与馈电端口处对组件的传输性能影响最大，对于本书钎焊空洞而言，组件电压驻波比在 1.14 ～ 1.24 内变化，插入损耗在 0.04 ～ 0.09dB 内变化；在 X 频段中心频率 10GHz 处，电路出现了谐振，但整体看来，空洞在钎焊层的侧边位置与馈电端口处对微波电路的传输性能影响还是最大，且电压驻波比在 1.02 ～ 1.18 内变化，插入损耗在 0.08 ～ 0.11dB 内变化。综上可以认为，钎焊空洞在焊层侧边与馈电端口处对微波电路的传输性能影响较大，且电压驻波比对空洞位置更为敏感，插入损耗的变化相对来说比较小。

为进一步探讨空洞位置对微波组件传输性能的影响，下面再对圆柱形空洞沿多种路径变化时的微波组件传输性能参数进行评估。在图 6.4 中，虚线 L 代表钎焊层内部连接前后馈电端口的直线；直线 M 代表在焊层内部的一条垂直于微带线的水平直线；虚线 K 代表在焊层边缘处平行于微带线的一条竖直直线。沿着三种路径每隔 1mm 分别依次建立直径为 1mm 的圆柱形空洞模型，然后进行电磁仿真计算，得到的电压驻波比和插入损耗结果如图 6.10 ～图 6.13 所示。

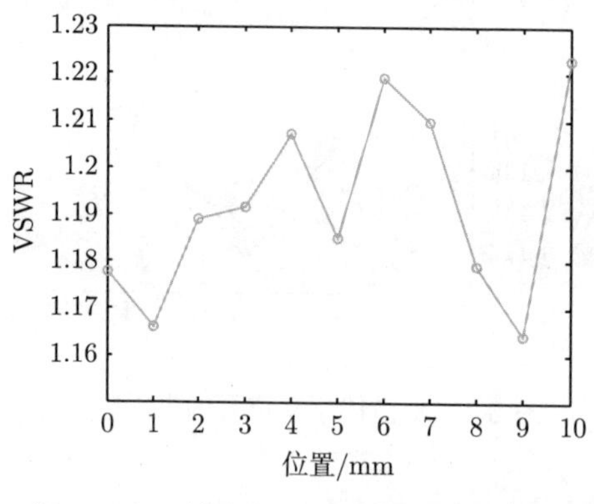

图 6.10　S 波段沿 L 变化的电压驻波比

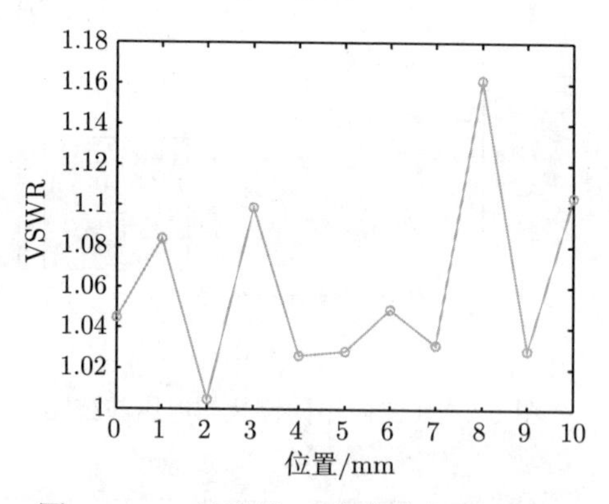

图 6.11　X 波段沿 L 变化的电压驻波比

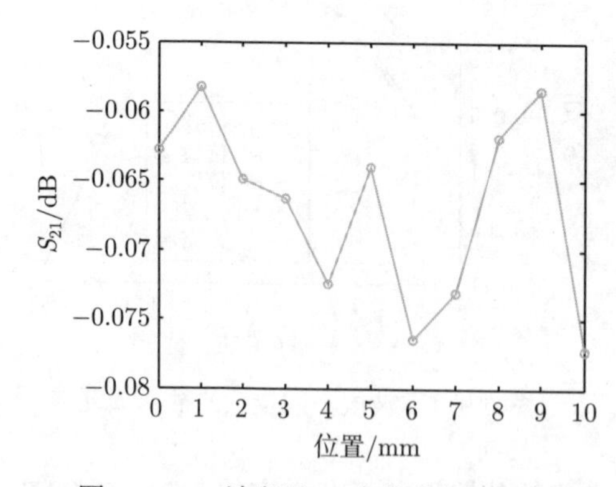

图 6.12　S 波段沿 L 变化的插入损耗

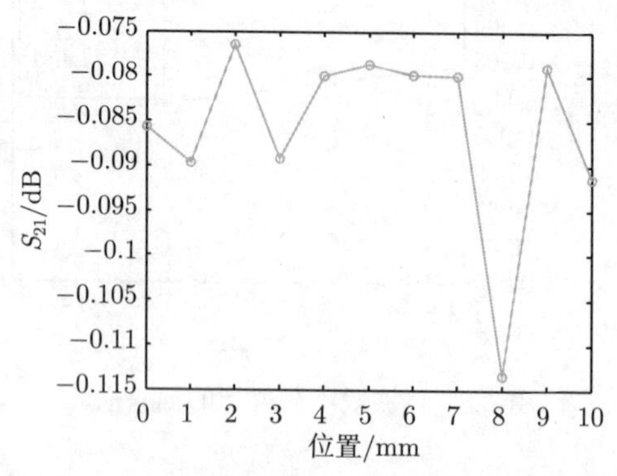

图 6.13　X 波段沿 L 变化的插入损耗

在图 6.10 ～图 6.13 中，横坐标代表着空洞在钎层中所处位置，坐标 0 处表示空洞在虚线 L 馈电端口处位置①，坐标 10 处表示空洞在虚线 L 路径的末端，即输出端口处⑤。分析图中数据可以发现，当空洞位置沿着微带线下方变化时：在 S 频段，电压驻波比在 1.16 ~ 1.22 内变化，插入损耗在 0.055 ~ 0.075dB 内变化；在 X 频段，电压驻波比在 1.02 ~ 1.16 内变化，插入损耗在 0.08 ~ 0.11dB 内变化。为此可知，空洞沿着 L 路径，即微带线下方变化时，对微波传输性能的影响都不大。

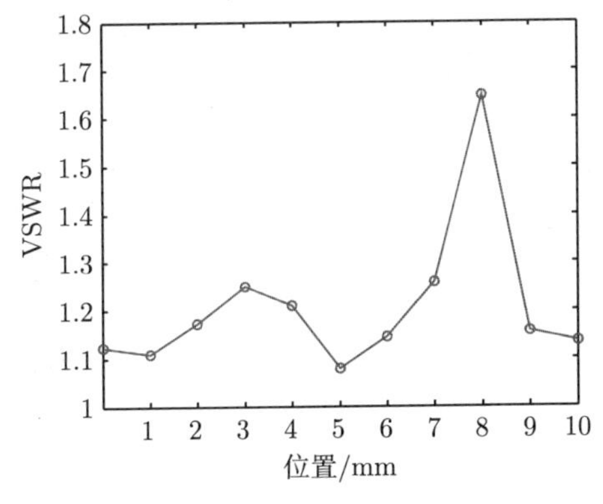

图 6.14 S 波段沿 M 变化的电压驻波比

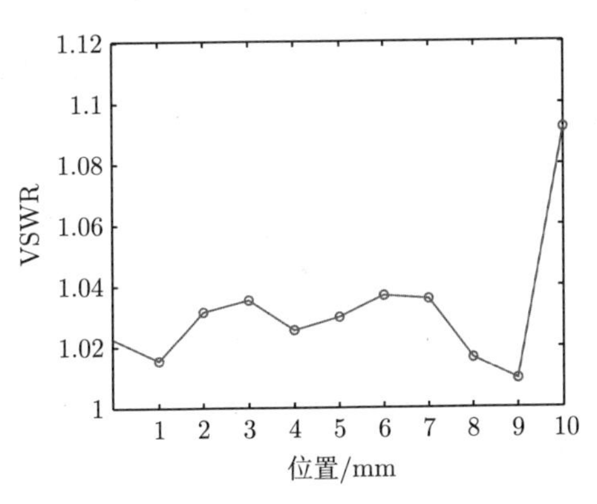

图 6.15 X 波段沿 M 变化的电压驻波比

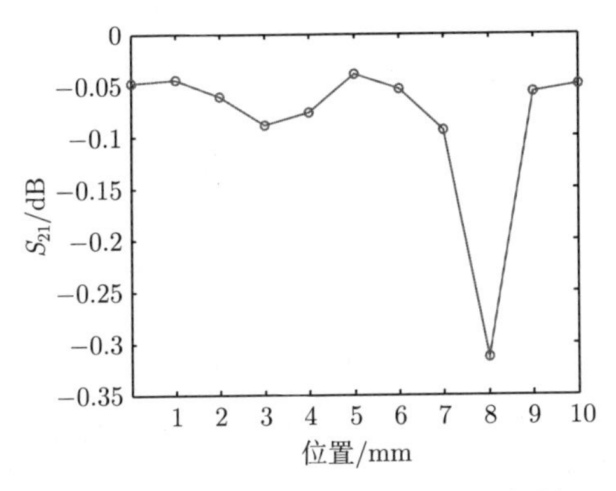

图 6.16 S 波段沿 M 变化的插入损耗

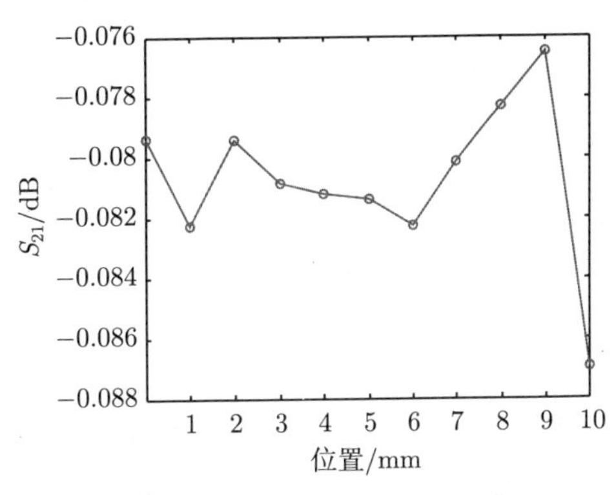

图 6.17 X 波段沿 M 变化的插入损耗

在图 6.14 ~图 6.17 中，坐标 0 处表示空洞在沿直线 M 的钎焊层内部中间处，即位置②处，坐标 10 处表示空洞在虚线 M 的左端即基板边缘处。分析图中数据可以看出，随着空洞位置与微带线距离的增加，空洞对微波组件传输性能的影响较大：在 S 频段内，电压驻波比在 1.11 ~ 1.6 内变化，插入损耗在 0.05 ~ 0.35dB 内变化；在 X 频段内，电压驻波比在 1.02 ~ 1.08 内变化，插入损耗在 0.078 ~ 0.088dB 内变化。由此可知，在低频段下空洞位置沿着直线 M，即水平方向变化时，对微波组件传输性能的影响较大；在高频段下，空洞位置沿着水平方向变化时，对微波组件传输性能的影响较小。

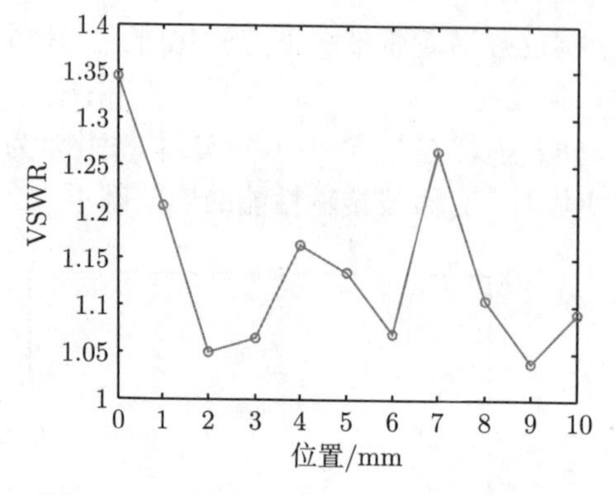

图 6.18　S 波段沿 K 变化的电压驻波比

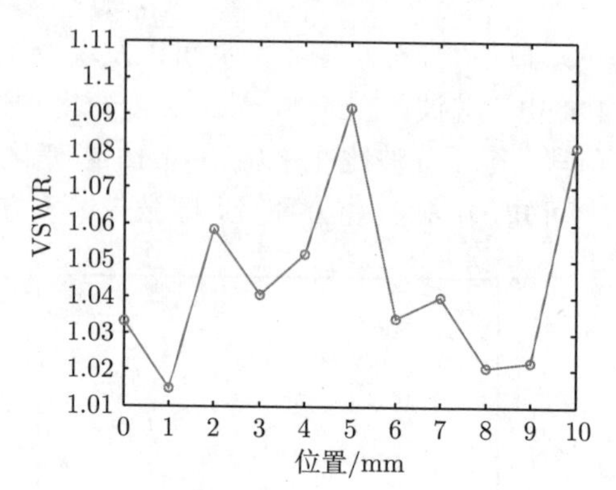

图 6.19　X 波段沿 K 变化的电压驻波比

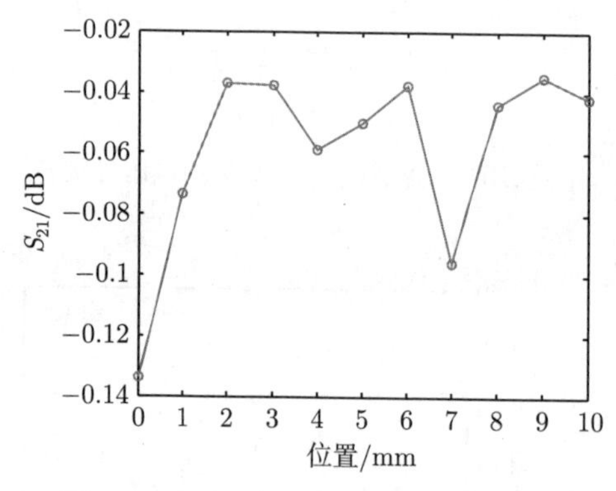

图 6.20　S 波段沿 K 变化的插入损耗

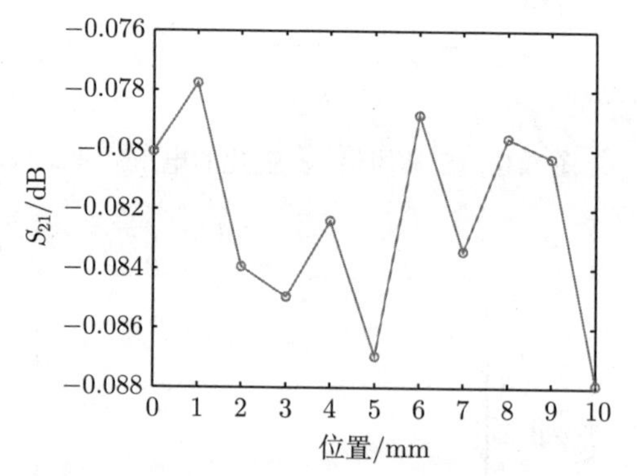

图 6.21　X 波段沿 K 变化的插入损耗

在图 6.18 ～图 6.21 中，横坐标表示空洞在位置④沿着基板边缘虚线 K 自下而上的不同位置。分析图中数据可以看出，在低频段 S 波段下，空洞在钎焊层边缘处对微波器件的传输性能影响较大，电压驻波比在 1.05 ～ 1.25 内变化，插入损耗在 0.04 ～ 0.14dB 内变化；在 X 频段内，空洞位置在钎焊层边缘处对微波器件的传输性能影响较小，其电压驻波比在 1.01 ～ 1.09 内变化，插入损耗在 0.078 ～ 0.088dB 内变化。

由以上讨论结果可知，空洞位置沿着微带线下方、水平方向和钎焊层边缘变化时，对于微带板来说，电压驻波比较为敏感，而对插入损耗的影响不明显。总地来说，单个空洞的位置变化对微波组件传输性能并不是很明显。

6.4.2　空洞大小

这里钎焊空洞大小影响微波组件信号传输性能的分析思路是：先在钎焊连接模型上选择三个典型位置①②③，再在各位置上建立直径大小为 1 ～ 2mm 的空洞

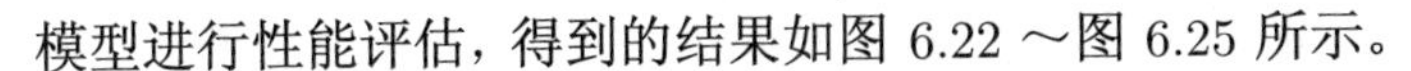
模型进行性能评估，得到的结果如图 6.22 ～图 6.25 所示。

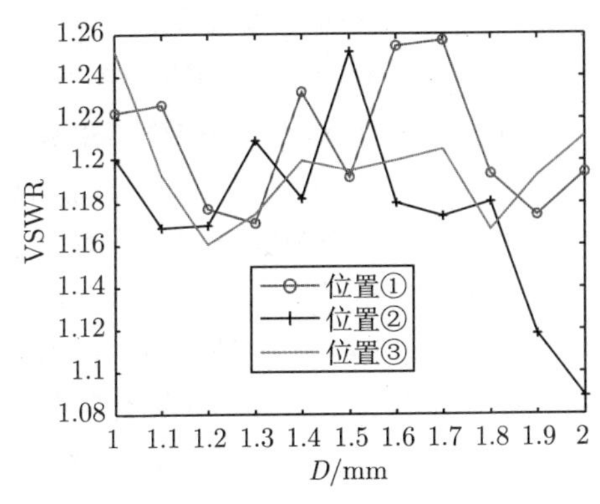

图 6.22 S 波段不同直径的电压驻波比

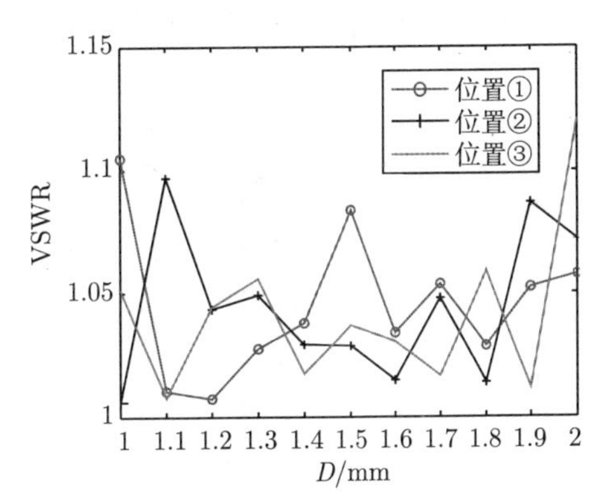

图 6.23 X 波段不同直径的电压驻波比

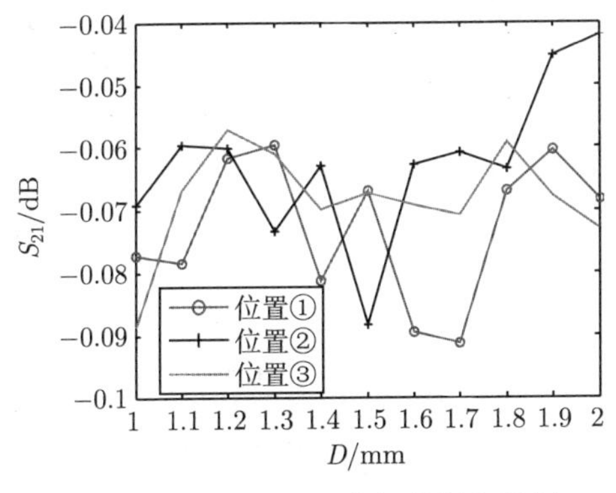

图 6.24 S 波段不同直径的插入损耗

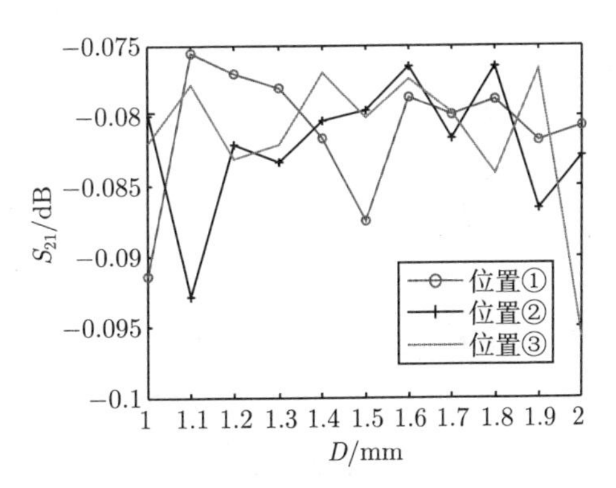

图 6.25 X 波段不同直径的插入损耗

从图 6.22 ～图 6.25 中可以看出，在低频段 S 波段下，不同空洞大小的微波组件电压驻波比在 1.11 ～ 1.26 内变化，插入损耗在 0.04 ～ 0.09dB 内变化；在 X 频段下，空洞在钎焊层边缘处对微波组件的传输性能影响较小，其电压驻波比在 1.01 ～ 1.09 内变化，插入损耗在 0.078 ～ 0.088dB 内变化。因此可以认为，在高低频段下，空洞在馈电端口处对微带板这种无源器件的传输性能影响不明显。

6.4.3 空洞数目

对于不同空洞数目的分析思路是：以焊层的中心位置②为基准，分别沿着竖直和水平方向每次向两边同时增加两个空洞 (图 6.26)，研究竖直和水平两个方向空洞的数目变化对组件的传输性能的影响。得到的不同频段下传输性能结果如图 6.27 和图 6.28 所示。

从图中可以看出，空洞数目的变化对微波信号的传输性能有一定的影响：在竖直方向 S 波段，随着空洞数量的增加，电压驻波比与插入损耗的变化范围分别是 1.18 ~ 1.28 和 0.065 ~ 0.11dB；在水平方向 X 波段，随着空洞数目的增加，电压驻波比与插入损耗的变化范围分别是 1.02 ~ 1.05 和 0.08 ~ 0.09dB。因此可知，空洞数目在水平方向上的增加对组件传输性能的影响比较小，在微带线下方 (竖直方向) 数量的变化对微波组件的传输性能影响较大，且电压驻波比更为敏感，插入损耗的影响较小。

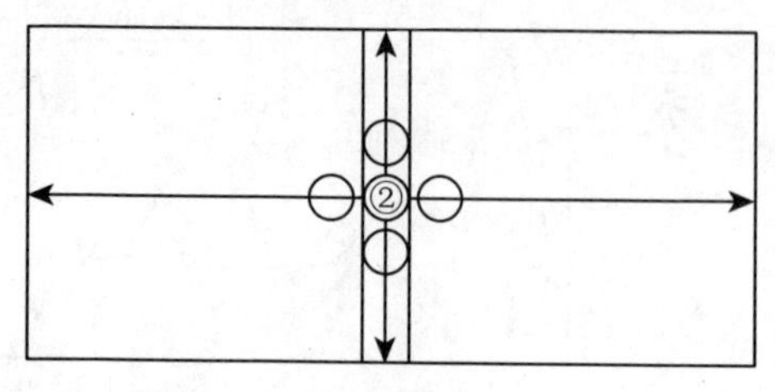

图 6.26 空洞增加方向示意图

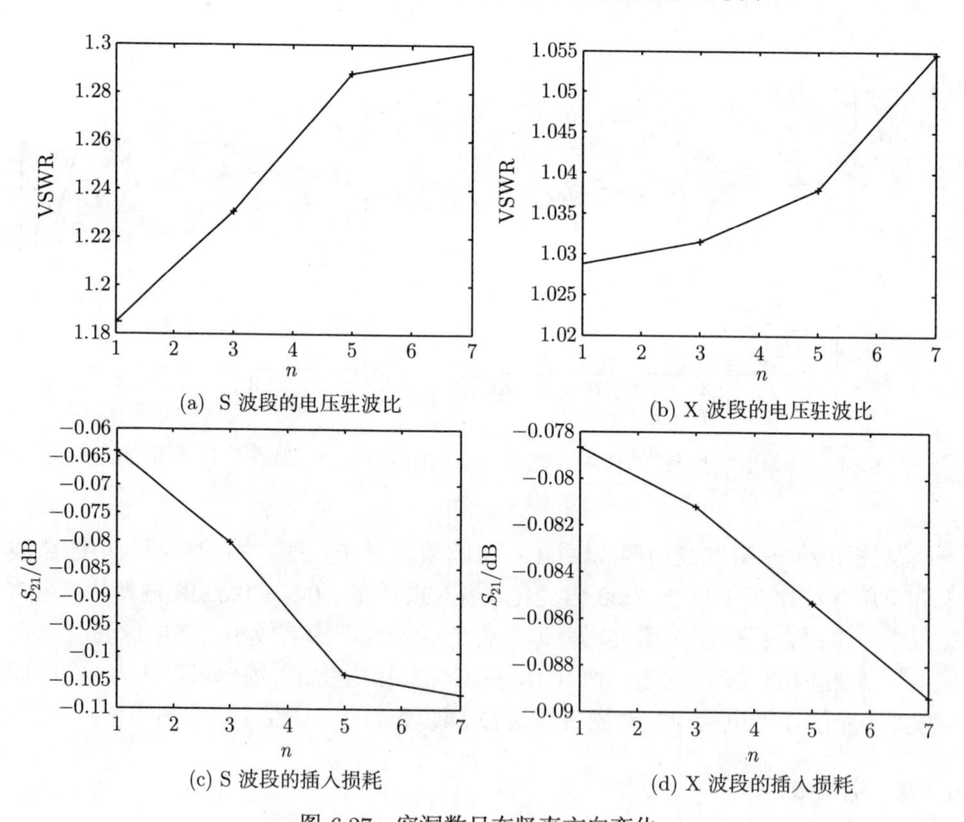

图 6.27 空洞数目在竖直方向变化

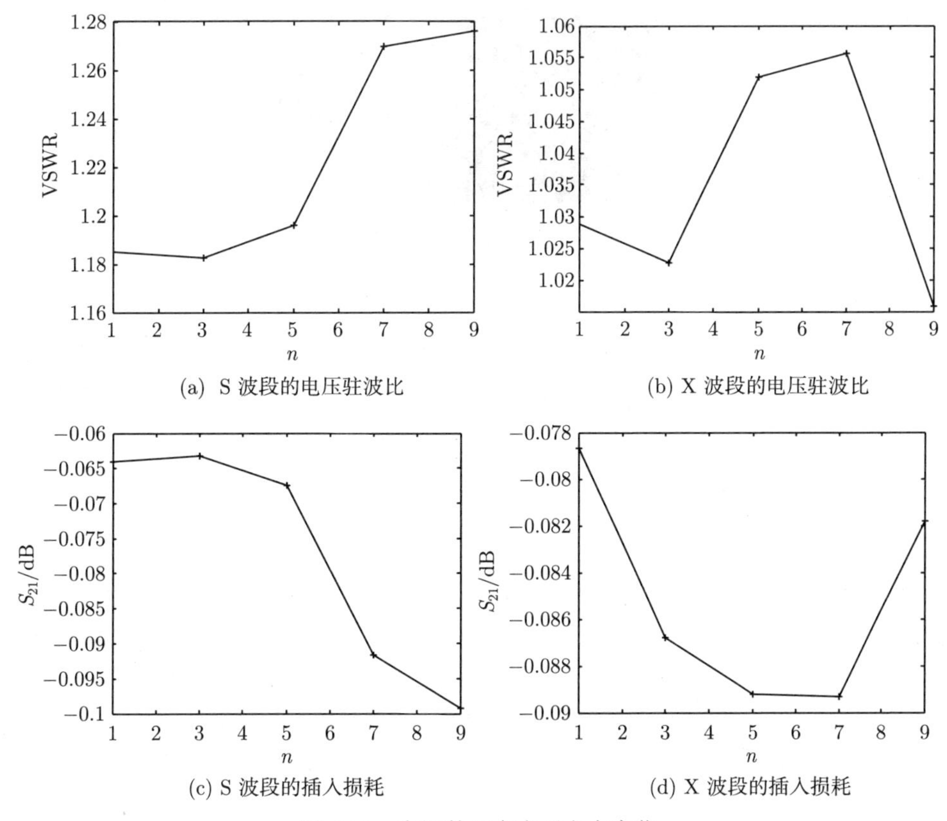

(a) S 波段的电压驻波比 (b) X 波段的电压驻波比

(c) S 波段的插入损耗 (d) X 波段的插入损耗

图 6.28 空洞数目在水平方向变化

6.4.4 钎透率

钎透率直接反映微波组件电路基板的接地好坏，是整个钎焊工艺方法的重要指标。通常钎透率越高，微波电路基板的接地效果就越好，钎焊的一致性与可靠性就越高。分析钎焊空洞特征影响后，发现单个钎焊空洞造成的影响并不是非常明显，因此有必要对钎焊工艺中重要的技术指标钎透率开展研究，定性、定量地分析其对微波电路传输性能的影响，为工程中钎焊工艺的评价提供一定参考。

由前面内容可以看出，空洞的位置、大小和数目对微带线的传输性能是有一定的影响的，但是无论是何种情况，电压驻波比基本都是在 1.5 以下，插入损耗在 1.1dB 以下，故可以认为，钎焊空洞对微带传输线的影响并不是非常大。因此，在本小节通过改变钎焊面积，分别计算钎透率在 100%、80%、60%与 40%四种不同程度范围内变化时微波组件的传输性能参数。钎透率与钎焊面积如图 6.29 所示。

在三维电磁仿真软件 HFSS 中建立不同焊接钎透率的钎焊连接模型，通过仿真计算，得到的不同频段下组件传输性能结果如图 6.30 和图 6.31 所示。

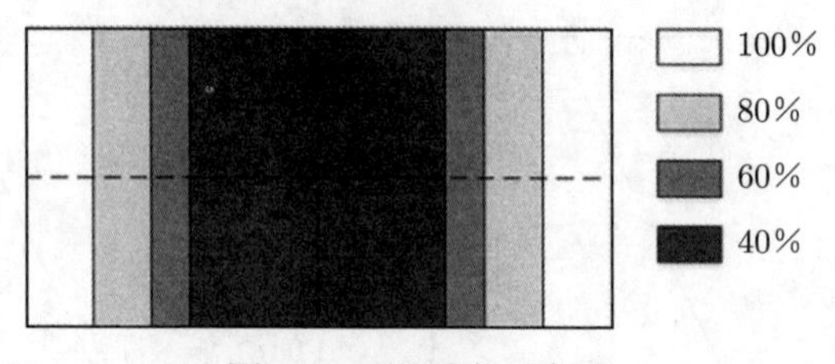

图 6.29　钎透率示意图

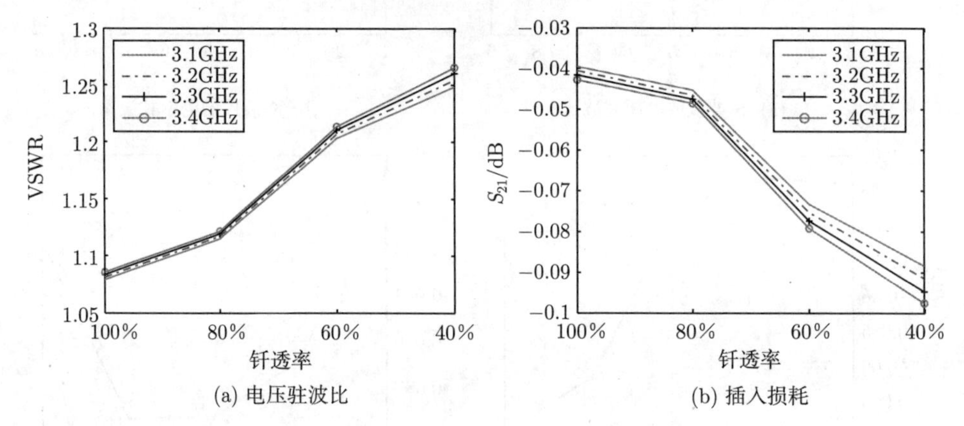

(a) 电压驻波比　　(b) 插入损耗

图 6.30　S 波段不同钎透率下的微波电路传输性能

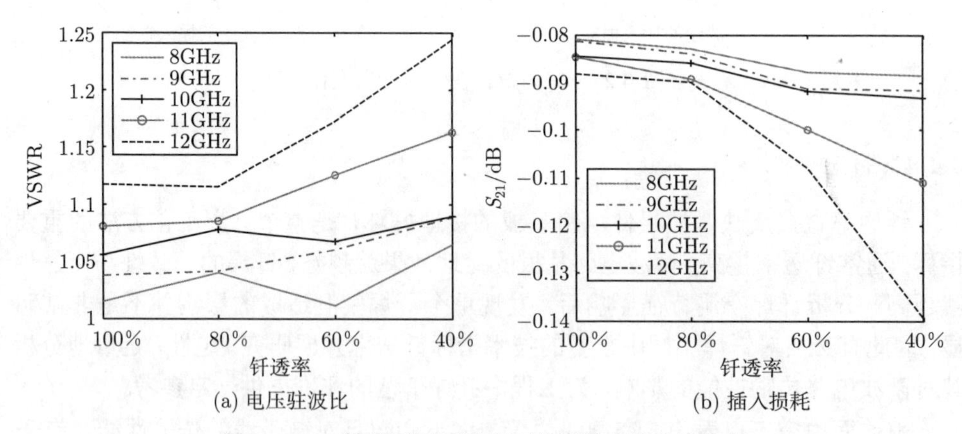

(a) 电压驻波比　　(b) 插入损耗

图 6.31　X 波段不同钎透率下的微波电路传输性能

从图 6.30 和图 6.31 中可以看出，随着微带板底部钎透率的降低，电压驻波比与插入损耗都是逐渐增大的。当微带板底部全部焊接，即钎透率 100%的情况下，S 波段电压驻波比在 1.08 ～ 1.1 内变化，插入损耗在 0.04 ～ 0.05dB 内变化；X 波段电压驻波比在 1 ～ 1.12 内变化，插入损耗在 0.08 ～ 0.09dB 内变化。当微带板底部的钎透率只有 40%的情况下，S 波段电压驻波比在 1.25 ～ 1.26 内变化，插入损耗在 0.09 ~ 0.1dB 内变化；X 波段电压驻波比在 1.15 ~ 1.25 内变化，插入损耗在 0.09 ~ 0.14dB 内变化。由此可见，随着钎透率的降低，微波电路的传输性能是逐渐恶化的，但对插入损耗的影响较小，基本可以忽略，对电压驻波比的影响较大，表现更为敏感。针对本书中这种微波组件钎焊模型，微波电路恶化的程度并不是非常的剧烈。因此，在钎焊工艺中，应适当提高钎焊的工艺手段，确保较高的钎透率，保证微波组件焊接的一致性与可靠性，从而确保微波电路的阻抗匹配，以改善微波组件的传输性能[23-25]。

6.5 钎焊空洞样件测试与验证

由于钎焊过程中空洞特征难以精准控制，因此在样机测试验证中，选择一致性较易控制的钎透率为测试变量，开展样件传输性能的测试并验证钎透率影响机理：随着钎透率的降低，微波组件的传输性能参数 (电压驻波比与插入损耗) 都是逐渐增大的，且电压驻波比对钎透率的变化更敏感，插入损耗稍微钝化一些。

6.5.1 测试方法与测试流程

在样件测试与验证过程中，为保证与仿真过程的一致性，加工了四种比较工况，分别为底部全部焊接，即钎透率 100%；钎焊层长为 16mm，钎透率为 80%；钎焊层长为 12mm，钎透率为 60%；钎焊层长为 8mm，钎透率为 40%。测试流程 (图 6.32) 为：将微带板通过焊接方式装入测试架，微带板与测试架之间分别进行全部焊接、80%焊接、60%焊接和 40%焊接，在这四种工况下进行电压驻波比与插入损耗的测试，测试频段为 S 波段与 X 波段两个频段，测试样件实物和焊料分布如图 6.33 所示。

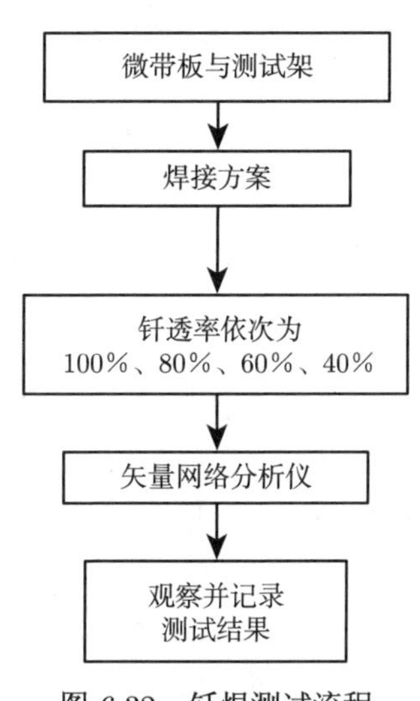

图 6.32 钎焊测试流程

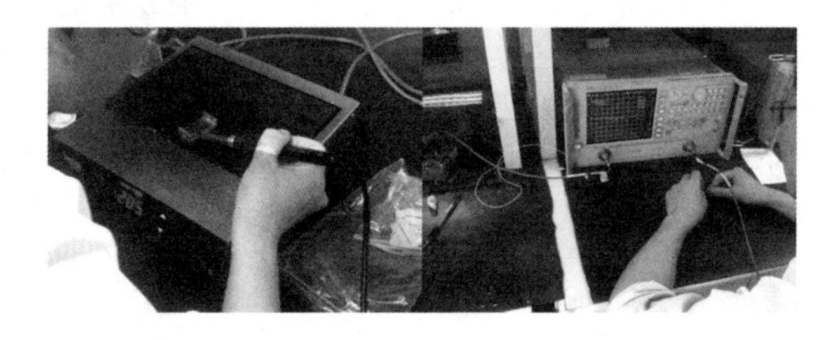

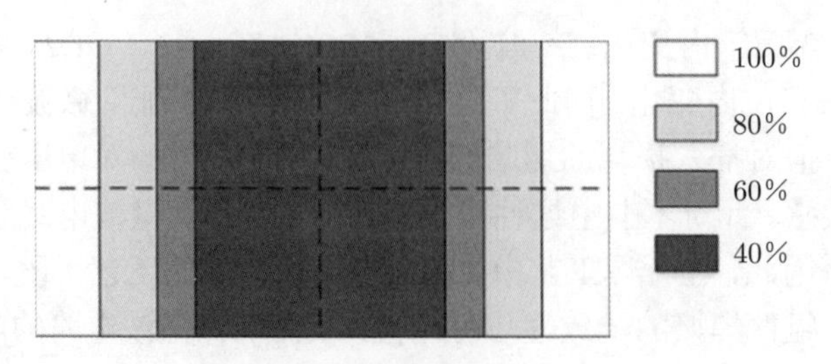

图 6.33　钎焊实物与焊料分布

6.5.2　两频段性能测试

在微带板焊接过程中，焊料的位置可以确定，但是形态不可控制，实际的钎透率必然会与理想存在偏差，因此样件测试的结果与仿真的结果必然存在一定的偏差。在测试过程中，本书选择了 S 与 X 频段下的中心频率，分别为 3.25GHz 和 10GHz，得到的测量数据如表 6.2 所示。

表 6.2　电压驻波比与插入损耗测试数据

电压驻波比	钎透率 100%	钎透率 80%	钎透率 60%	钎透率 40%
S	1.12	1.24	1.31	1.44
X	1.22	1.28	1.41	1.57
插入损耗/dB	钎透率 100%	钎透率 80%	钎透率 60%	钎透率 40%
S	−0.15	−0.18	−0.23	−0.25
X	−0.24	−0.27	−0.31	−0.54

分析上述数据可以发现，在 S 频段，四种工况下测量电压驻波比得到的结果是：随着钎透率的减小，电压驻波比是逐渐增大的，基本在 1.12 ～ 1.44 内波动，波动范围较大；插入损耗也是逐渐增大的，基本在 0.15 ～ 0.25dB 内波动，波动在 0.1dB 左右，可以认为起伏较小。在 X 频段，随着钎透率的减小，电压驻波比是逐渐增大的，基本在 1.22 ～ 1.57 内波动，波动范围较大；插入损耗也是逐渐增大的，基本在 0.24 ～ 0.54dB 内波动，波动在 0.3dB 左右，同样可以认为起伏较小。由于钎焊工艺的影响，电压驻波比与插入损耗的测量值比仿真数值都有一定的增加，但影响规律与仿真数值规律有较强的一致性。工程上一般规定电压驻波比要小于 1.5，插入损耗要小于 0.5dB。通过测量数据可以看出，当钎透率达到 40%时，组件性能不满足工程要求。因此可以认为，钎透率对微波组件的传输性能有一定的影响，其主要影响微波电路的阻抗匹配，表现为随着钎透率的降低，电压驻波比逐渐增大，且表现较为敏感，插入损耗也是逐渐增大的，但影响偏弱，测试数据与仿真的结果数据比较一致。

6.5.3 验证结论

由于钎焊空洞的存在，不仅对钎焊工艺的质量和微波组件长期工作的可靠性有一定的影响，而且还会降低微波组件的传输性能，恶化电讯指标。特别是电磁信号在高速传播过程中，随着器件工作频率的越来越高，这种影响也越来越显著。可以分析得出，圆柱形空洞靠近馈电端口与钎焊层边缘处对微波信号的传输性能影响大于空洞位于钎焊内部的影响；空洞的直径越大，微波信号的传输性能会越差；在微带线传输方向上，空洞数目的增多对信号的传输性能影响要大于微带线正交方向上的空洞增多的影响；钎透率越高，微波组件信号的传输性能越好，当钎透率降低到 40%的时候，则难以满足指标需求。总地来说，钎焊空洞特征对微波组件信号传输性能的影响，表现为电压驻波比更为敏感，插入损耗比较钝感。

对于微带板来说，钎焊空洞对其传输性能的影响还是比较小的，电压驻波比基本都在 1.5 以下，插入损耗基本都在 0.5dB 以下。但是实际工程中，当很多器件级联在一起并构成有源电路时，钎焊的接地作用就会被放大；当钎焊不理想时，电路基板的可靠性与一致性会变差，接地回路就会增加，电压损失就会增大，就很容易造成有源电路的自激。因此，在微波组件的制造、焊接和封装过程中，应保证微波电路基板的接地良好，降低钎焊缺陷的形成，尽量避免空洞出现在馈电端口处，并提高钎透率，保障微波电路基板钎焊有较高的一致性与可靠性。

6.6 钎焊连接工艺影响机理分析软件

基于 C++Builder 和 HFSS 的 VBS 语言，本书开发了钎焊连接工艺影响机理分析软件，为用户提供了简洁的交互界面，完成了多个模块的开发，实现了参数化建模、电磁分析环境集成加载以及提取后处理结果等功能，简化了钎焊连接工艺影响传输性能的分析过程。同时，通过实例操作完成了钎焊连接工艺影响机理分析的全过程，验证了软件的有效性。

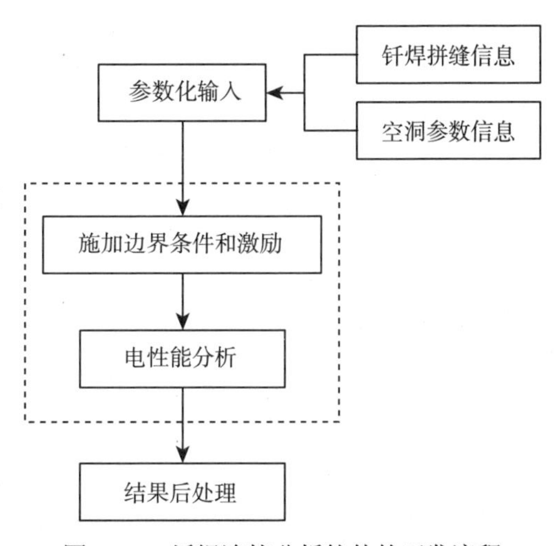

图 6.34 钎焊连接分析软件的开发流程

6.6.1 软件总体设计

钎焊连接工艺影响机理分析软件是针对钎焊连接在实际工程中的工作条件进行影响机理仿真分析，以便在给定的运行条件下仿真出各种不同设计参数下的数字微波组件的电性能，为工程应用提供指导方案。为此，根据钎焊连接工艺影响机理分析方法，基于现有的商品化分析软件，制定了微波组件钎焊连接工艺影响机理分析软件的开发流程，如图 6.34 所示。

在进行传输性能仿真时，首先对钎焊连接工艺模型进行参数设置：第一步是输入模型的几何信息；第二步是设置空洞特性参数，包括空洞个数、大小和位置等；第三步是输入物性参数，包括工作频率、各项材料参数等。在参数设置完成后，进行参数化建模，等建模完成后，模型的几何信息数据和性能分析信息数据等都存储于数据库中。然后进行传输性能仿真分析，软件先将几何信息数据和性能分析信息数据进行处理和转换成 VBS 命令流文件，自动地完成网格处理、添加激励和施加边界条件等工作。根据用户指令和命令流文件，软件会在后台调用 HFSS 进行电性能分析求解。在求解完成后，可以查看电压驻波比和插入损耗等结果。根据以上操作，设计出了如图 6.35 所示的软件工作流程图。

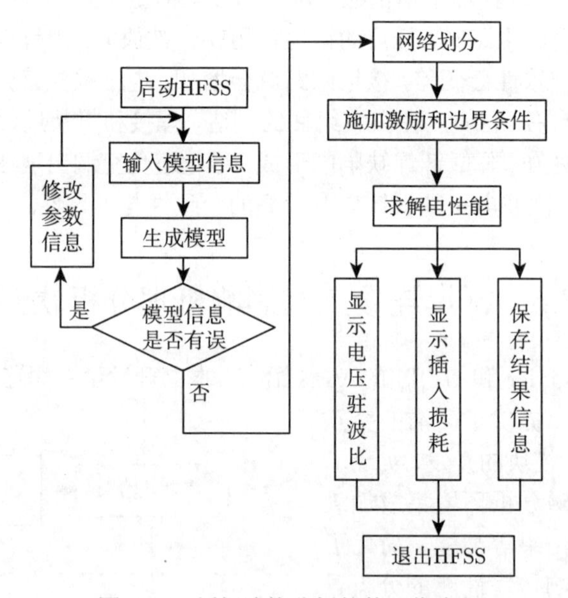

图 6.35　钎焊连接分析软件工作流程

6.6.2　组成模块设计

根据钎焊连接工艺分析的工作流程，钎焊连接工艺影响机理分析软件的开发包括三个模块：前处理模块、分析求解模块和后处理模块。软件整体架构如图 6.36 所示。

前处理模块包含两个子模块：参数化建模模块和电性能参数加载模块。其中，参数化建模模块用于建立微波组件的电磁仿真模型，每个参数在模型中所对应的位置会在几何结构示意图中给出；电性能参数加载模块将用户输入的边界条件施加到分析模型中，包括工作频率的设置、模型材料的选择和材料参数的设置等。

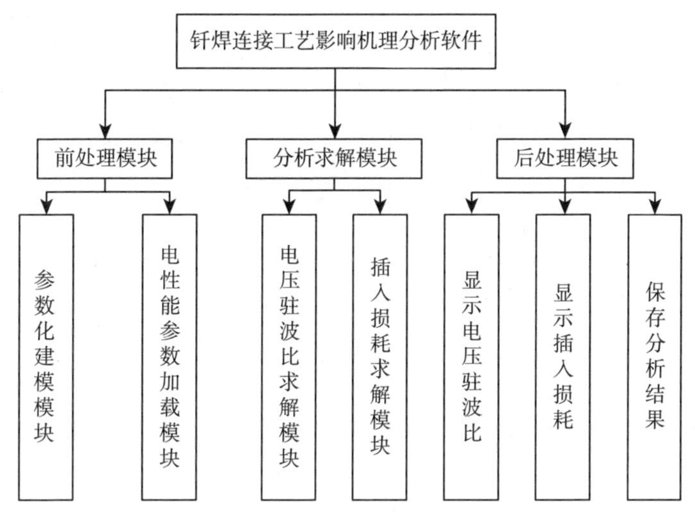

图 6.36 钎焊连接分析软件组成模块

分析求解模块需要调用 HFSS 软件进行电性能分析，包含两个子模块：电压驻波比求解模块和插入损耗求解模块。其中，电压驻波比求解模块根据所输入的模型参数，调用 HFSS 软件求解模型的电压驻波比；插入损耗求解模块调用 HFSS 软件求解模型的插入损耗。

后处理模块则需要对分析的结果根据用户的需求进行一些数据处理，包含三个子模块：显示电压驻波比、显示插入损耗和保存分析结果。其功能是提取分析结果数据，显示到软件界面，并将分析结果保存到指定文件目录下。

6.6.3 软件功能设计

钎焊连接工艺影响机理分析软件的界面分为三个区域：流程控制区、信息主界面和命令提示区，如图 6.37 所示。

流程控制区是以树状图的形式给出软件工作的基本流程，用于控制分析流程，单击图中条目，信息主界面区域便会跳转到相应的界面。信息主界面是软件的主要信息界面，以分页的形式包含了分析流程中的全部信息，每个页面包含了当页分析步骤所需的各项信息。命令提示区显示用户已经进行过的操作和正在进行的操作，便于用户控制整个分析流程，避免不必要的操作。软件的主要界面有四个，如图 6.38 ～图 6.41 所示。

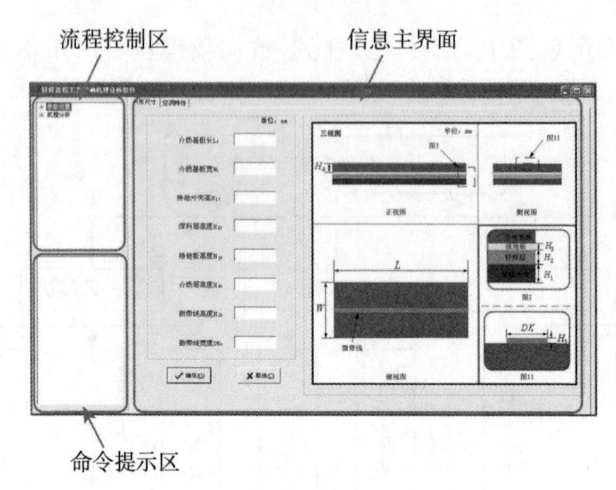

图 6.37　软件界面区域示意图

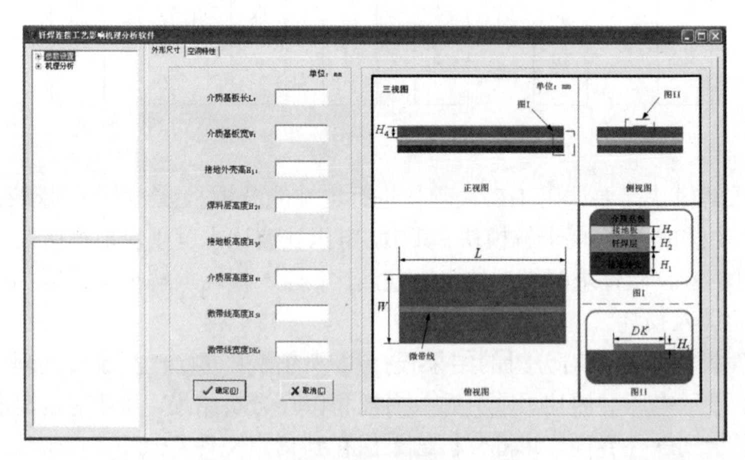

图 6.38　外形尺寸参数输入界面

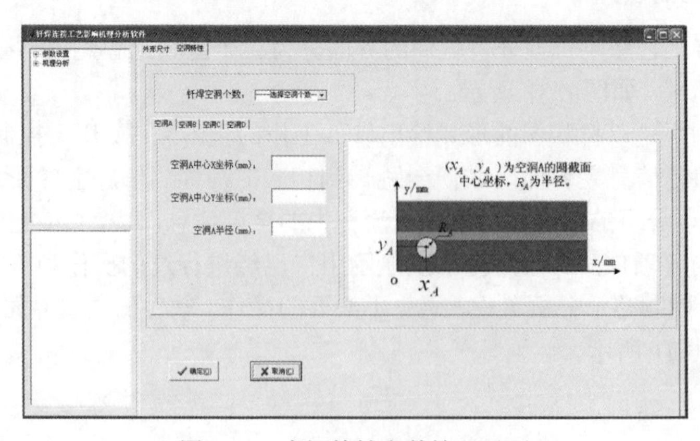

图 6.39　空洞特性参数输入界面

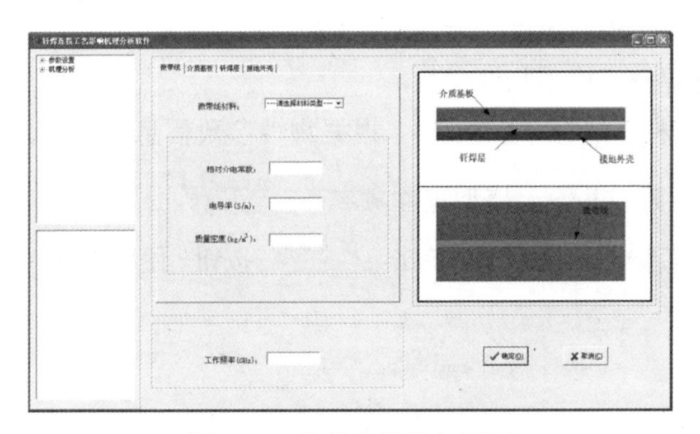

钎焊连接工艺影响机理分析软件
参数设置
机理分析
介质基板
钎焊层
接地外壳
工作频率(GHz):

图 6.40 物性参数输入界面

钎焊连接工艺影响机理分析软件
参数设置
机理分析
建立模型
HFSS
电压驻波比:
插入损耗(dB):

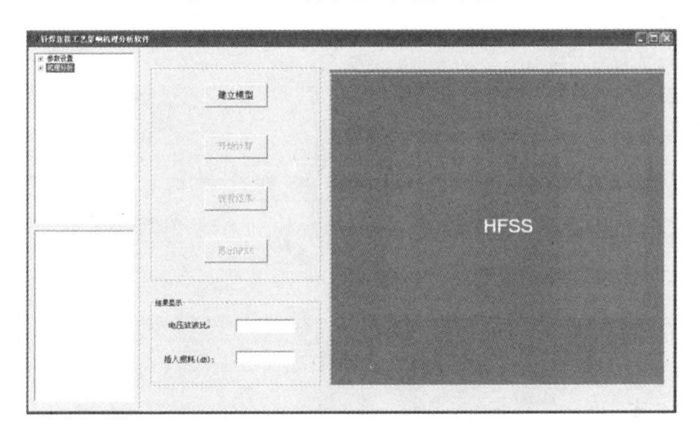

图 6.41 计算及结果后处理界面

6.6.4 软件操作方法

(1) 输入钎焊空洞模型结构参数。

在流程控制栏，依次单击 ⊟ 参数设置、⊟ 结构参数 和 外形尺寸，根据钎焊连接结构信息示意图，填写钎焊连接结构模型信息 (图 6.42)，输入完成后单击 ✔确定(O) 按钮。若输入出现错误，单击 ✘取消(C) 按钮，便可将输入内容清空，重新输入。再单击 ⊟ 结构参数 下 空洞特性，输入钎焊空洞参数，首先选择单击 钎焊空洞个数: ---选择空洞个数---，选择空洞个数，可有 1 ～ 4 个四种选择。然后根据所需个数，对照示意图输入各个空洞的参数，包括空洞中心的坐标和空洞半径。完成后选择 ✔确定(O) 按钮，重

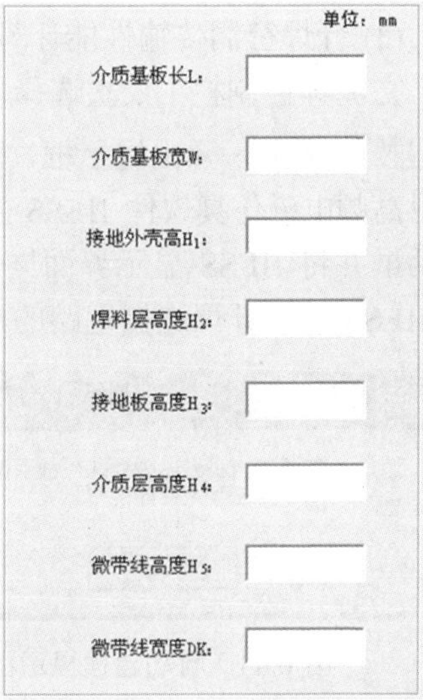

单位: mm
介质基板长L:
介质基板宽W:
接地外壳高H1:
焊料层高度H2:
接地板高度H3:
介质层高度H4:
微带线高度H5:
微带线宽度DK:

图 6.42 结构参数输入框

新输入可选项 取消(C) 按钮，清空输入信息，重新输入。

(2) 确定钎焊空洞模型物性参数。

在流程控制栏，选择 物性参数，根据物性参数信息示意图，选择模型材料，输入材料物性参数，并输入模型工作频率 工作频率(GHz)：。输入完成后单击 确定(O) 按钮，若输入出现错误，单击 取消(C) 按钮，便可将输入内容清空，重新输入。

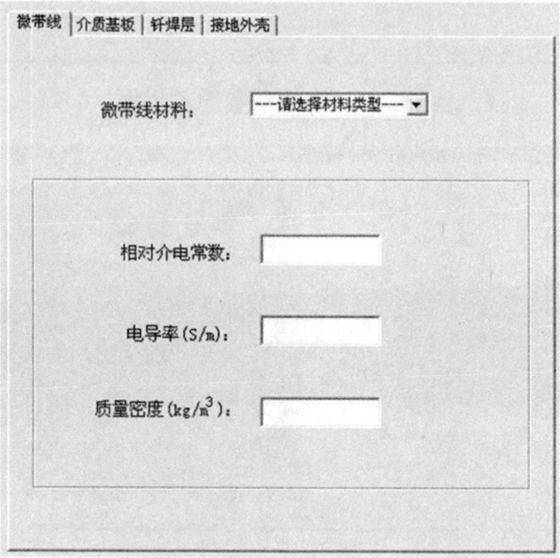

微带线
介质基板
钎焊层
接地外壳
微带线材料：
---请选择材料类型---
相对介电常数：
电导率(S/m)：
质量密度(kg/m3)：

图 6.43　模型材料参数输入框

(3) 钎焊空洞传输性能计算。

在流程控制栏，依次选择 机理分析 和 性能求解，进入电性能计算界面。单击 建立模型 按钮，弹出提示框，如图 6.44 和图 6.45 所示。单击确定后，软件在后台调用高频电磁仿真软件 HFSS 生成钎焊连接电磁模型，建模完成后，自动弹出提示对话框并将 HFSS 显示界面嵌入软件图形显示区。然后单击 开始计算 按钮，调用 HFSS 求解钎焊连接电路的电性能。

提示
在提示“模型已建立。”前，请勿操作！
点击确定开始建模。
确定

图 6.44　自动建模提示框

提示
模型已建立。
确定

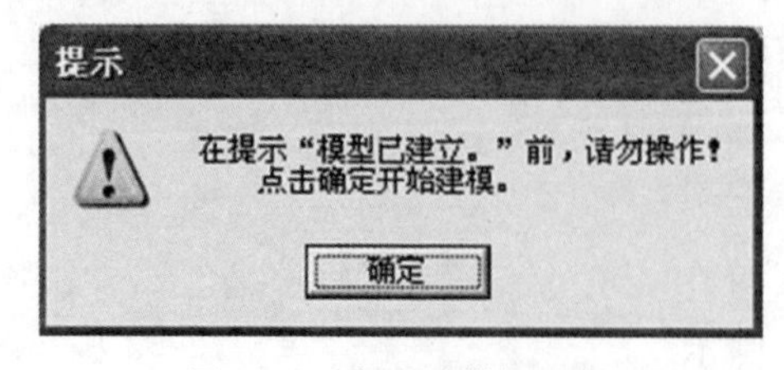

图 6.45　建模完成提示框

(4) 结果后处理。

计算完成后，单击 查看结果 按钮，可查看计算结果并自动保存分析结果 (图 6.46)，同时结果会自动显示在界面结果显示框中。

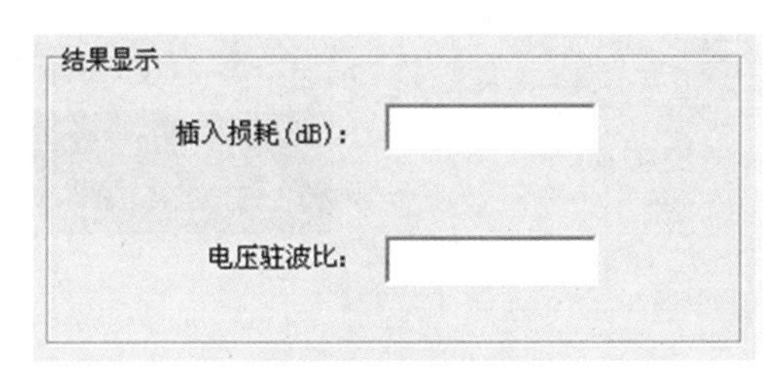

图 6.46 结果显示框

全部结束后，单击 退出HFSS 按钮，关闭后台的 HFSS 软件。

6.6.5 工程案例应用

下面针对工程中某案例开展软件应用展示。在此工程案例中，空洞个数设置为 1，直径为 0.8mm，工作频率为 3.25GHz，具体分析过程如下：

启动软件，选择结构参数进入结构参数输入界面，首先输入模型的外形尺寸 (图 6.47)，完成后进入空洞参数输入界面 (图 6.48)，输入空洞的尺寸参数。

钎焊连接模型结构参数信息输入完毕后，单击 “确定” 按钮，进入物性参数输入界面。然后选择微带线、介质基板、钎焊层和接地外壳的材料，输入对应的物性参数和模型工作频率 (图 6.49)。

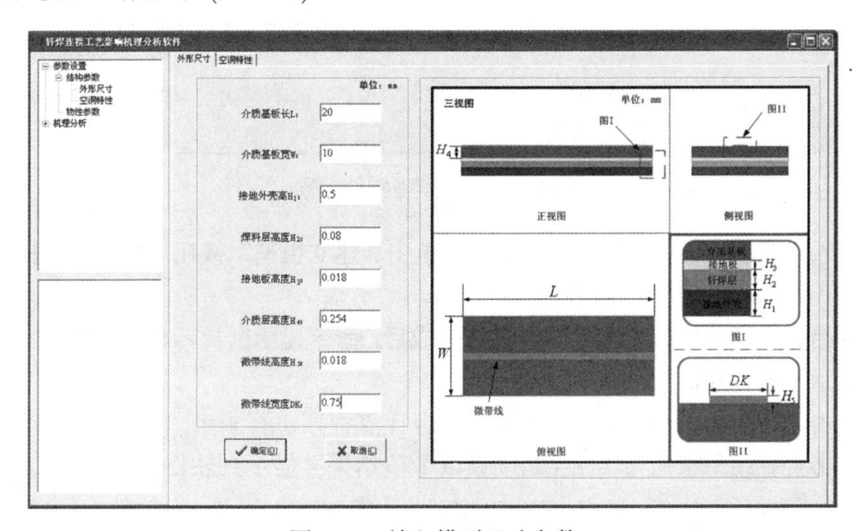

图 6.47 输入模型尺寸参数

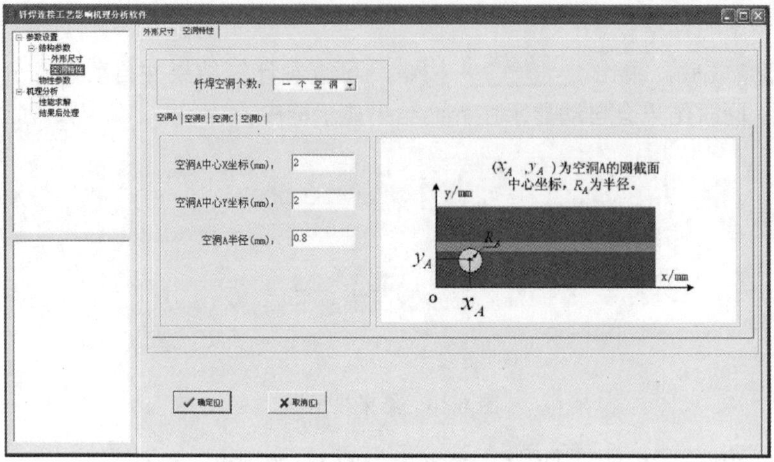

图 6.48 输入空洞尺寸参数

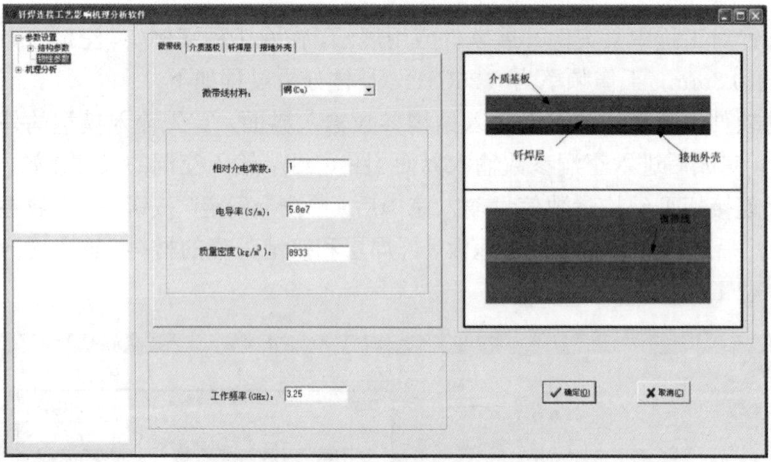

图 6.49 输入模型物性参数

输入完成后，进入电性能分析界面。单击“建立模型”按钮，弹出信息提示对话框，单击“确定”按钮 (图 6.50)。

开始建立钎焊连接模型，模型建立完成后，命令提示区提示模型已建立，并将模型显示在软件界面上 (图 6.51)。

单击“开始计算”按钮，软件调用后台计算程序进行求解，并自动保存结果。然后单击查看结果按钮，软件会自动读取数值结果并显示到软件界面 (图 6.52)。

计算完成后，单击“退出 HFSS”按钮，关闭 HFSS 软件。在软件运行的同时，软件会自动保存对应的计算结果 (图 6.53 和图 6.54)。

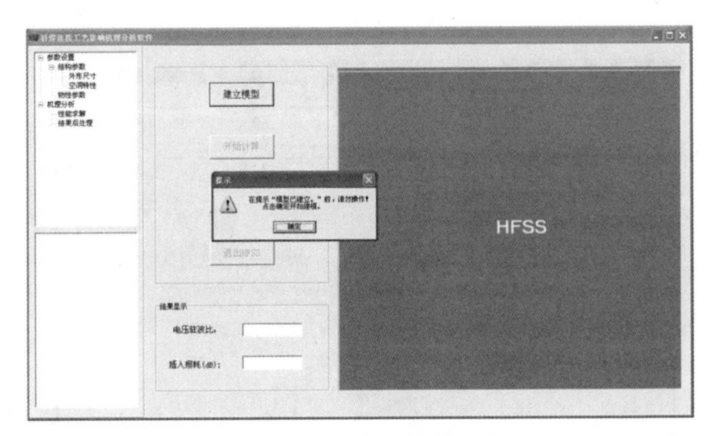

图 6.50 开始建立模型

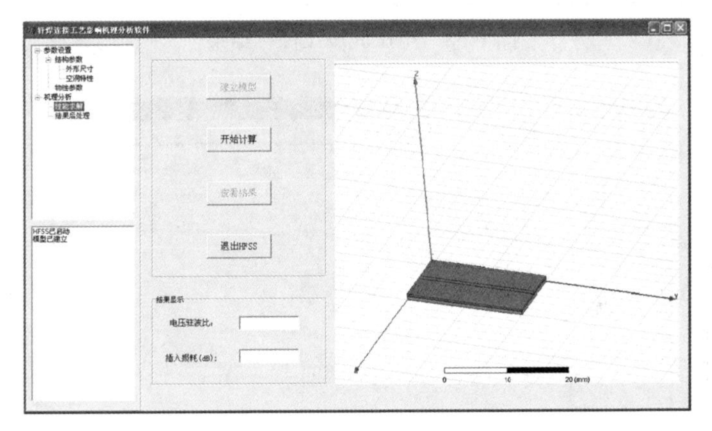

图 6.51 建立模型已完成

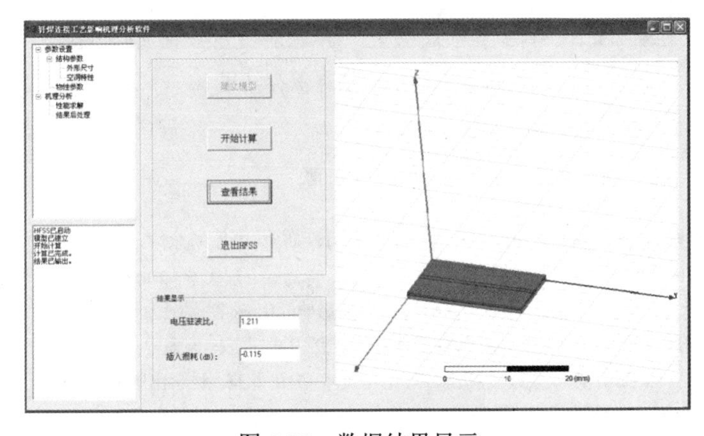

图 6.52 数据结果显示

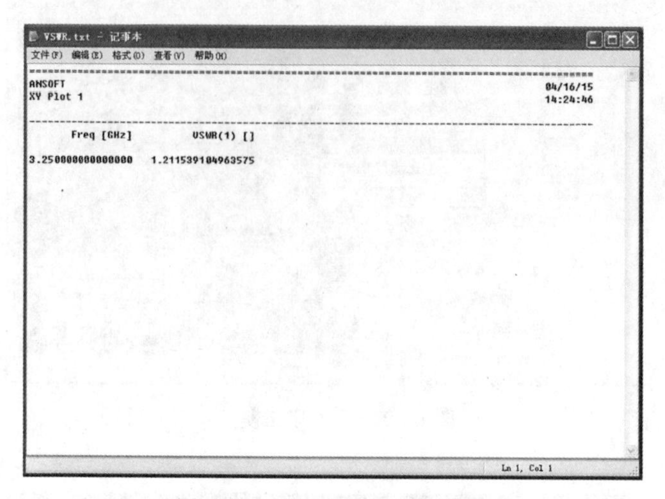

图 6.53　电压驻波比保存结果

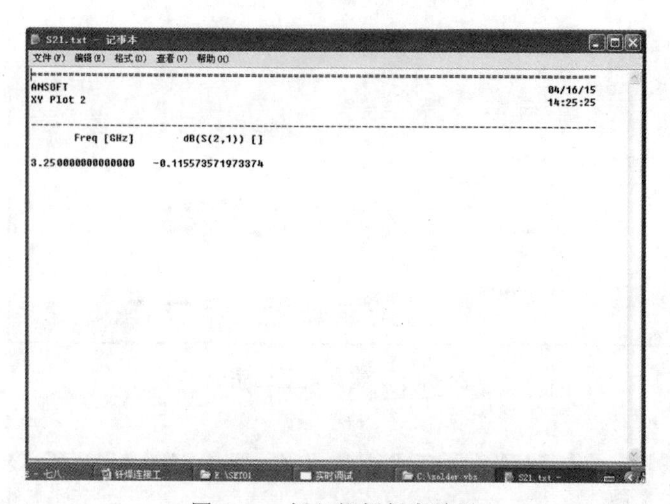

图 6.54　插入损耗保存结果

参 考 文 献

[1] 颜娟. 微带线射频继电器等效电路建模与性能优化方法研究 [D]. 哈尔滨: 哈尔滨工业大学, 2011.
[2] 宋雪臣. PCB 工艺对射频传输性能影响的研究 [D]. 青岛: 山东大学, 2008.
[3] 叶宝江, 桑飞, 杜运. 微带板钎焊质量对微波信号的影响 [J]. 硅谷, 2012, 15: 4.
[4] 陈建华. PCB 传输线信号完整性及电磁兼容特性研究 [D]. 西安: 西安电子科技大学, 2010.
[5] 王从思, 王伟, 宋立伟. 微波天线多场耦合理论与技术 [D]. 北京: 科学出版社, 2015.
[6] 王从思, 段宝岩, 仇原鹰, 等. 基于 ANSYS 与 Delphi 天线电性能分析平台的设计 [J]. 现代雷达, 2005, 27(5): 75-78.

[7] 宋立伟. 天线结构位移场与电磁场耦合建模及分析研究 [D]. 西安: 西安电子科技大学, 2011.

[8] ALIMENTI F, GOEBEL U, SORRENTINO R. Quasi static analysis of microstrip bondwire interconnects[C]. IEEE MTT-S International Microwave Symposium Digest, 1995: 679-682.

[9] BORGIOLI A, LIU Y, NAGRA A S, et al. Low-loss distributed MEMS phase shifter[J]. IEEE Microwave and Guided Wave Letters, 2000, 10(1): 7-9.

[10] CAIGNET F, BENDHIA S D, SICARD E. The challenge of signal integrity in deep-submicrometer CMOS technology[J]. Proceedings of the IEEE, 2001, 89(4): 556-573.

[11] KISHIMOTO T, OSAKI T. VLSI packaging technique using liquid cooled channels[J]. IEEE Transactions on Components, Hybrids, and Manufacturing Technology, 1986, 9(4): 328-335.

[12] MANGLIK R M, BERGLES A E. Heat transfer and pressure drop correlations for the rectangular offset strip fin compact heat exchanger[J]. Experimental Thermal and Fluid Science, 1995, 10(2): 171-180.

[13] QU W, MUDAWAR I. Experimental and numerical study of pressure drop and heat transfer in a single-phase micro-channel heat sink[J]. International Journal of Heat and Mass Transfer, 2002, 45(12): 2549-2565.

[14] ROHSENOW W M, HARTNETT J P, GANIC E N. Handbook of heat transfer applications[M]. New York: McGraw-Hill, 1985.

[15] KISHIMOTO T, ANDREWS. High performance air cooling for microelectronics[J]. International Symposium on Cooling Technology for Electronic Equipment, 1987, 17(21): 608-625.

[16] WANG C S, DUAN B Y, ANDQIU Y Y. On distorted surface analysis and multidisciplinary structural optimization of large reflector antennas[J]. Structural and Multidisciplinary Optimization, 2007, 33(6): 519-528.

[17] DUAN B Y. AND WANG. C S. Reflector antenna distortion analysis using MEFCM[J]. IEEE Transactions on Antennas and Propagation, 2009, 57(10): 3409-3413.

[18] WANG C S, DUAN B Y, ZHANG F S, et al. Coupled structural-electromagnetic-thermal modelling and analysis of active phased array antennas[J]. IET Microwaves, Antennas & Propagation, 2010, 4(2): 247-257.

[19] WANG C S, DUAN B Y, ZHANG F S, et al. Analysis of performance of active phased array antennas with distorted plane error[J]. International Journal of Electronics, 2009, 96(5): 549-559.

[20] CRIPPS S C. RF power amplifiers for wireless communications[M]. Dedham: Artech House, 2006.

[21] KLEHR A, LIERO A, ERBERT G, et al. Picosecond pulses with more than 60 W peak power generated by a single-stage all-semiconductor master-oscillator power-amplifier system[C]. Lasers and Electro-Optics Europe, 2011: 1.

[22] DOHERTY W H. A new high efficiency power amplifier for modulated waves[J]. Proceedings of The Institute of Radio Engineers, 1936, 24(9): 1163-1182.

[23] NGUYEN T K, KIM C H, IHM G J, et al. CMOS low-noise amplifier design optimization techniques[J]. IEEE Transactions on Microwave Theory & Techniques, 2005, 53(2): 538-547.

[24] SHAEFFER D K, LEE T H. A 1.5-V, 1.5-GHz CMOS low noise amplifier[J]. IEEE Journal of Solid-State Circuits, 1997, 32(5): 745-759.

[25] 清华大学微带电路编写组. 微带电路 [M]. 北京: 人民邮电出版社, 1975.

第 7 章　螺栓连接工艺对组件传输性能的影响机理

在高频微波组件中，螺栓连接是实现整个介质基板与承载结构框架连接的一种典型互联工艺，一方面起固定介质基板的作用；另一方面，用来实现微波电路系统的地线与承载结构框架的电连接，即接地 [1]。但是，在实际加工装配过程中，由于受到微波组件内部结构与安装位置的限制，螺栓连接的排布形式更多的是靠技术人员的主观经验，缺少相应的理论指导与设计方案 [2]。在承载结构受到平台振动影响下，由于介质基板和结构框架的刚度不同，介质基板和结构框架都会有不同程度的变形，从而产生接触面的分离进而影响到介质基板的接地特性，而接地特性的变化直接影响微波组件的传输性能。可见，在传统意义上利用经验方式确定螺栓连接的位置与数目，往往在组件系统服役期间会产生难以预测的信号完整性问题 [3-5]。本章开展螺栓连接对微波组件传输性能的影响机理研究，分析不同螺栓排布下电压驻波比和插入损耗等传输性能的演变，确定螺栓连接影响机理，提出更优的螺栓排布形式，为微波组件的结构设计和互联工艺方案提供工程指导。

7.1　螺栓连接组件结构模型

数字微波组件中的微带板通常为各微波器件的承载结构，如有源相控阵天线中发射接收 T/R 组件中的高功放、低噪放和环形器等都通过互联工艺集成于此 [6-10]。因此，微带板的稳定性和接地特性显得尤为重要，其一般通过紧固螺栓安装在金属母板上，从而实现微带板的接地。通常螺栓连接工艺的结构形式可以认为是 PCB 板与金属壳体组成的一个无源微带电路，具体包括介质板、壳体、同轴线和微带线等 [11]。为了简化模型，将 PCB 板看作为一个单层板，紧固螺栓用微小凸台来等效建模，具体的结构尺寸模型如图 7.1 所示，材料属性如表 7.1 所示。

表 7.1　微波器件的材料属性

组件	材料
微波电路基板 (单层)	Arlon CLTE-XT (tm)
微带线	Cu
螺栓	钢
底板	Al

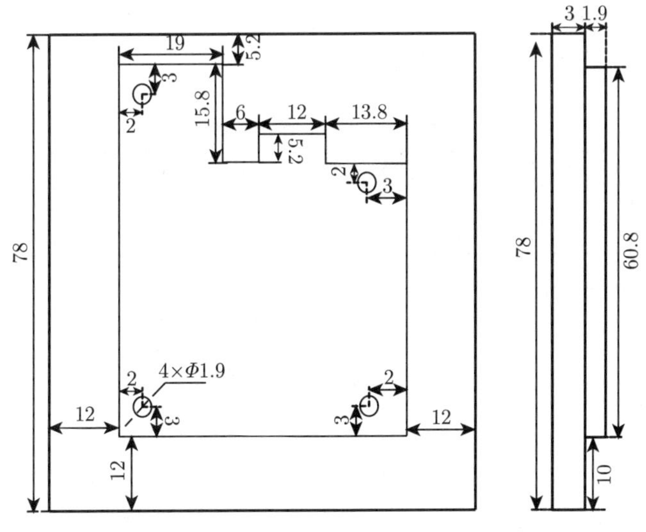

图 7.1 PCB 板结构模型 (单位：mm)

7.2 螺栓连接组件振动变形分析

1. 结构有限元模型

平台服役环境中造成微波组件螺栓连接不可靠的工况因素多数是振动，为此，下面分析组件平台振动导致的微波介质基板变形及组件性能演变 [12-17]。因为这里主要考虑螺栓的连接性能，不关注螺栓的刚强度，所以采用实体圆柱代替螺栓杆，通过布尔操作实现螺栓和 PCB 板、底板的连接。根据图 7.1 所示的 PCB 板结构模型，用 ANSYS 软件建立螺栓连接结构模型如图 7.2 所示。

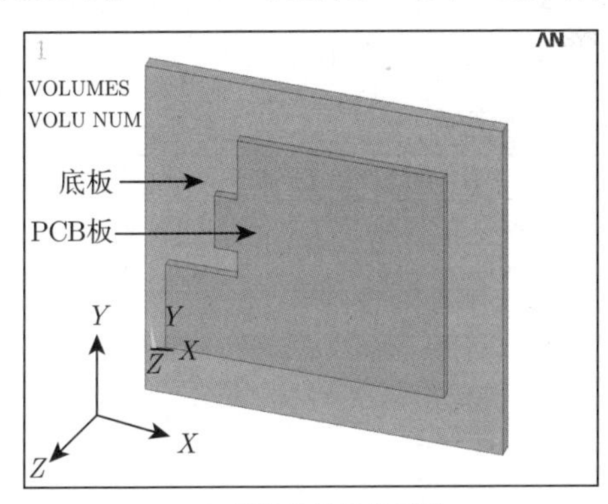

(a) 螺栓连接整体模型

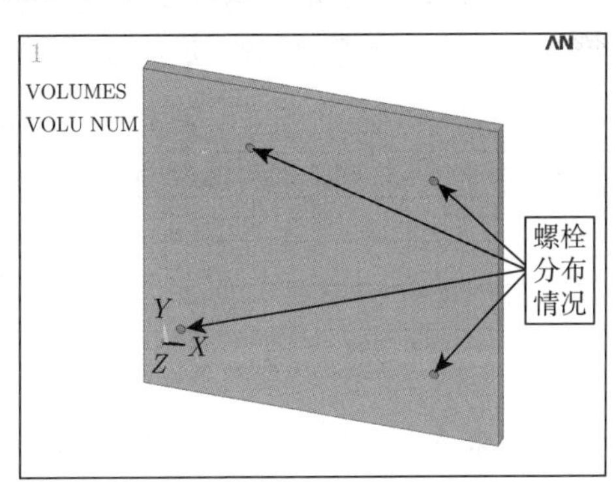

(b) 螺栓分布示意图

图 7.2 螺栓连接结构模型

接下来对模型设置物性参数，参照表 7.1 中模型底板材料为铝、螺栓材料为合金钢，表 7.2 为模型中相关材料属性参数。

表 7.2　材料属性参数

材料	EX/Pa	EY/Pa	EZ/Pa	Prxy	Pryz	Prxz	Gxy/Pa	Gyz/Pa	Gxz/Pa	Dens/(kg/m^3)
铝	7.17×10^{10}	—	—	0.33	—	—	—	—	—	2700
PCB	1.5×10^{10}	2×10^{10}	2×10^{10}	0.13	0.13	0.13	10^{10}	10^{10}	10^{10}	1800
钢	2.06×10^{10}	—	—	0.3	—	—	—	—	—	7850

在 ANSYS 软件中采用 Solid95 单元对螺栓连接模型进行网格划分，划分网格后的螺栓连接有限元模型如图 7.3 所示，整个模型有 36000 个节点和 18888 个单元。

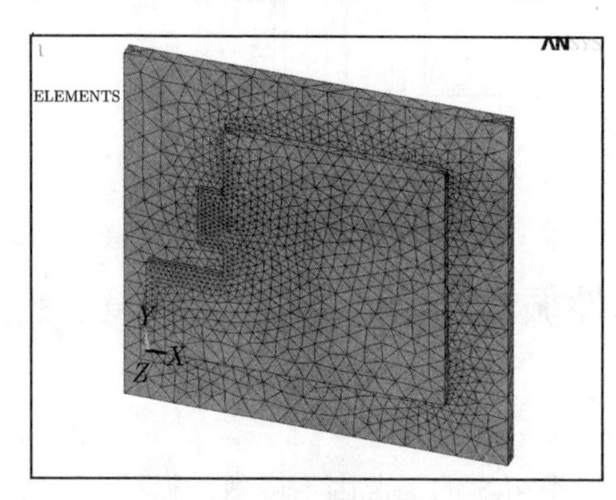

图 7.3　有限元模型

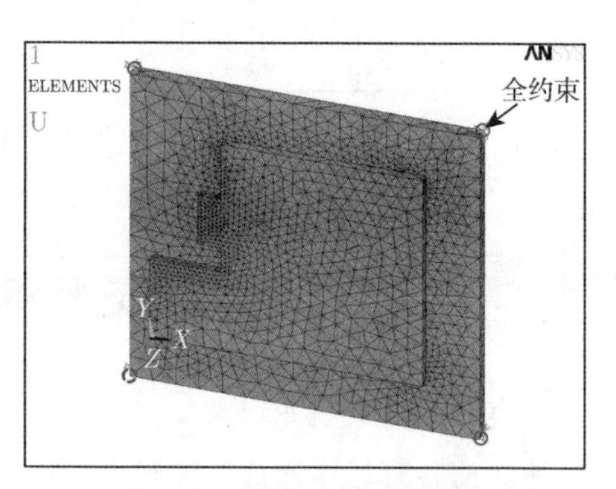

图 7.4　模型全约束位置示意图

2. 振动加速度功率谱

因为主要考虑振动环境载荷，所以选择机载随机振动功率谱，并采用强度试验载荷谱函数进行加载 [18,19]，加速度功率谱密度如表 7.3 所示。

表 7.3　加速度功率谱密度

频率/Hz	加速度功率谱密度/(g^2/Hz)	频率/Hz	加速度功率谱密度/(g^2/Hz)
15	0.05	300	0.01
36	0.05	1000	0.1
60	0.01	2000	0.01

3. 约束方式处理

PCB 板通过螺栓和底板连接，底板再与壳体连接，故这里约束条件设置为底板四个角点处的全约束。图 7.4 给出了模型的全约束位置。

4. 模型结构响应

模态分析是振动分析的前提，在随机振动分析之前需先开展模态分析。模态分析的目的是确定模型的基频和振型，表 7.4 为该 PCB 板结构模型的前 10 阶基频，图 7.5 为该模型的前 4 阶振型。

表 7.4　PCB 板结构模型基频

模态阶数	基频/Hz	模态阶数	基频/Hz
1	1174.8	6	3257.4
2	1782.2	7	3479.9
3	2359.4	8	4249.1
4	2378.5	9	5452.1
5	3143.2	10	5527.7

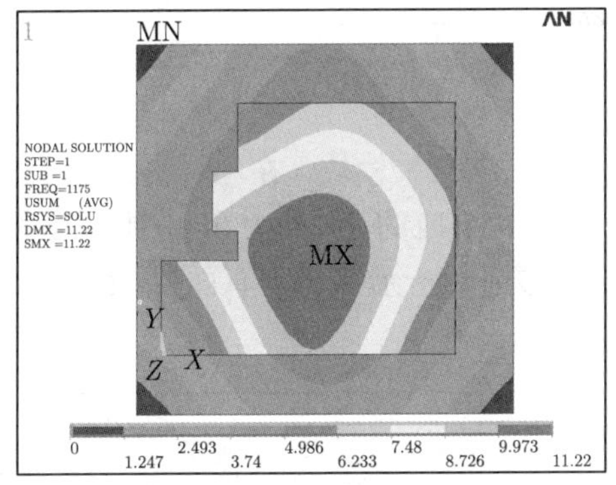

(a) 第 1 阶振型

(b) 第 2 阶振型

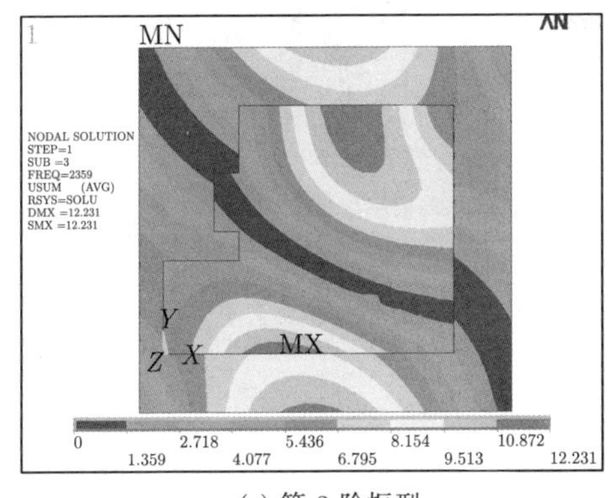

(c) 第 3 阶振型

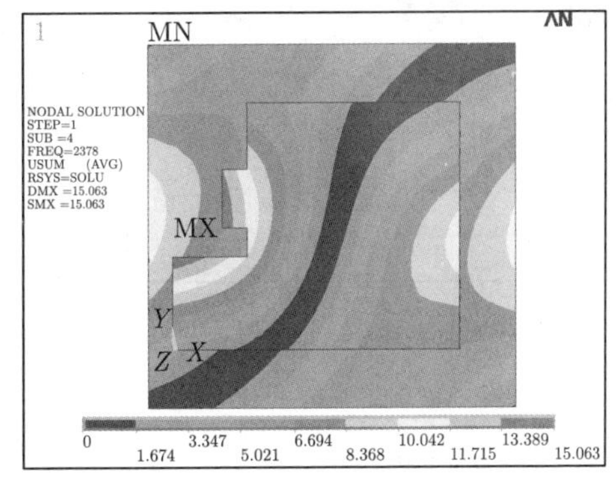

(d) 第 4 阶振型

图 7.5　PCB 板结构模型前 4 阶振型

按表 7.3 输入加速度功率谱后，得到功率谱曲线如图 7.6 所示。

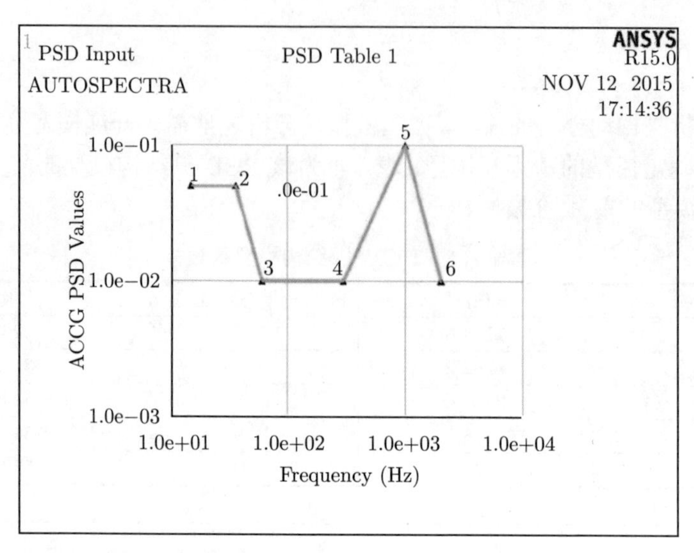

图 7.6 强度试验功率谱曲线

通过 ANSYS 谱分析中的 PSD 分析 (功率谱密度) 模块，在 X、Y、Z 三个方向施加振动功率谱密度函数，得到 PCB 板结构响应的 1σ 应力和 1σ 位移。图 7.7 和图 7.8 给出了 PCB 板结构模型分别在 Z 方向 (介质基板垂直面内) 和 X 方向、Y 方向 (介质基板水平面内) 的位移云图。

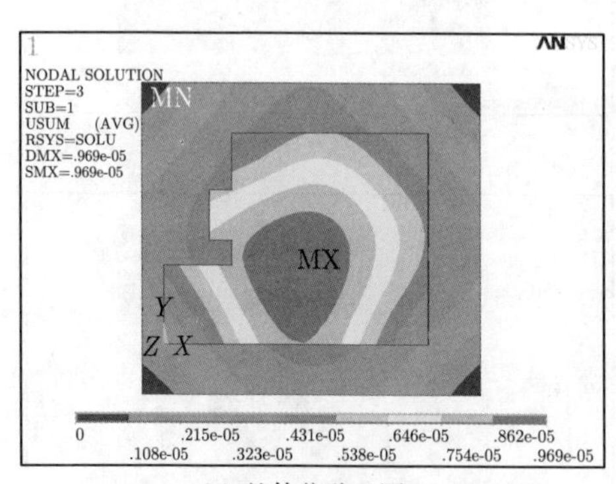

(a) 整体位移云图

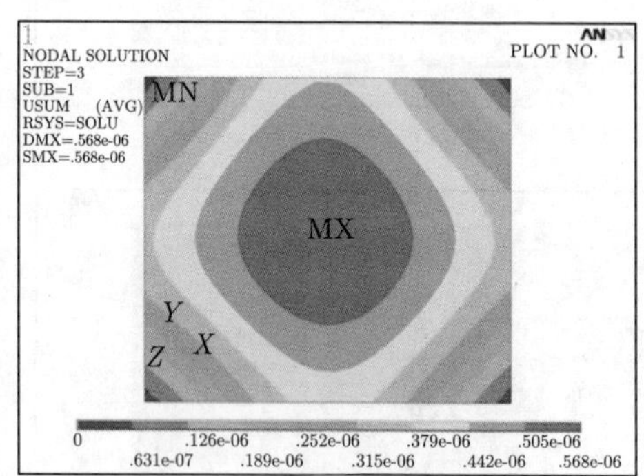

(b) 壳体位移云图

图 7.7 Z 方向 1σ 位移云图

由分析结果，施加 X、Y、Z 三个方向的随机振动激励产生的结构响应位移均方根最大值依次是 0.000164mm、0.000268mm 和 0.00969mm。由此可知当随机振动激励方向为垂直于 PCB 板面方向时，结构响应的位移均方根最大，此时壳体的位移均方根最大值为 0.000568mm，相比介质基板发生的变形可以忽略不计。因此，在后面的分析中只考虑随机振动加载在 Z 方向时的情况，同时忽略壳体在振动情况下的变形量。

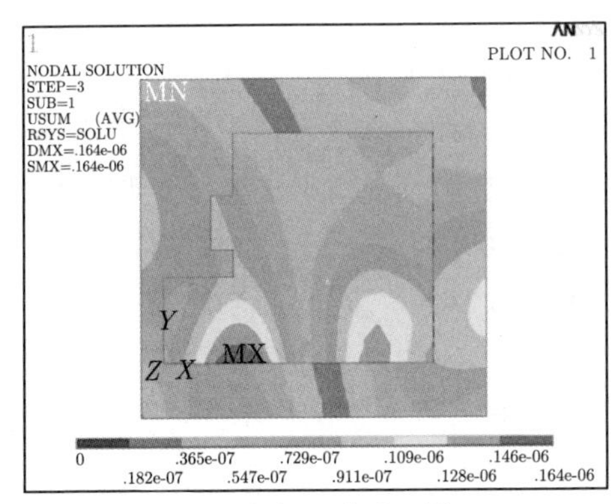

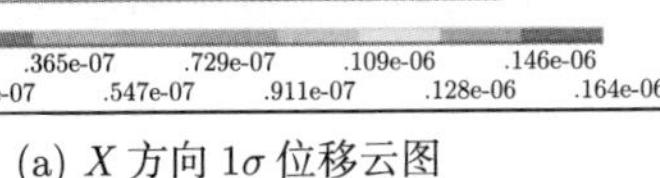

(a) X 方向 1σ 位移云图

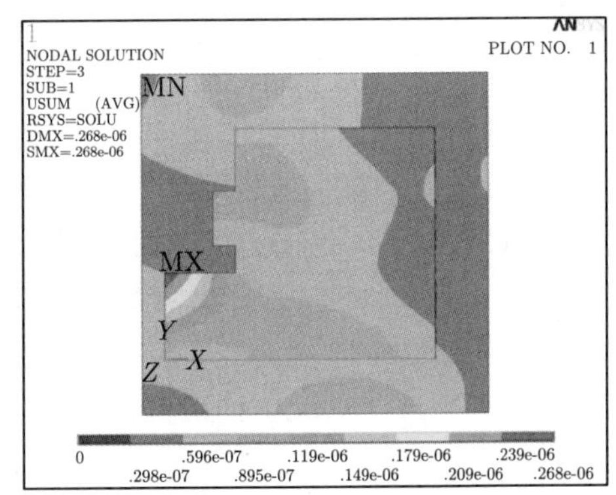

(b) Y 方向 1σ 位移云图

图 7.8　1σ 位移云图

7.3　螺栓连接组件电磁模型

随机振动分析后可得到微波组件的整体变形，但是如何处理结构变形信息，实现变形后的结构模型导入到三维电磁分析软件中是一个难题 [20,21]。ANSYS 有限元模型是由节点组成的模型，而三维电磁场仿真软件 HFSS 建立的是实体模型，即使划分网格后，模型的节点也完全不统一，因此需要实现 ANSYS 与 HFSS 两个软件的有限元模型互通，以在三维电磁仿真软件中重新建立变形后微波组件仿真模型 [22]。由于 PCB 板的壳体刚性较大，变形相对于介质基板的变形较小，由上述分析可知壳体的变形可以忽略不计。基于 PCB 板的整体变形趋势非常一致，因此采用拟合变形的介质基板形面来获得 PCB 板的形面方程，以在 HFSS 软件中实现组件电磁仿真模型的重构。

7.3.1　变形介质板形面拟合方法

常用的空间曲面拟合有两种方法：一种为插值法；另一种为最小二乘法 [23]。插值法是又称内插法，是用函数逼近数据的一种典型方法，其原理就是以分散数据为样本，利用插值函数，使得插值曲线通过所有的离散点。一般较为常用的是 Newton 插值、Hermite 插值、Lagrange 插值、样条插值和分段多项式插值。但是在三维曲面拟合情况下，插值法的优势是可以很好地描述变形后的曲面，缺点是难以给出具体的面方程。最小二乘法法是一种工程数值优化方法，能迅速地求得未知节点信息，使真实节点数据与求得的节点数据最大程度的逼近，即保证二者的误差平方之和最小化。最小二乘法法不仅应用于曲线拟合还可用于曲面拟合，且可以用高精度来拟合一些非常复杂的曲面，解决工程计算中难以建模或者难以进行模型导入的问题。

实际中对形面数据进行处理时，高阶多项式插值会出现病态问题，分段多项式插值又会导致建模工作量增加，而且得到的 PCB 板变形数据是使用仿真软件计算的，与实际情况的真实值肯定存在偏差，因此这里选用最小二乘法进行变形基板形面数据的拟合，以最大程度地与采样变形节点逼近 [24]。

最小二乘拟合精度的评价需要从全局上考虑近似函数 $p(x)$ 同采样数据点 (x_i, y_i, z_i) 之间的差值 $r_i = p(x_i, y_i) - z_i$。常用的方法有以下几种：第一种是误差取绝对值之后求和 $\sum\limits_{i=0}^{m}|r_i|$，为 1- 范数；第二种是所有误差取平方之后求和 $\sum\limits_{i=0}^{m}r_i^2$，再进行算术平方根求解，为 2- 范数；第三种是误差取绝对值后，寻求最大化 $\underset{0\leqslant i\leqslant m}{\mathrm{Max}}|r_i|$，为误差向量的 ∞- 范数。第一种方法和第三种方法不便于积分与微分计算，第二种方法计算简便，故这里选择误差的平方和来评价拟合逼近程度的好坏。

7.3.2 变形曲面拟合过程

要在 HFSS 中实现电磁模型重构，就必须获得 PCB 板形面拟合后的数学方程，因此采用基于最小二乘法的多项式拟合方法。利用 ANSYS 软件命令流提取介质基板节点的变形信息 $(\Delta x, \Delta y, \Delta z)$，将基板节点的初始坐标 (x_0, y_0, z_0) 和 $(\Delta x, \Delta y, \Delta z)$ 相加，得到所有节点变形后的坐标 $(x, y, z) = (x_0, y_0, z_0) + (\Delta x, \Delta y, \Delta z)$，然后将所有的模型数据导入 MATLAB 中，基于最小二乘法，利用 SFTOOL 工具箱对变形后的基板表面节点进行五次多项式拟合。拟合后的 PCB 板形面如图 7.9 所示。

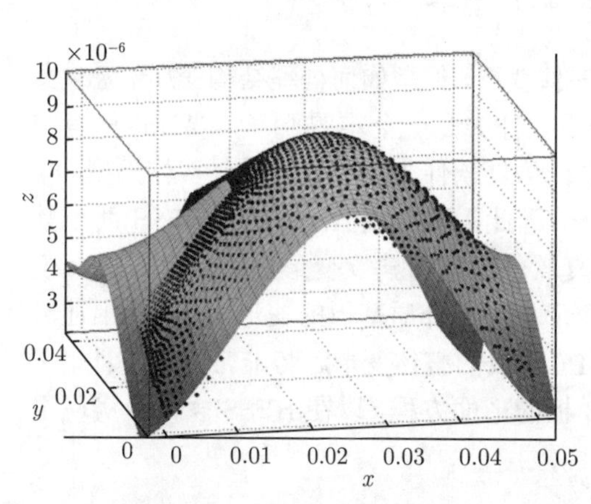

图 7.9 变形面拟合示意图

因此，得到的拟合后 PCB 板形面方程为

$$
\begin{aligned}
F(x,y) = {} & 9.076\times10^{-6} + 1.278\times10^{-6}x - 1.157\times10^{-6}y - 1.128\times10^{-6}x^2 \\
& - 3.086\times10^{-7}xy - 1.112\times10^{-6}y^2 - 3.211\times10^{-7}x^3 \\
& + 6.898\times10^{-7}x^2y + 2.849\times10^{-7}xy^2 + 6.072\times10^{-8}y^3 \\
& + 7.574\times10^{-8}x^4 - 2.031\times10^{-8}x^3y
\end{aligned}
$$

$$
\begin{aligned}
&+1.797\times10^{-8}x^2y^2+4.546\times10^{-8}xy^3+1.185\times10^{-7}y^4\\
&+2.372\times10^{-8}x^5-5.507\times10^{-8}x^4y\\
&-5.121\times10^{-8}x^3y^2-4.814\times10^{-8}x^2y^3-3.12\times10^{-8}xy^4\\
&+5.496\times10^{-9}y^5
\end{aligned}
$$

变形曲面拟合的精度如表 7.5 所示。其中，z_i 为利用变形基板拟合方程计算出的离散节点高度值，$\hat{z}_i$ 为提取采用节点得到的基板高度值。从表中数据可以发现，拟合曲面的和方差为 10^{-12} 数量级，均方根误差为 10^{-8} 数量级，而基板表面采样节点的高度数据为 10^{-5} 数量级，因此这说明采用的五次多项式最小二乘拟合的精度是满足电磁模型重构要求的。

表 7.5 曲面拟合精度

指标	大小
$\text{SSE}\left(\sum_{i=1}^{n} w_i(z_i-\hat{z}_i)^2\right)$	3.4482×10^{-12}
$\text{RMSE}\left(\sqrt{\frac{1}{n}\sum_{i=1}^{n} w_i(z_i-\hat{z}_i)^2}\right)$	3.8838×10^{-8}

7.3.3 变形前后的组件电磁模型

1. 变形前的理想电磁仿真模型

根据图 7.1 中的 PCB 板结构模型，建立介质板和壳体的电磁分析模型，并加入同轴线和微带线结构，而这些结构在振动分析时是不予考虑的。在如图 7.10 所示的电磁模型中将微带线与同轴线的特性阻抗都设为 50Ω，从而得到特性阻抗下的结构尺寸 (表 7.6)。

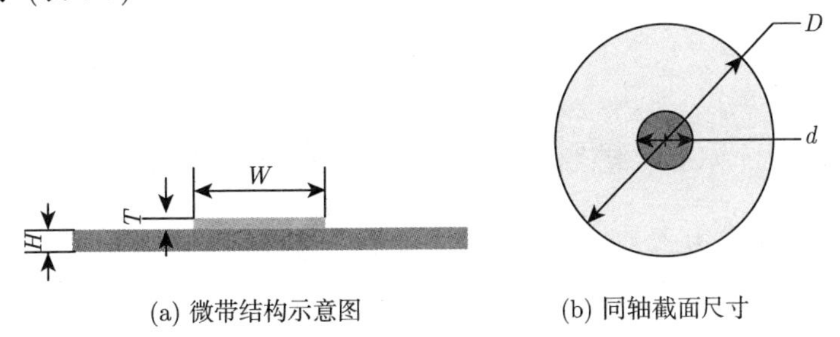

(a) 微带结构示意图　　(b) 同轴截面尺寸

图 7.10 结构示意图

电磁建模中有个关键点是电磁分析与结构分析不同，结构分析中要保证原始模型的准确性 [25-28]，因此介质基板厚度为 1.6mm。而有所不同的是，HFSS 软件进行仿真分析时微带线与 50Ω 的同轴线须满足阻抗匹配，故微带线的宽度与介质基板的厚度必须进行调优以满足 50Ω 同轴端口阻抗匹配，以此来确保电磁计算结果的正确性。虽然二者模型在细节结构尺寸有所区别，但是这不影响螺栓连接影响机理分析的可信度。

表 7.6 组件材料属性和结构尺寸表

微波组件	材料	结构几何量	尺寸/mm
微带线	Cu	微带线宽度 W	0.885
		微带线高度 T	0.018
介质基板	Arlon CLTE-XT (tm)	介质基板高度 H	0.354
同轴线	内导体 pec，介质 Teflon	同轴线内径 d	1.3
		同轴线外径 D	4.1

2. 介质板 $1\sigma \sim 3\sigma$ 变形后的电磁模型

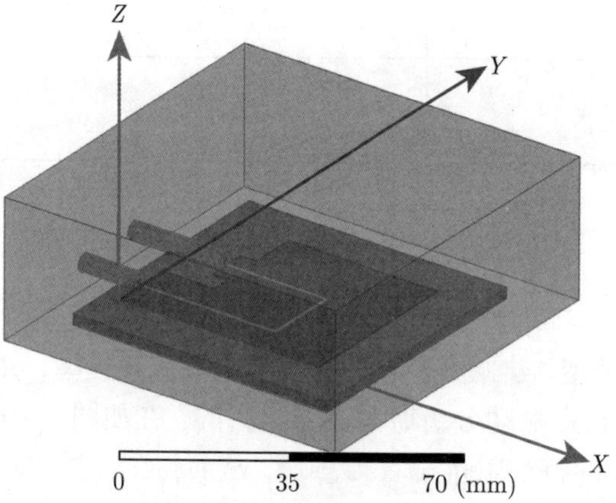

ANSYS 软件进行随机振动分析得到的变形是 1σ 变形，因此拟合后的变形介质基板形面方程也是 1σ 变形下的空间曲面方程。为获取 $1\sigma \sim 3\sigma$ 变形的曲面方程，需要在拟合出来的方程 $z = f(x,y)$ 前，相继乘以系数 1、1.5、2、2.5、3，就可得到 $1\sigma \sim 3\sigma$ 变形的曲面方程。于是，在三维电磁仿真软件中分别建立 $1\sigma \sim 3\sigma$ 变形的电磁仿真模型，图 7.11 给出了其中一种变形后的模型示意图。

图 7.11 电磁分析模型

7.4 螺栓连接组件传输性能分析

组件传输性能分析包括两部分，即未变形的理想微带性能和 $1\sigma \sim 3\sigma$ 变形后的性能，下面通过对比分析来发现随机振动变形对组件传输性能的影响规律，为后续螺栓连接工艺的改进提供方向指导 [29-31]。

1. 振动 1σ 变形对性能的影响

图 7.12 和图 7.13 给出了随机振动 1σ 变形对微波组件模型的插入损耗和电压驻波比的影响。通过对比两图数据可以看出，在 3.1 ~ 3.35GHz 这个工作频率范

围内，未变形的理想微波组件插入损耗的变化范围是 0.29 ～ 0.31dB, 电压驻波比的变化范围是 1 ～ 1.15；在 1σ 随机振动变形下，插入损耗的变化范围是 0.295 ～ 0.34dB，电压驻波比的变化范围是 1.05 ～ 1.25。可以看出随机振动 1σ 变形下，微波组件性能会变得稍差。这是因为在随机振动的影响下，介质基板会发生变形，微波电路的阻抗匹配会变差，能量损耗会变大。

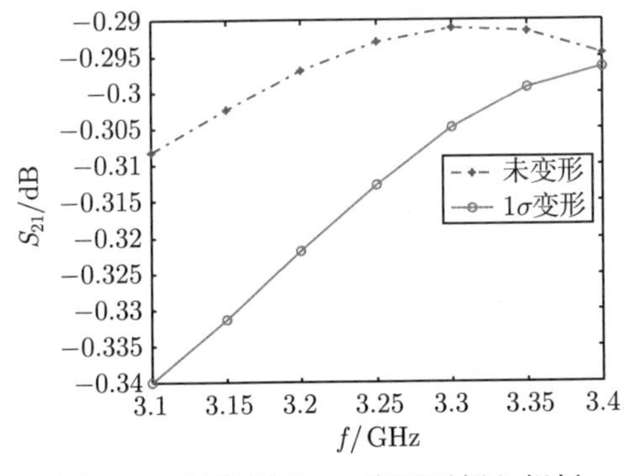

图 7.12 随机振动 1σ 变形对插入损耗的影响

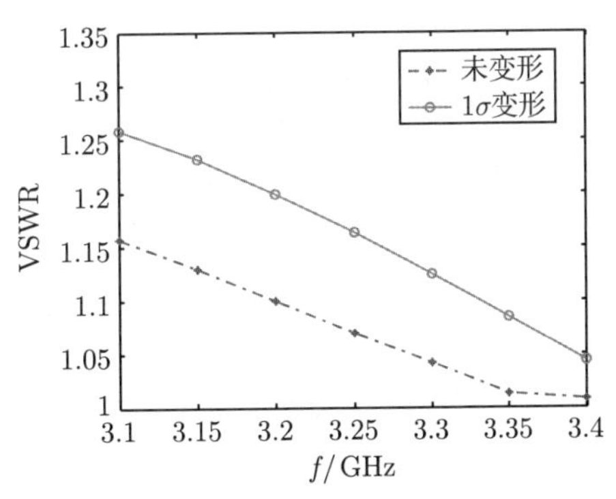

图 7.13 随机振动 1σ 变形对电压驻波比的影响

2. 振动 1σ-3σ 变形对性能的影响

螺栓连接基板的微小变形量对微波组件传输性能产生的影响不能被忽略，在接下来的分析中，分别计算 1σ、1.5σ、2σ、2.5σ、3σ 不同随机振动变形的插入损耗与电压驻波比，并采用多项式方法拟合，以得到 PCB 板在 0～3σ 变形范围内插入损耗与电压驻波比的变化曲线，具体如图 7.14 和图 7.15 所示。

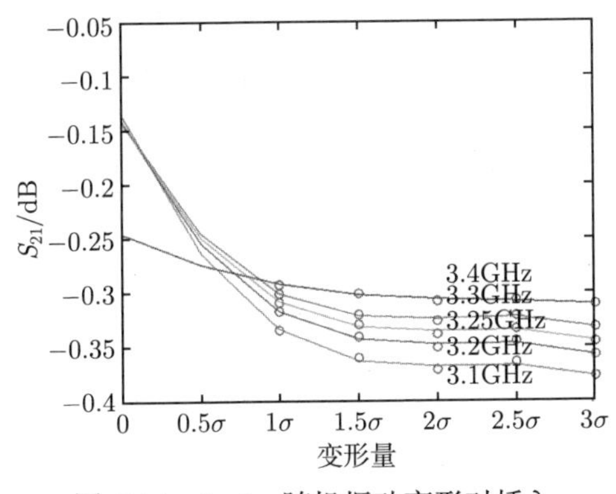

图 7.14 0～3σ 随机振动变形对插入损耗的影响

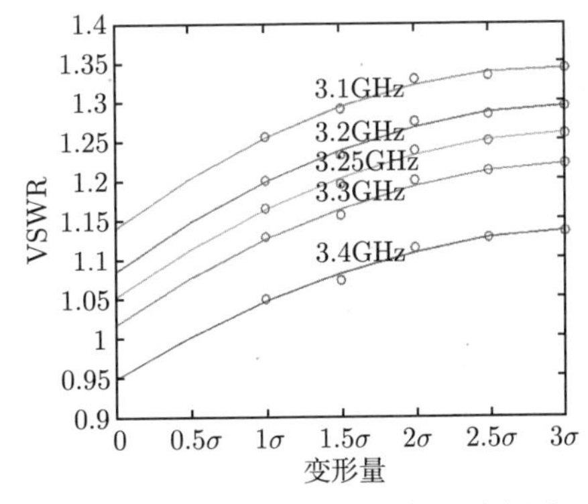

图 7.15 0～3σ 随机振动变形对电压驻波比的影响

分析前述图中数据可以发现，不同频率下的电压驻波比与插入损耗是随着随机振动变形量的增大而恶化 [32]，而且微波组件传输性能与介质基板变形大小密切相关，可以认为只要介质基板在随机振动下的变形足够小，组件传输性能就会得到保障。

7.5　螺栓位置改进与传输性能改善

7.5.1　螺栓分布位置调优

基于螺栓连接的影响机理，这里改进螺栓连接的思路是：改进螺栓分布后的 PCB 板在随机振动变形下相比之前的结构变形要小。因此，螺栓位置优化遵循的准则为：在变形位移最大处及边缘翘曲处装紧固螺栓，这一方面抑制了介质基板变形；另一方面有效避免了实际工程中复杂的电磁串扰。为此，在 PCB 板上加入 3 个螺栓，如图 7.16 所示，其中灰色圆圈部分为新增加的螺栓。

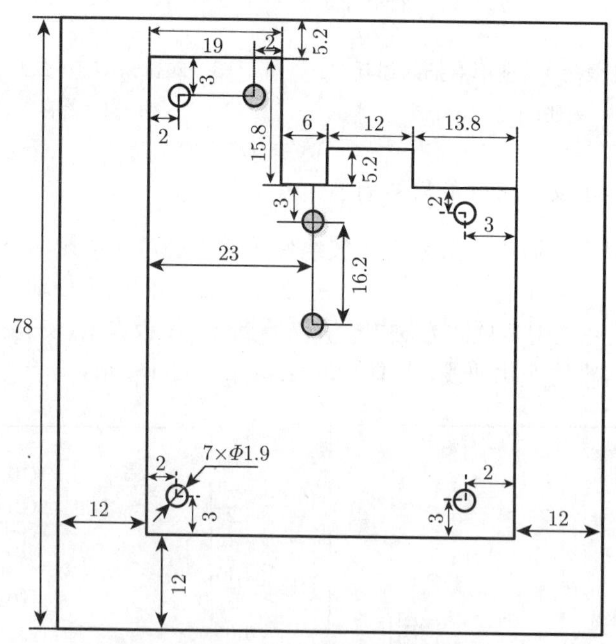

图 7.16　螺栓调优示意图 (单位：mm)

改进螺栓分布后的建模、边界设置和载荷施加等工作与前述仿真与性能分析部分是一样的，相应得到了改进后的 PCB 板 1σ 位移云图与 1σ 应力云图，如图 7.17 和图 7.18 所示。

分析云图数据可以看出，最大变形位于介质基板的中间位置，结构响应的最大位移均方根 $D_{\max}$ 为 0.485E−2mm；最大应力出现在螺栓与 PCB 板连接的地方，结构响应的最大应力均方根 $S_{\max}$ 为 0.439E7Pa。可见改进后的螺栓连接使得组件在相同的环境载荷中结构变形和应力都有所下降。

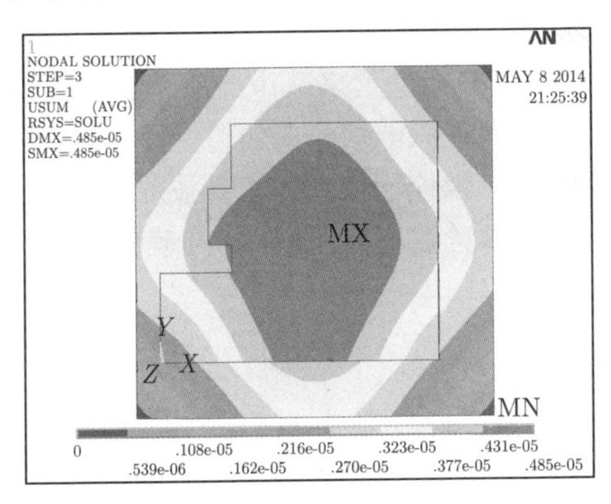

图 7.17 PCB 板 1σ 位移云图

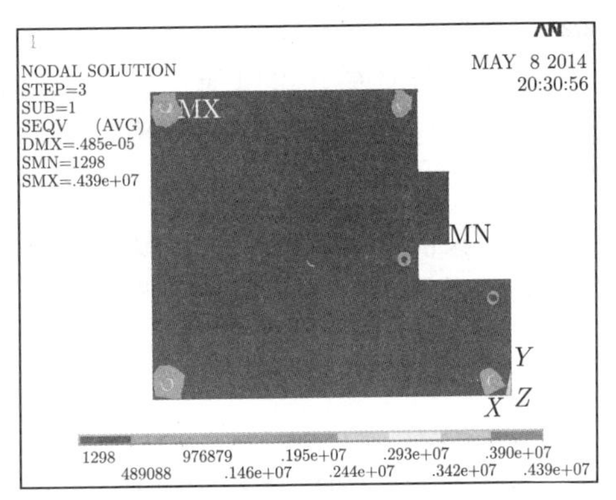

图 7.18 PCB 板 1σ 应力云图

7.5.2 改进后的组件传输性能

用 MATLAB 获取介质基板变形后的面方程后，根据模型电磁参数，在 HFSS 软件中仿真分析改进螺栓连接后的组件性能，并与之前未改进的性能进行对比 [33,34]。具体的组件插入损耗和电压驻波比如图 7.19 和图 7.20 所示。

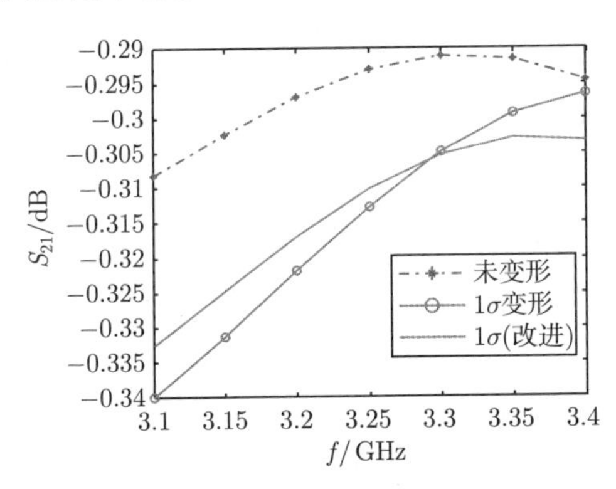

图 7.19 随机振动对插入损耗的影响

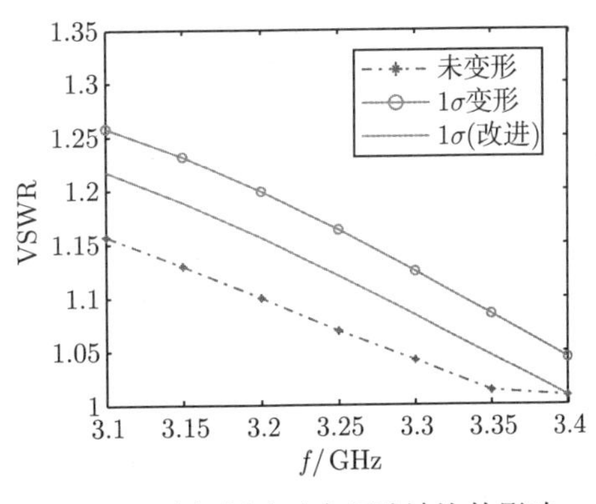

图 7.20 随机振动对电压驻波比的影响

从图中数据可以看出，微波组件工作频率在 3.1 ～ 3.3GHz 以内，改进螺栓连接后的插入损耗取值在 0.335 ～ 0.305dB 以内，与之前未改进时相比有所减小；电压驻波比的取值范围是 1 ～ 1.1，与之前取值范围 1.05 ～ 1.25 相比也有所下降。因此，可以认为改进后的螺栓连接使得微波组件传输性能有所改善。

7.5.3 位置调优结论

综合上述分析可以看出，在随机振动载荷下，介质基板的变形会对组件传输性能产生一定的影响，影响机理为随着介质基板变形的增大，微波组件的传输性能会恶化。这种影响可以认为是介质基板的变形导致电磁波在介质中传输损耗增大，但是在低频段时这种影响不甚明显 [35,36]。

在工程设计中，可以通过调整螺栓的数量及安装位置来减小介质基板的变形量，提高微波组件在外部载荷下的抗弯性能，以保证微波信号的传输性能。在复杂数字微波组件中，由于各种有源无源器件的级联，螺栓连接的作用会被放大，这时候对接地及信号串扰都会产生影响，因此尽量让螺栓远离有源器件，在确保基本稳定性的前提下，以靠近边缘为佳。

参考文献

[1] QI X, YUE C P, ARNBORG T, et al. A fast 3D modeling approach to electrical parameters extraction of bonding wires for RF circuits[J]. IEEE Transactions on Advanced Packaging,2000, 23(3): 480-488.

[2] 古健. 基于基片集成波导的 LTCC 电路研究 [D]. 成都: 电子科技大学, 2011.

[3] SUTONO A, CAFARO N G, LASKAR J, et al. Experimental modeling, repeatability investigation and optimization of microwave bond wire interconnects[J]. IEEE Transactions on Advanced Packaging, 2001, 24(4): 595-603.

[4] MOSCHUERING H. Transmission/receiver module for future active phase angle and amplitude steered RADAR antenna systems[J]. Ortung und Navigation, 1989: 365-376.

[5] CLARIDGE P A, TENCH M D R, GREEN C R, et al. Affordable GaAs Tx/Rx modules for phased array radar[C].Radar-87: Proceedings of the International Conference,1987: 41-45.

[6] 陈振成. 固态有源阵收/发组件的研制 [J]. 现代雷达, 1993, 3.

[7] BRADSELL P. Phased arrays in radar[J]. Electronics & Communication Engineering Journal, 1990, 2(2): 45-52.

[8] 王剑, 罗军. 舰载相控阵雷达的现状及发展趋势 [J]. 电讯技术, 2005, 45(3): 7-14.

[9] 齐国华, 罗运生, 任海玉, 等. X 波段 T/R 组件 [J]. 固体电子学研究与进展, 2000, 1: 12.

[10] BERNHARD J. Phased array antenna handbook[M]. Boston: Artech House, 1994.

[11] LIM J H, KWON D H, RIEH J S, et al. RF characterization and modeling of various wire bond transitions[J]. IEEE Transactions on Advanced Packaging, 2005, 28(4): 772-778.

[12] CHANDRASEKHAR A, STOUKATCH S, BREBELS S, et al. Characterisation, modelling and design of bond-wire interconnects for chip-package co-design[C]. Microwave Conference, 2003: 301-304.

[13] BHATTACHARYYA A K. Phased array antennas: Floquet analysis, synthesis, BFNs and active array systems[M]. Hoboken: John Wiley & Sons, 2006.

[14] CHEN C D, TZUANG C K C, PENG S T. Full-wave analysis of a lossy rectangular waveguide containing rough inner surfaces[J]. IEEE Microwave and Guided Wave Letters, 1992, 2.

[15] DOERR I, HWANG L T, SOMMER G, et al. Parameterized models for a RF chip-to-substrate interconnect[C]. Electronic Components and Technology Conference, 2001: 831-838.

[16] STUTZMAN W L, DAVIS W A. Antenna theory[M]. Hoboken: John Wiley & Sons, 1998.

[17] BALANIS C A. Antenna theory: A review[J]. Proceedings of the IEEE, 1992, 80(1): 7-23.

[18] REINHOLD L, PAVEL B. RF circuit design: theory and applications[M]. Upper Saddle River: Prentice Hall, 2000.
[19] 王从思, 段宝岩, 仇原鹰. 电子设备的现代防护技术 [J]. 电子机械工程, 2005, 21(3): 1-4.
[20] 段宝岩. 电子装备机电耦合理论、方法及应用 [J]. 北京: 科学出版社, 2011.
[21] 傅文斌. 微波技术与天线 [J]. 北京: 机械工业出版社, 2007.
[22] DESOR C A, KUH E S.Basic Circuit Theory[M]. Tokyo: McGraw-Hill, 1969.
[23] CHENG Y Y, WYANT J C. Phase shifter calibration in phase-shifting interferometry[J]. Applied Optics, 1985, 24(18): 3049-3052.
[24] DE FLAVIIS F, ALEXOPOULOS N G, STAFSUDD O M. Planar microwave integrated phase-shifter design with high purity ferroelectric material[J]. IEEE Transactions on Microwave Theory and Techniques, 1997, 45(6): 963-969.
[25] 王从思. 天线机电热多场耦合理论与综合分析方法研究 [D]. 西安: 西安电子科技大学,2007.
[26] JIN A K. 电磁波理论 [M]. 吴季, 译. 北京: 电子工业出版社, 2003.
[27] ALIMENTI F, MEZZANOTTE P, ROSELLI L, et al. Modeling and characterization of the bonding-wire interconnection[J]. IEEE Transactions on Microwave Theory and Techniques, 2001, 49(1): 142-150.
[28] POZAR D M. Microwave engineering[M]. Boston: Addison-Wesley Publishing Company, 1990.
[29] 李静. T/R 模块的发展现状及趋势 [J]. 半导体情报, 1999, 36(4): 22-24.
[30] 张屹遐. 微波 LTCC 垂直通孔互连建模研究 [D]. 成都: 电子科技大学,2012.
[31] 毛剑波. 微波平面传输线不连续性问题场分析与仿真研究 [D]. 合肥: 合肥工业大学,2012.
[32] 范寿康, 电子学, 卢春兰, 等. 微波技术与微波电路 [M]. 北京: 机械工业出版社, 2003.
[33] 王从思, 王伟, 宋立伟. 微波天线多场耦合理论与技术 [M]. 北京: 科学出版社, 2015.
[34] WANG C S, DUAN B Y, QIU Y Y. On distorted surface analysis and multidisciplinary structural optimization of large reflector antennas[J]. Structural and Multidisciplinary Optimization. 2007, 33(6): 519-528.
[35] DUAN B Y, WANG C S. Reflector antenna distortion analysis using MEFCM[J]. IEEE Transactions on Antennas and Propagation, 2009, 57(10): 3409-3413.
[36] WANG C S, DUAN B Y, ZHANG F S, et al. Coupled structural-electromagnetic-thermal modelling and analysis of active phased array antennas[J]. IET Microwaves, Antennas & Propagation, 2010, 4(2): 247-257.
[37] WANG C S, DUAN B Y, ZHANG F S, et al. Analysis of performance of active phased array antennas with distorted plane error[J]. International Journal of Electronics, 2009, 96(5): 549-559.

第 8 章　微波组件多通道腔体耦合效应与机理分析

数字微波组件作为电子信息系统的重要组成部分，其电磁特性直接决定着它的工作性能和功能，因此保证数字微波组件电性能的稳定性和高品质具有重要意义。数字微波组件内部有很多的微波器件，存在大量多通道腔体结构，具有复杂的电磁环境，腔体结构上微小的改变就有可能引起腔体电磁分布的显著变化，影响微波器件的正常工作，因此有必要研究腔体结构对其电性能的影响 [1,2]。同时，在仿真分析的过程中，涉及多种参数和结构形式对电性能的影响问题，故需要进行大量电磁仿真分析。为了提高分析效率，节约分析成本，需设计开发微波组件腔体耦合效应分析软件 [3]，工程人员只需输入少量参数，就可完成腔体耦合效应分析全过程，从而明显提高工作效率，具有显著的工程实用价值 [4]。

8.1　微波组件腔体结构模型

完整无孔缝的金属箱体屏蔽可有效实现电磁脉冲防护 [5]，但在实际使用中，为了连接信号线、馈电线以及用于窗口观测和散热 [6,7] 等，常需要在完整无孔缝的金属屏蔽腔体上开一些孔缝，而这些孔缝成了外部电磁脉冲进入屏蔽结构的通道，外部电磁脉冲进入屏蔽腔体后会在其内部产生谐振，从而对内部电子信息系统的正常工作造成较大影响。多通道数字微波组件由于结构的不连续性，一般都存在不同程度的电磁耦合，从而影响腔体内电子器件/组件的正常工作。随着电子设备工作频率的不断提高，器件密度不断增大，微波组件腔体的电磁耦合效应逐渐变得严重起来。

这里选取数字微波组件四通道腔体为分析对象来探究腔体耦合效应 [8]。组件腔体模型 (图 8.1) 中有上盖板封闭腔体，无下盖板，激励是电偶极子作为入射波激励，边界设置为辐射边界。但是由于模型结构复杂，仿真分析时划分的网格过多，求解效率低。为了方便分析组件腔体模型中结构尺寸的变化对各腔体之间隔离度的影响机理，这里需对腔体模型进行简化 [9]。首先，腔体内的小孔在完成最终装配后，相当于封闭状况，因此建模时可以忽略小孔等结构特征。其次，腔体内的各种凸台和凹槽的存在会影响腔体的谐振频率，但根据微扰法理论，由于腔体内的凸台和凹槽体积很小，因此建模时可以忽略凸台和凹槽等结构对谐振频率的微弱影响 [10,11]。最后，由于腔体内电路工作频率在 3.1 ～ 3.4GHz(为微波组件工作频带)，且腔体的材料为铝，属于良导体，因此其集肤深度极小，故所建的多通道腔体仿真模型中忽略微波组件腔体的背部及其他无关结构。最终建立的简化后纵向激励模型和横向激励方向分别如图 8.2 和图 8.3 所示。

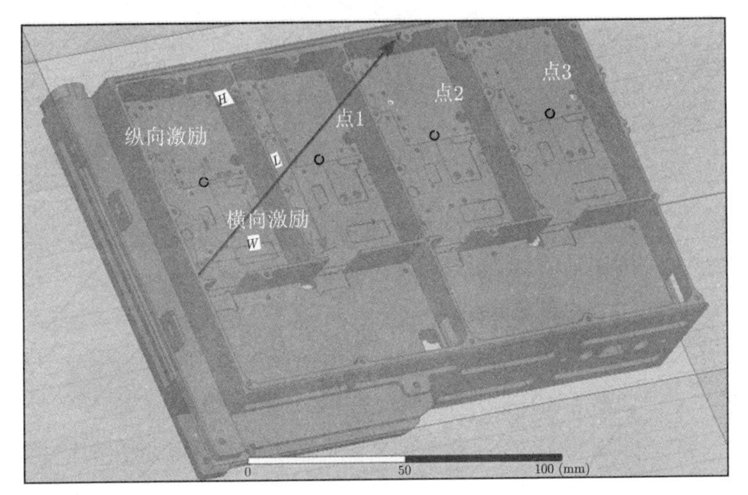

图 8.1 典型的多通道微波组件腔体模型

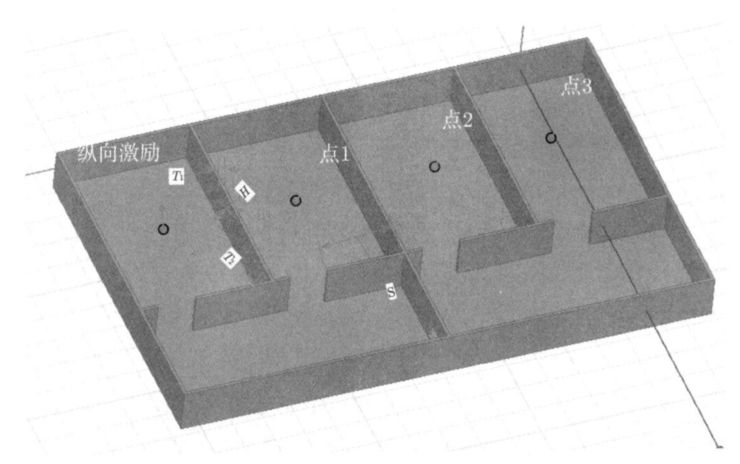

图 8.2 简化后的微波组件腔体纵向激励模型

为了研究腔体和网孔结构尺寸对电磁耦合效应的影响，可利用高频电磁仿真软件 HFSS，建立腔体耦合效应分析电磁模型。通过改变单一结构尺寸的大小，分析腔体隔离度随结构参数变化的曲线图，进而得到腔体结构尺寸 (隔板高 H、开口位置 S、隔板厚度 T_1 和 T_2) 及开口处网孔结构尺寸 (网孔高度 HH 和网孔宽度 HW) 对腔体耦合效应的影响关系。

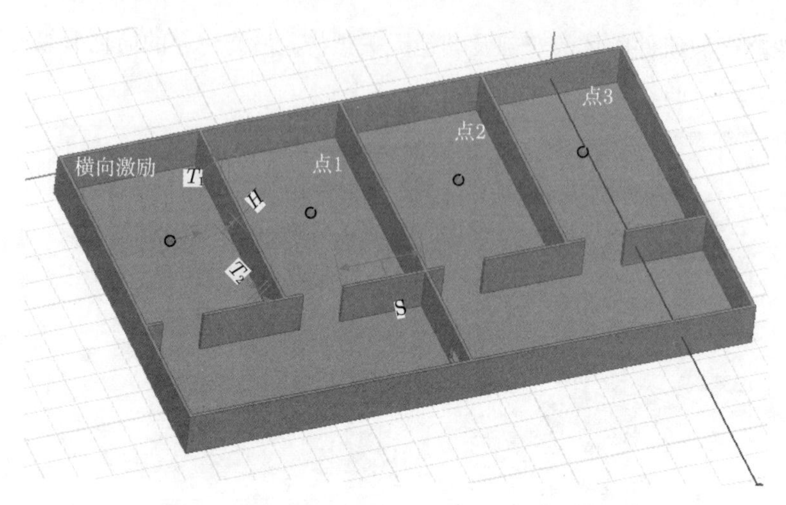

图 8.3 简化后的微波组件腔体横向激励模型

8.2 腔体电磁特性分析

本书在所建立的多通道腔体电磁分析模型中，将腔体中心处放置一个电偶极子点源作为腔体激励。激励点源的电场极化方向有横向和纵向两种，激励的矢量磁位设置为 $G = I \cdot \mathrm{dl} = 1(\mathrm{T} \cdot \mathrm{m})$，点 1、2、3 分别是其他三个腔体的中心点。所有的电场都为 ComplexMag_E。在表示全封闭腔体时，电场分布图中的电场单位为 V/m，其余电场分布图中的电场单位为 dB，且取所有电场常用对数的 20 倍为计，表示能量比值；如果需要表示场强比值，则取所有电场常用对数的 10 倍为计。

为了衡量多通道腔体耦合效应的强弱，定义腔体的隔离度为 $20\lg(|E_0|/|E_1|)$，其中 E_0 和 E_1 分别为在相同激励下，自由空间中和微波组件模型中对应腔体中心点位置的电场值。当分析结构参数的改变对电性能的影响时，都以点 1 的电场模值和隔离度为参考，且以下近场分布都是在工作频率为 3.1GHz 时计算得到的。

8.2.1 腔体内电场分布仿真

对于图 8.2 和图 8.3 的仿真模型，仿真的电场分布结果如图 8.4 和图 8.5 所示。从图中可以看出，在两种不同激励下，耦合到腔体 1 的电场强度明显高于腔体 2 和腔体 3。另外，在纵向激励下，耦合到各腔体的电场强度明显大于横向激励下耦合到对应腔体的电场强度。

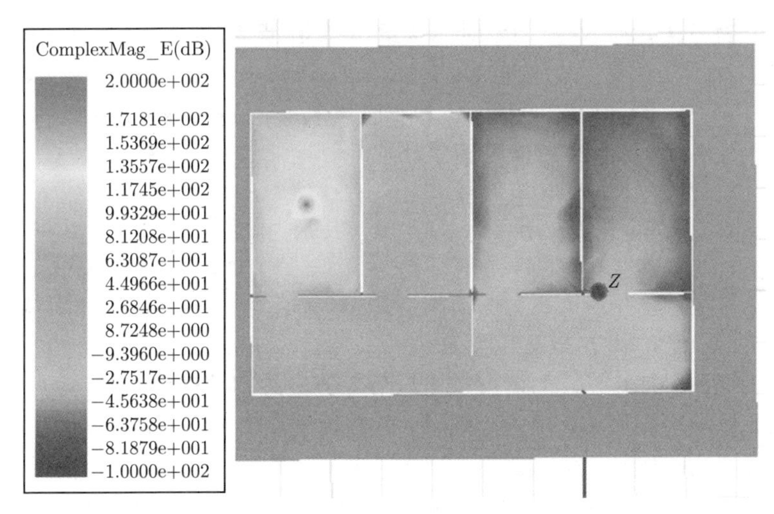

图 8.4 纵向激励时腔体内电场分布图

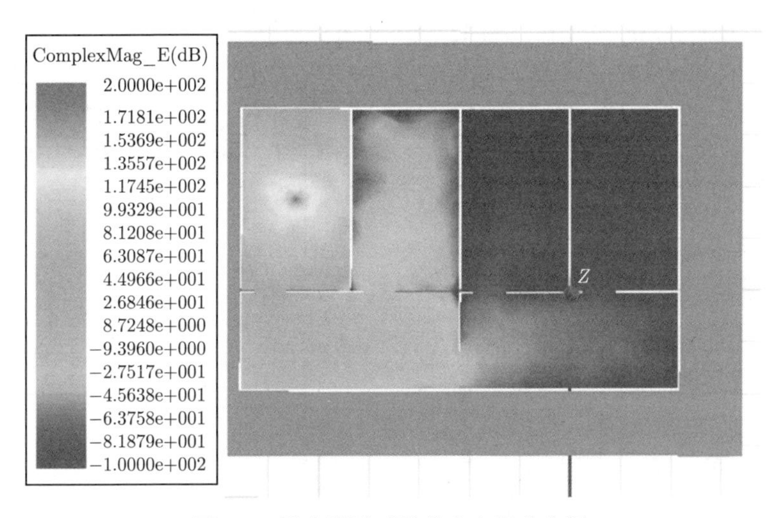

图 8.5 横向激励时腔体内电场分布图

8.2.2 腔体谐振频率仿真分析

为了使组件腔体具有良好的隔离度，应首先避开腔体结构的谐振频率。矩形谐振腔谐振波长 λ_0 的计算公式如下：

$$\lambda_0 = \frac{2}{\sqrt{\left(\frac{m}{L}\right)^2 + \left(\frac{n}{H}\right)^2 + \left(\frac{p}{W}\right)^2}}$$

式中，L、H、W 分别是各腔体的长、宽、高的尺寸 (图 8.1)；m、n、p 均为自然数，

分别表示电场沿 L、H、W 三个方向变化的半个驻波数目。

对于本章研究对象，其腔体尺寸是 $L=70\text{mm}$、$H=13.2\text{mm}$、$W=42.5\text{mm}$，可见 $L>W>H$，因此腔体的 TE_{101} 模谐振波长 λ_0 最长、谐振频率最低，故成为腔体主模。因此，腔体主模的谐振频率 f_0 为

$$f_0=0.5c\sqrt{\frac{1}{L^2}+\frac{1}{W^2}}=4.126\text{GHz}$$

其他各模式谐振频率的求解与主模时类似，只是 m、n、p 取不同的自然数，但 m 必须不为 0，且 n 和 p 不能同时为 0。

由电磁理论可知，腔体的谐振频率只与腔体本身的结构形状和几何参数有关，因此各个腔体的谐振频率都一样。同时，谐振频率与所加载的激励无关。因此，在分析谐振频率的时候，以纵向激励为标准，分别以图 8.1 所示的简化前后模型为仿真模型，分析两种情况下点 1 的场强随频率的变化关系，具体如图 8.6 和图 8.7 所示。

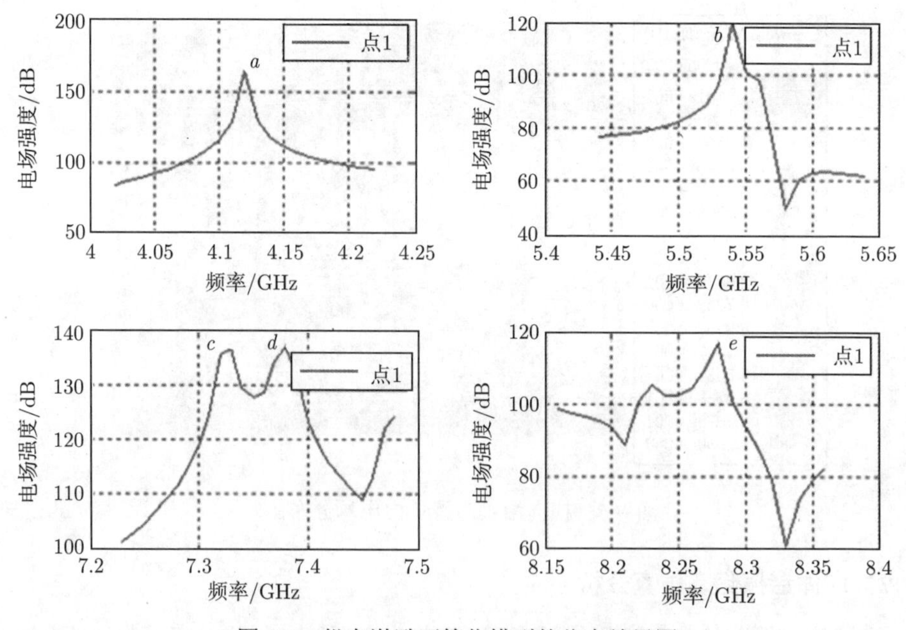

图 8.6　纵向激励下简化模型的仿真结果图

从图 8.6 和图 8.7 可以看出，图中 a、b、c、d、e 标识分别为前几阶谐振频率点。在谐振频点处，点 1 的电场模值为局部最大，因此在实际工程中，应该使其工作频段避开谐振频点。同时，发现有些图中在频率点以外的部分反而比谐振点的场值高，这是由于以点 1 的场值作为衡量谐振点位置时会出现一定偏差，但在谐振点附近还是可以确定出谐振时腔内的最大场值在频率变化局部范围内的位置。

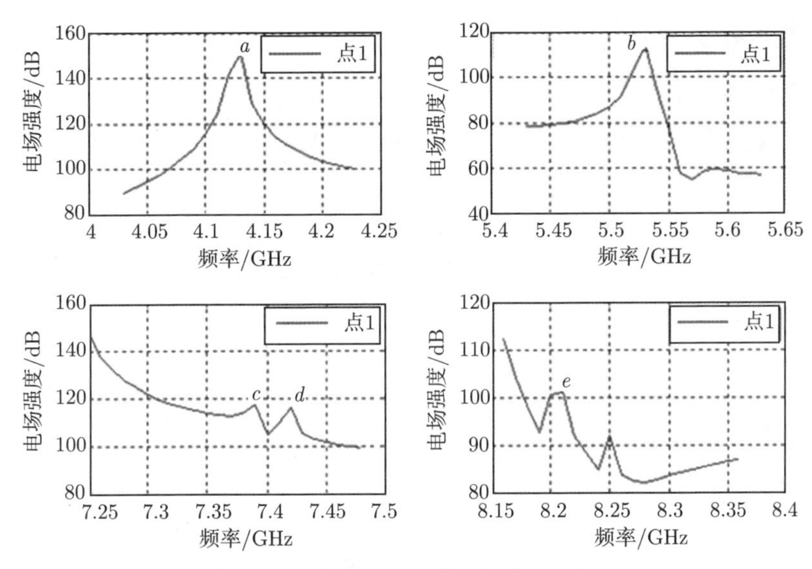

图 8.7 纵向激励下原模型的仿真结果图

将图 8.6 和图 8.7 中的频点和理论计算的频点列入表 8.1 中。通过表中数据可以发现，简化模型的仿真结果和理论值相差不到 0.02GHz，而原模型在前两阶的时候和理论值吻合，但在后几阶与理论值有近 0.06GHz 的偏差。因此，可以用简化模型代替原模型进行多通道腔体电磁耦合性能的仿真，从而提高分析效率。

表 8.1 谐振频点分布表

模型	TE_{101}/GHz	TE_{201}/GHz	TE_{301}/GHz	TE_{102}/GHz	TE_{202}/GHz
理论值	4.13	5.55	7.33	7.38	8.26
简化模型	4.12	5.54	7.33	7.38	8.28
原模型	4.13	5.53	7.39	7.42	8.21

8.3 腔体结构尺寸对隔离度的影响

由于腔体 1 的耦合电场值明显高于腔体 2 和 3 的，因此接下来都分析不同腔体结构尺寸对点 1 腔体隔离度的影响。本章研究对象微波组件的工作频率在 3.1 ~ 3.4GHz 内，小于多通道腔体结构的基频 4.13GHz，另外微波组件在其工作频段内，随着频率的增大其腔体隔离度越来越小。表 8.2 给出了腔体结构原模型中的结构尺寸，下面分析这些腔体结构参数对多通道腔体隔离度的影响 [12]。

表 8.2 分析对象的原模型结构尺寸

分析对象	腔体高度 H	隔板厚度 T_1	隔板厚度 T_2	开孔高度 HH	开孔宽度 HW
原模型尺寸/mm	13	1	1	6	1.5

8.3.1　腔体高度 H

微波组件的中点为频率 3.25GHz，对应的波长为 $\lambda = 92.3\text{mm}$，分别在纵向激励和横向激励下，在微波组件点 1 处的隔离度随腔体高度 H 的变化关系如图 8.8 所示。

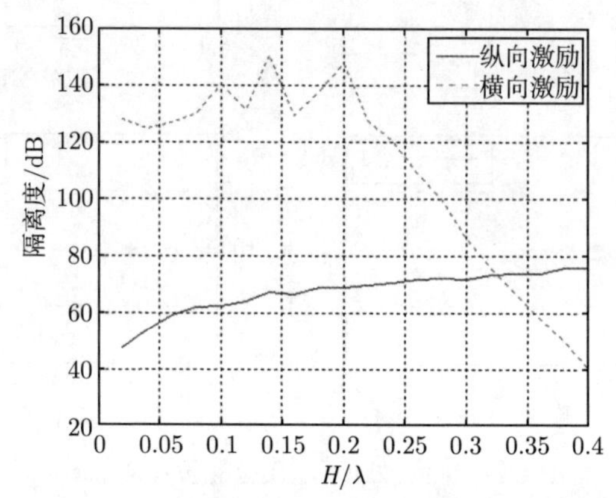

图 8.8　隔离度随腔体高度 H 的变化关系图

8.3.2　隔板厚度 T_1

腔体间的隔板厚度 T_1 如图 8.2 和 8.3 所示，在原模型中 T_1=1mm，这里分析不同隔板厚度时的腔体隔离度。从图 8.9 中可见，在横向激励下时，腔体隔离度明显好于纵向激励下的情况，因此应改善纵向激励下的电场分布。图中数据表明增大 T_1 可以改善微波组件的隔离度，因此在实际设计中，在情况允许下尽量将隔板厚度 T_1 设计的厚一点 [13]。

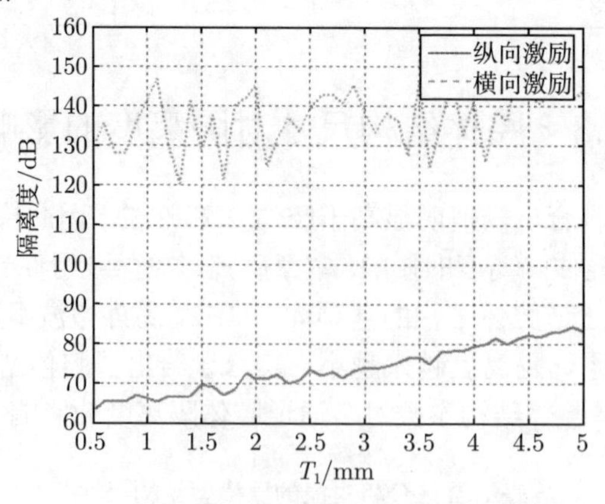

图 8.9　隔离度随隔板厚度 T_1 的变化关系图

8.3.3 隔板厚度 T_2

腔体内的隔板厚度 T_2 如图 8.2 和 8.3 所示，在原模型中 T_1=1mm。从图 8.10 中可见，在横向激励下时，腔体隔离度明显好于纵向激励下的情况，因此应改善纵向激励下的电场分布。图中数据表明增大 T_2 可以改善微波组件的隔离度，因此在实际设计中，在情况允许下尽量将隔板厚度 T_2 设计的厚一点 [14]。

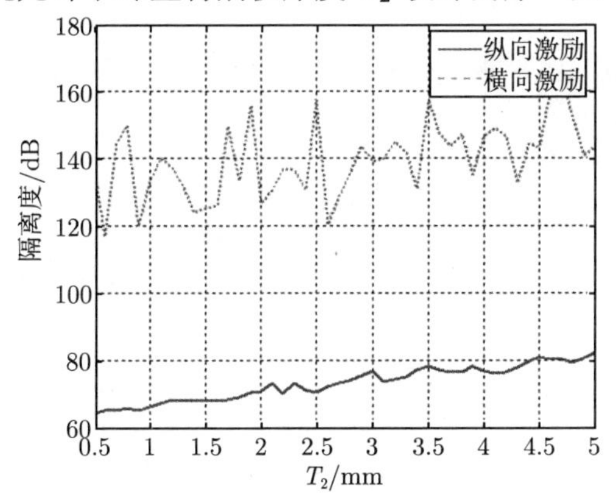

图 8.10 隔离度随隔板厚度 T_2 的变化关系图

8.3.4 开口位置 S

腔体的开孔位置 S 如图 8.2 和图 8.3 所示，在原模型中 S = 25mm。由图 8.11 可知，在横向激励和纵向激励两种情况下，当 S =15mm 时，对应的开口位置刚好在腔体的正中央，此时腔体的隔离度最差。而且在纵向激励下时，当两个开口位置关于腔体中央对称时，相应的隔离度相等。因此，在实际的结构设计中，应将腔体的开口位置设计在两边，从而提高腔体的隔离度。

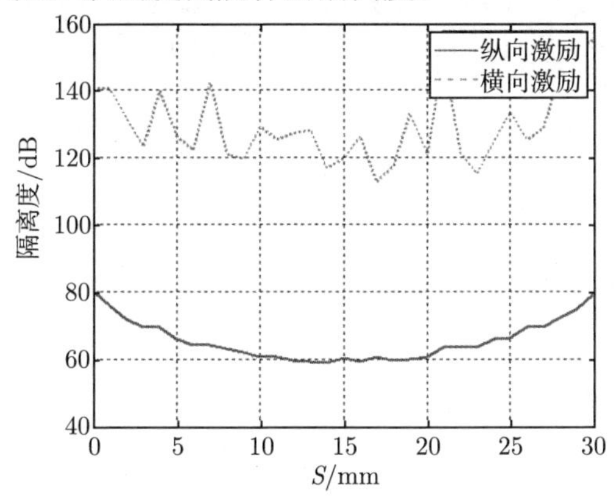

图 8.11 隔离度随开口位置对 S 的变化关系图

8.4 网孔结构对隔离度的影响

为提高各腔体之间的隔离度，在出线孔处可加上屏蔽网孔结构，相应结构模型如图 8.12 和图 8.13 所示。

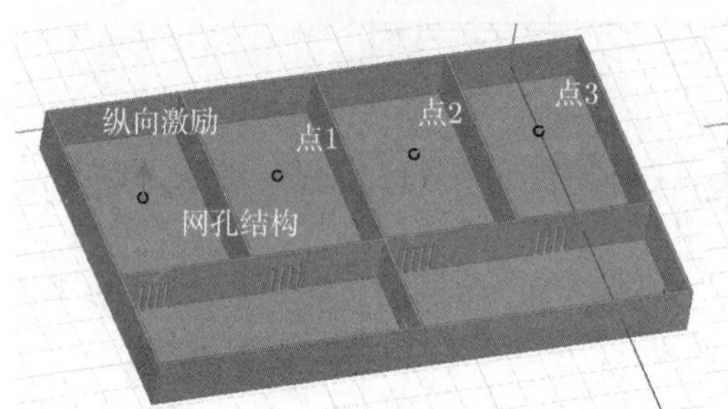

图 8.12 加网孔结构的纵向激励模型

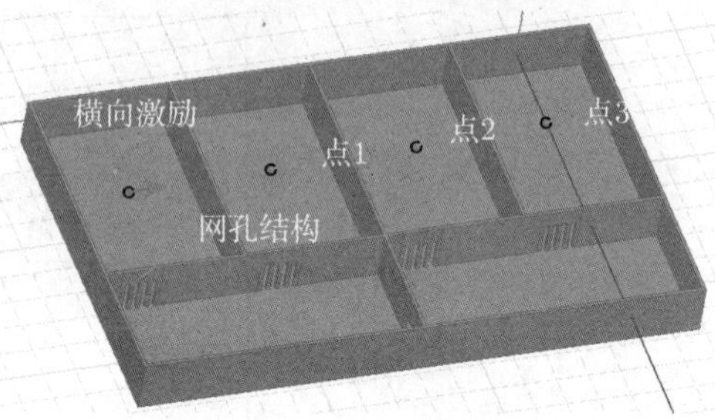

图 8.13 加网孔结构的纵向激励模型

由于开口处有电路连接，共四根信号线，因此设计的网孔应保证底部有空隙，保证电路的连接。同时，为了考察结构形式对腔体隔离度的影响机理，这里设计了横向网孔和纵向网孔两种网孔形式，其模型如图 8.14 和图 8.15 所示。

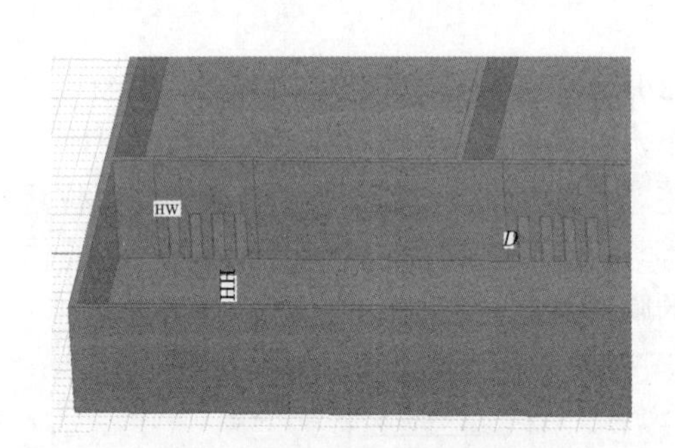

图 8.14 纵向网孔的结构尺寸

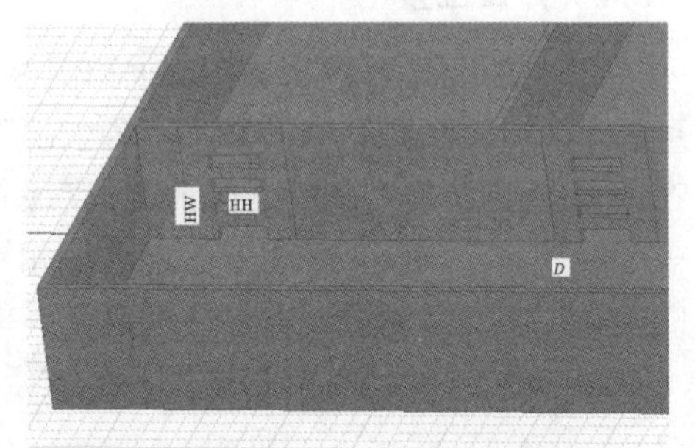

图 8.15 横向网孔的结构尺寸

8.4.1 横纵向网孔

对于图 8.14 和图 8.15 所示模型，其中 HH=6mm，HW=1.5mm，$D=(12.5-4\text{HW})/5=1.3(\text{mm})$，其中 12.5mm 是腔体的开孔宽度。在工作频率 3.25GHz 下仿真得到的组件电场强度分布如图 8.16~ 图 8.19 所示。

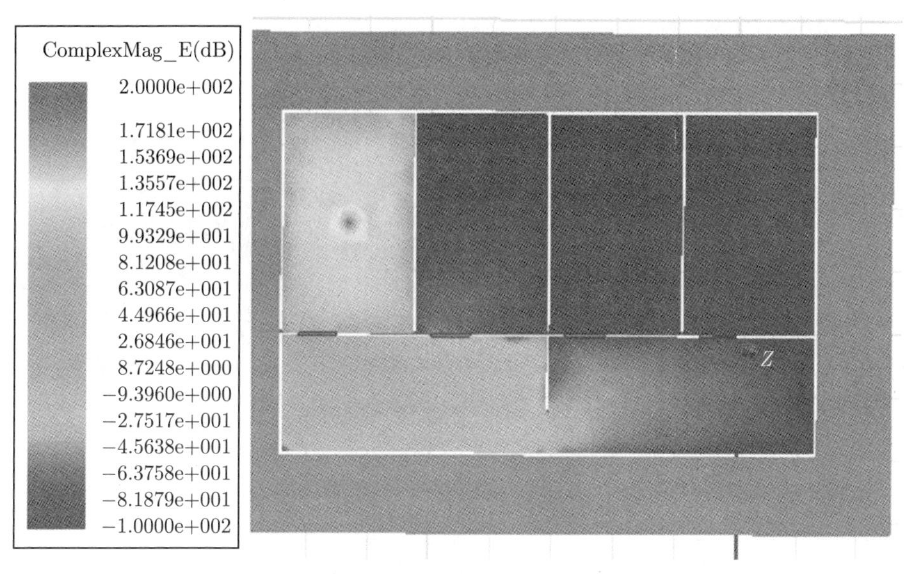

图 8.16 加纵向网孔结构时纵向激励下的电场强度分布图

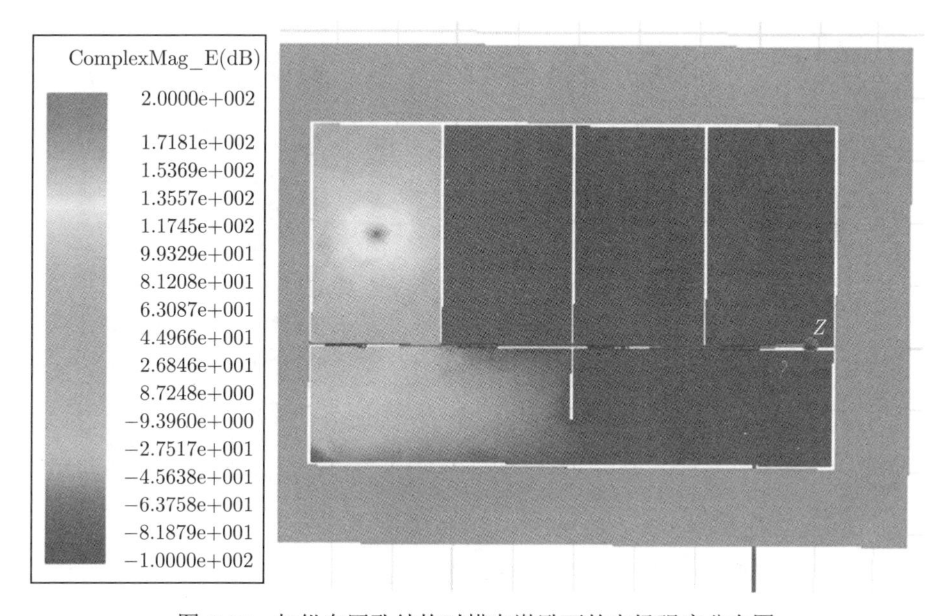

图 8.17 加纵向网孔结构时横向激励下的电场强度分布图

对比上述的分析结果和图 8.4 与图 8.5 的场强分布，可以看出加入网孔结构后，能够明显减小耦合到其他各腔体的电场强度。同时，从上面四幅图的数据分布可以发现纵向网孔比横向网孔能更好地屏蔽场强。

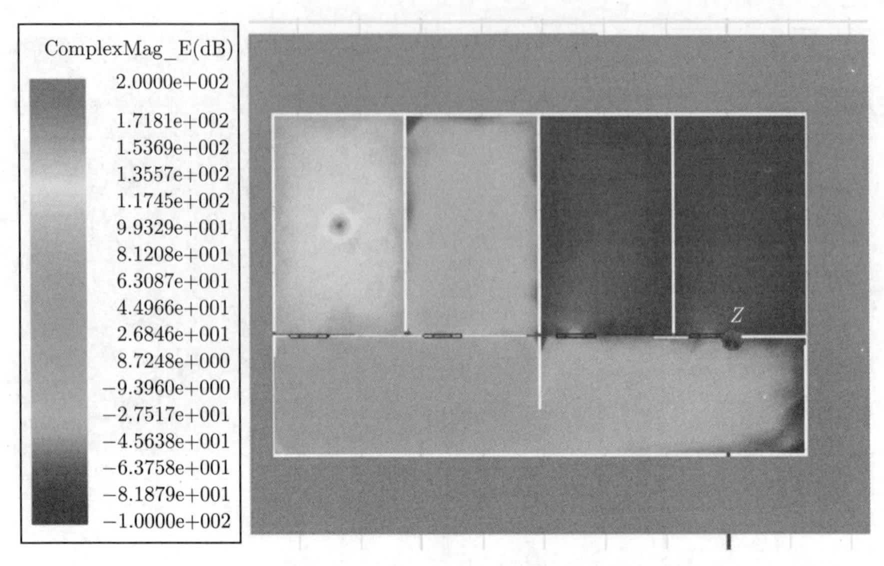

图 8.18　加横向网孔时纵向激励下的电场强度分布图

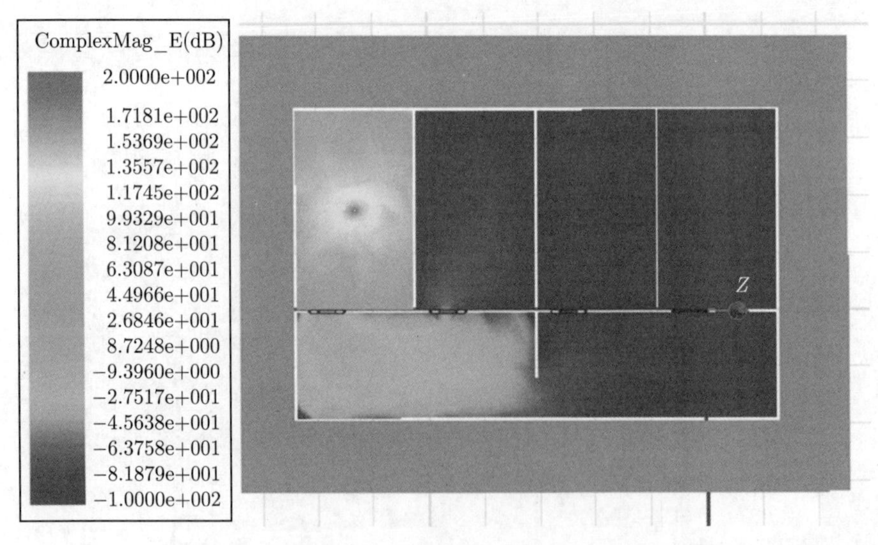

图 8.19　加横向网孔时横向激励下的电场强度分布图

8.4.2　开孔高度 HH

腔体网孔结构的开孔高度 HH 如图 8.14 和图 8.15 所示，在原模型中 HH=6mm。这里分析腔体隔离度随不同开孔高度 HH 的变化关系，具体如图 8.20 所示。图中曲线 a 表示纵向网孔在纵向激励时腔体隔离度的变化曲线，曲线 b 为纵向网孔在横向激励时腔体隔离度的变化曲线，曲线 c 表示横向网孔在纵向激励时腔体隔离度的变化曲线，曲线 d 表示横向网孔在横向激励时腔体隔离度的变化曲线。对比分析图中数据，可知：① 分别比较曲线 a 和 b、曲线 c 和 d，发现在这两种网孔结构下，在横向激励时的隔离度都好于纵向激励；② 在这四种情况下，随着开孔高度 HH 的尺寸增大，隔离度都有所降低；③ 分别比较曲线 a 和 c、曲线 b 和 d，不管在哪一种形式的激励下，纵向网孔的隔离度都好于开横向网孔，而且随着网孔尺寸 HH 的增大，采用纵向网孔时的优势越来越明显。

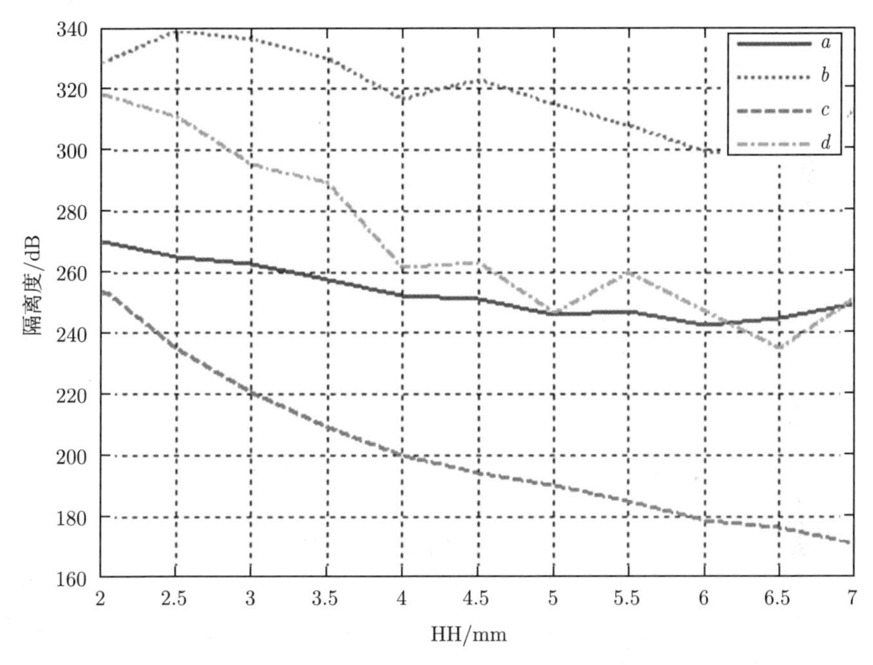

图 8.20　隔离度随开孔高度 HH 的变化关系

8.4.3　开孔宽度 HW

腔体网孔结构的开孔宽度 HW 如图 8.14 和图 8.15 所示，在原模型中 HE=1.5mm。这里分析腔体隔离度随不同开孔宽度 HW 的变化关系，具体如图 8.21 所示，图中曲线 a、b、c、d 的含义与图 8.20 一致。对比分析图中数据，可知：① 分别比较曲线 a 和 b、曲线 c 和 d，发现这两种网孔结构下，在横向激励时的隔离度都好于纵向激励的；② 在这四种情况下，增大开孔宽度 HW 的尺寸，隔离度都有所降低；③ 分别比较曲线 a 和 c，曲线 b 和 d，不管在哪一种形式的激励下，纵向网孔的隔离度都好于横向网孔的，而且随着网孔尺寸 HW 的减小，纵向网孔的优势越来越明显；④ 由于 $D=(12.5-4\text{HW})/5$，则当开孔宽度 HW 大于 3mm 时，四个孔之间的间距几乎为零，纵向网孔和横向网孔两种结构形式对应的隔离度接近相等。

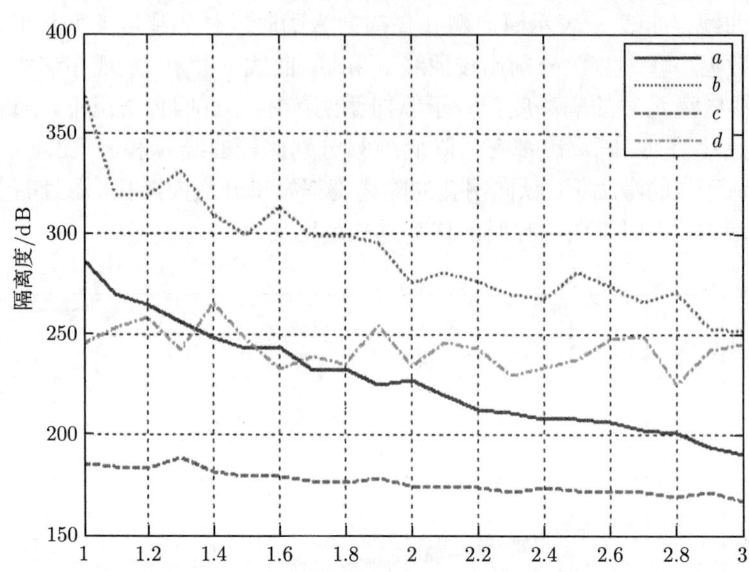

图 8.21 隔离度随开孔宽度 HW 的变化关系

8.5 腔体耦合影响机理分析

通过前面三节内容的分析数据和对比结论，可以发现同一腔体结构在激励腔加纵向激励时，耦合到其他各腔体的电场强度明显大于加横向激励时耦合到对应腔体的电场强度，而且加横向激励时的腔体隔离度比纵向激励时的隔离度要大了近 60dB[15]。具体的影响机理如下：

(1) 腔体电磁谐振分析。① 经仿真分析，TE_{101} 为腔体主模，其谐振频率为 4.126GHz，高于腔体的工作频段 3.1 ~ 3.4GHz，因此腔体在其工作频段内，随着工作频率的不断升高，越接近于其谐振频率，对应的隔离度也就不断降低。② 腔体的原模型和简化模型在不同谐振模式下的谐振频率差别小于 0.07GHz，说明原模型中的凸台和凹槽等结构对腔体的谐振频率的影响很小，使用简化模型来研究腔体屏蔽效是可以的。

(2) 腔体结构影响机理。① 腔体高度 H：当腔体工作于其工作频段内时，在纵向激励下随着腔体高度 H 的增加其隔离度越来越好；在横向激励下，当腔体高度 H 小于波长的 0.2 倍时，其隔离度随高度的变化呈现出微小的波动，然而当腔体高度 H 大于波长的 0.2 倍时，横向激励下腔体隔离度迅速降低，因此在通过增大腔体高度 H 来提高腔体隔离度的时候，不应超过 0.2λ，即腔体高度 H 的最佳设计尺寸为 0.2λ。② 隔板厚度 T_1 和 T_2：由于腔体的材料是铝，为良导体，高频电磁场的集肤深度很小，因此增大厚度 T_1 和 T_2 虽都能提高腔体的隔离度，但影响不大且在 20dB 以内。在实际设计时，在满足重量指标的要求下，隔板厚度 T_1 和 T_2 越大越好。③ 开孔位置 S：开孔位置在腔体的中央时，隔离度最差，随着开孔位置向两边移动，隔离度逐渐改善，开孔位置在最边上时腔体的隔离度比开孔在最中间时的大了近 20dB。因此，应将开孔位置设计在腔体的最边上，以提高隔离度 [16]。

(3) 网孔结构影响机理。① 相比于未加网孔的情形，加网孔结构后腔体的隔离度提高了近 100dB 以上，而且在相同激励下时，开纵向孔的隔离度优于开横向孔的隔离度近 60dB，因此在网孔的结构设计时应采用纵向网孔的结构形式。② 网孔高度 HH：当网孔高度 HH=2mm 时，即 HH 近似等于网孔宽度 HW 时 (原模型中 HW 取 1.5mm)，开横向孔和开纵向孔对腔体隔离度的改善程度类似。随着网孔高度 HH 的增大，虽然两种开孔形式的隔离度都不断降低，但是纵向网孔隔离度的降低速度明显小于横向网孔时隔离度的降低速度，即开纵向孔对腔体隔离度的改善越来越优于开横向网孔。③ 网孔宽度 HW：随着网孔宽度 HW 的不断增大，开纵向孔和开横向孔的隔离度都不断降低，而且开纵向孔时的隔离度降低的更快，当 HW 大于 3mm 时，四个网孔之间的距离几乎为 0，此时开纵向网孔和开横向网孔的屏蔽效果几乎相当。

8.6 多通道腔体耦合效应分析软件

8.6.1 软件总体设计

微波组件腔体耦合效应分析软件是根据数字微波组件在实际工程中的工作环境，进行腔体耦合效应电磁仿真分析，以便在给定的运行条件下仿真各种不同设计参数下微波组件传输性能，为工程应用提供最佳的设计方案 [17]。

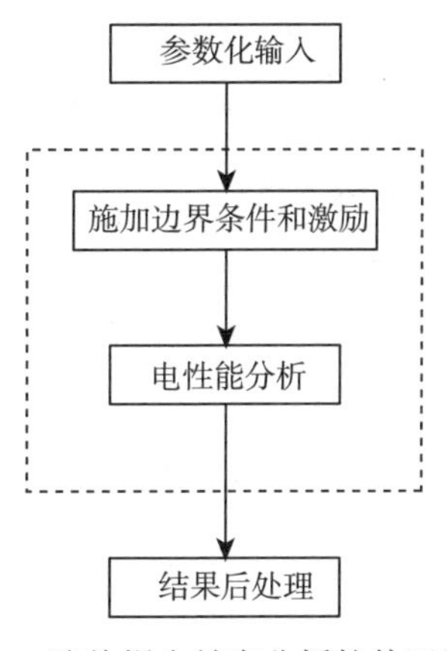

图 8.22 腔体耦合效应分析软件开发流程

为此，本小节探讨了微波组件多通道腔体耦合效应分析的基本流程，总结了数字微波组件腔体耦合效应分析设计中的共性问题、解决方案和参数之间的传递关系，基于现有的商品化有限元分析软件，研制了针对数字微波组件的腔体耦合效应分析软件。软件从数字微波组件有限元模型的建立着手，充分考虑了微波组件腔体耦合效应分析过程中所涉及的各个参数、分析过程的图形化显示，以及后处理中分析结果的提取、显示和存储等问题，实现了参数化建模、电磁分析环境集成加载以及一键提取后处理结果等功能，大大简化了数字微波组件的腔体耦合效应分析过程。并通过实例操作，完成了微波组件腔体耦合效应分析的全过程，验证了软件的有效性。图 8.22 所示的是微波组件腔体耦合效应分析软件的基本开发流程。

VBS 是高频电磁仿真软件 HFSS 的一种常用二次开发工具，利用 VBS 编制宏命令是对 HFSS 进行应用开发的有效手段。通过 C++ Builder 编写的分析软件首先读入前处理模块中用户输入的各种参数，自动创建 VBS 命令流文件，然后利用 Windows API 函数调用 HFSS 软件执行命令流文件，从而实现数字微波组件的参数化建模、电性能求解 [18]，其软件平台实现的技术架构如图 8.23 所示。

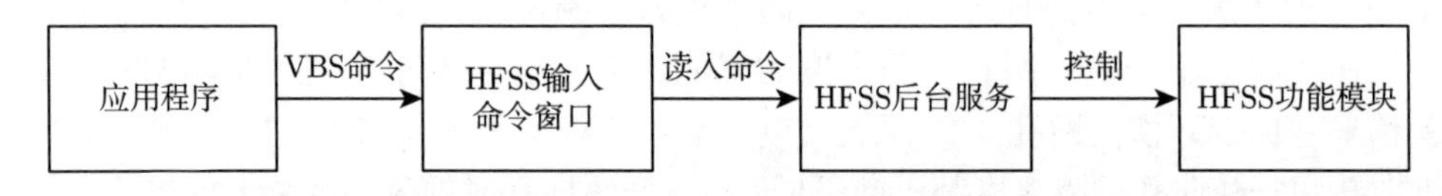

图 8.23 腔体耦合效应分析软件技术架构图

在进行电磁仿真时，首先对数字微波组件模型进行参数设置：第一步是输入模型的几何信息以及各项材料参数等；第二步是选择电磁分析参数，包括工作频率和激励方向等；第三步是选择工况类型，输入需要软件评估的尺寸类型。参数设置完成后，进行参数化建模，等建模完成后，模型的几何信息数据和电性能分析信息数据等都存储于数据库中。接下来进行电磁仿真分析，软件先将几何信息数据和电磁分析信息数据进行处理并转换成 VBS 命令流文件，自动地完成网格处理、添加激励和施加边界条件等工作。根据用户指令和命令流文件，软件会在后台调用 HFSS 进行电磁分析求解。在求解完成后，可以查看隔离度变化曲线、场强云图等。基于以上操作，设计出了如图 8.24 所示的软件工作流程。

8.6.2 组成模块设计

基于腔体耦合分析流程，微波组件多通道腔体耦合效应分析软件具有三个模块：前处理模块、分析求解模块和后处理模块，其整体架构如图 8.25 所示。

前处理模块包含三个子模块：参数化建模模块，其功能是根据人机交互界面输入的腔体结构几何参数自动建立数字微波组件有限元模型；电性能参数加载模块，其功能是输入模型电磁仿真所需的参数，包括物性参数、工作频率和激励方向等；工况类型设置模块，其功能是选择分析结构尺寸类型，并输入变化范围和步长 [19]。

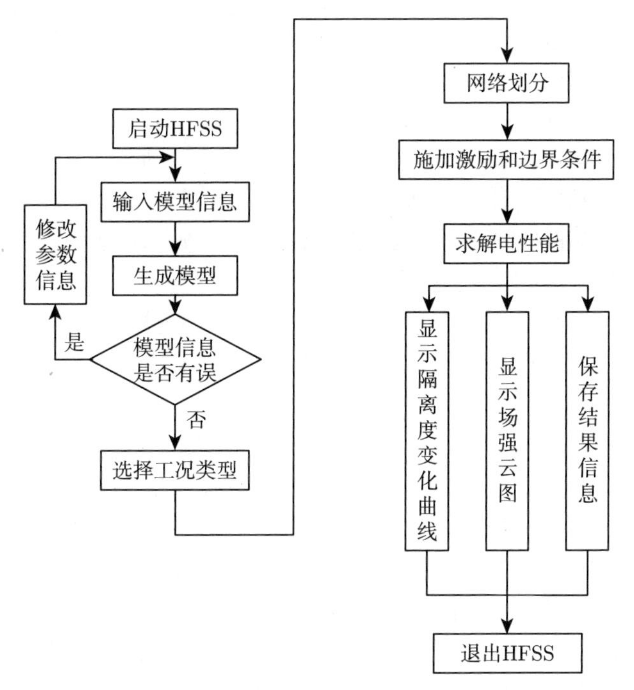

图 8.24 腔体耦合效应分析软件工作流程

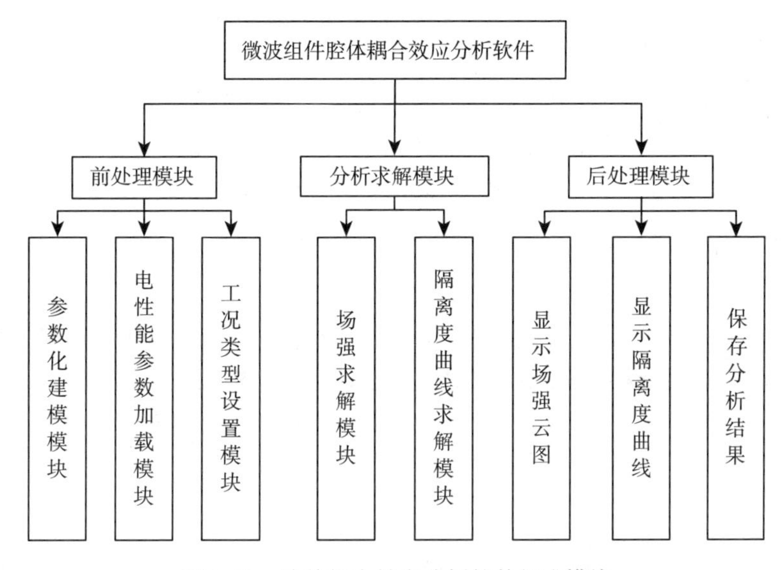

图 8.25 腔体耦合效应分析软件组成模块

(1) 参数化建模模块用于建立微波组件的电磁仿真模型，由于模型结构复杂，尺寸较多，为方便用户使用，提高效率，选取对分析结果影响较大的尺寸作为输入对象。其他尺寸设置为默认初值，每个参数在模型中对应的位置会在软件提供的几何示意图中给出。

(2) 电性能参数加载模块是将用户输入的激励及边界条件施加到分析模型中，包括激励方向选择，这里提供纵向和横向两种激励方向形式；工作频率的设置；模型材料的选择；材料参数的设置等。

(3) 工况类型设置模块主要是设置分析类型，首先选择腔体开口处有无网孔结构。在无网孔结构类型下，可选择分析变量包括工作频率、腔体高度 H、隔板厚度 T_1、隔板厚度 T_2 和开口位置 S，并设置变化范围和分析的步长；在有网孔结构下，可选择的分析类型包括横向网孔、纵向网孔、单孔和网状结构，并可设置网孔尺寸。

分析求解模块需要调用 HFSS 软件进行电性能仿真，它包含两个子模块：场强求解模块和隔离度曲线求解模块。其中，场强求解模块根据所输入的模型参数和电性能分析所需的参数，调用 HFSS 软件进行电性能的求解，求解结束后，可查看场强分布云图；隔离度曲线求解模块根据所输入的模型参数和电性能分析所需的参数，调用 HFSS 软件进行电性能分析，并根据输入的变量范围和步长得到隔离度随设计变量变化曲线。

后处理模块则需要对分析的结果根据用户的需求进行一些数据处理，它包含三个子模块：显示场强云图、显示隔离度曲线和保存分析结果。

(1) 显示场强云图模块。场强分析完成之后，便可查看组件模型的场强分布，该模块用于将场强分布云图呈现在图形显示区。

(2) 显示隔离度曲线模块。隔离度随变量变化曲线求解完成之后，便可查看模型隔离度的变化曲线，该模块用于将变化曲线呈现在图形显示区；

(3) 保存分析结果模块。求解完成之后，将各种分析结果以相应的文件格式保存在指定的文件目录下。

8.6.3　软件功能设计

微波组件腔体耦合效应分析的手段是分析组件电性能，在 HFSS 软件中求解时需要选取分析类型和分析选项，然后设置参数等操作，过程非常烦琐。为此，微波组件腔体耦合效应分析软件将分析选项和电性能环境进行集成，减少专业性操作，提高仿真效率，下面介绍具体的软件功能设计。

1. 软件界面设计

依据软件界面设计的普遍原则，在充分考虑了用户需求和软件工作流程后，将微波组件腔体耦合效应分析软件的界面分为三个区域：流程控制区、信息主界面和命令提示区，如图 8.26 所示。

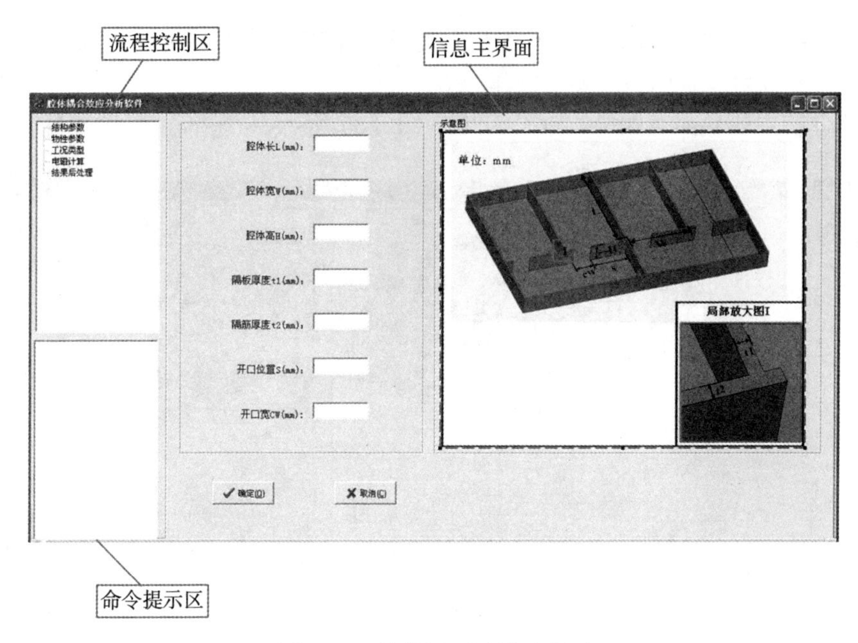

图 8.26 软件界面区域示意图

流程控制区：以树状图的形式给出软件工作基本流程，用于控制分析流程，单击图中条目，信息主界面区域便会跳转到相应的界面。

信息主界面：该区域是软件的主要信息界面，以分页的形式包含了分析流程中的全部信息，每个页面包含了当页分析步骤所需的各项信息。

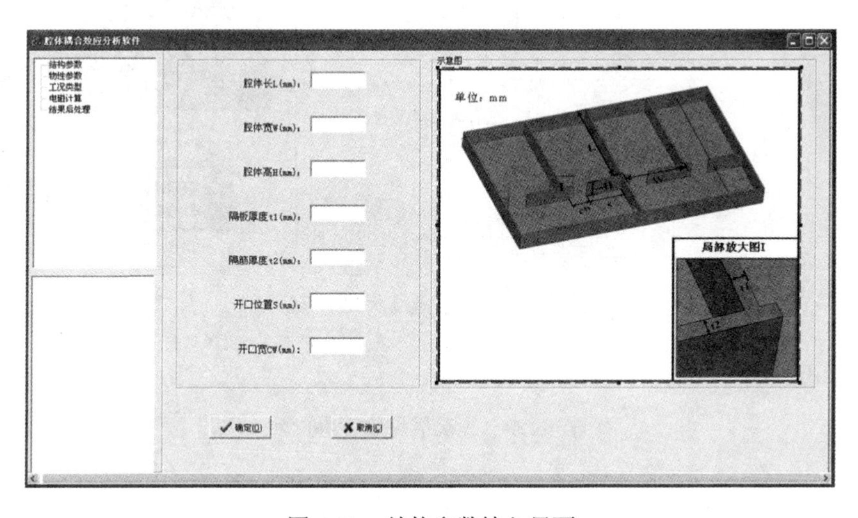

图 8.27 结构参数输入界面

命令提示区：提示用户软件已经进行过的操作和正在进行的操作，便于用户控制整个分析流程，避免不必要的操作。

软件的主要界面有四个，如图 8.27 ～图 8.30 所示。

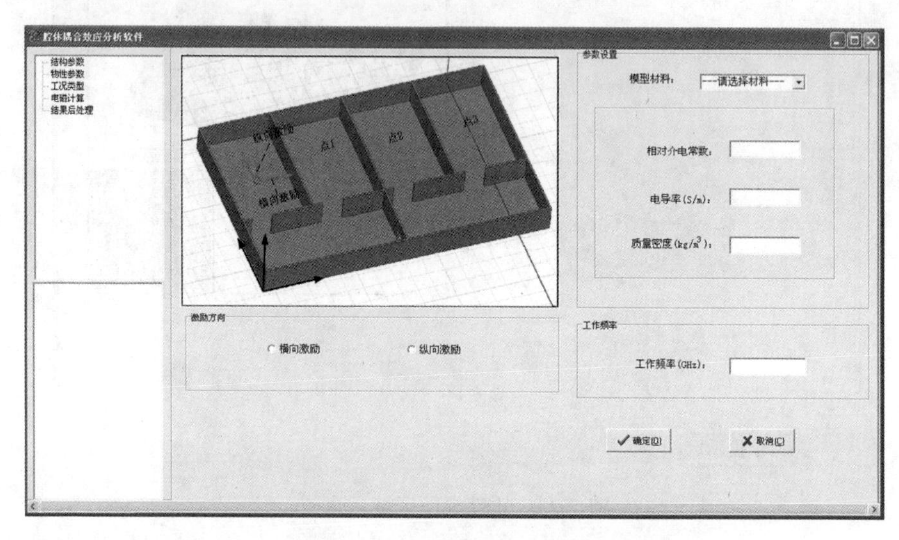

图 8.28　物性参数输入界面

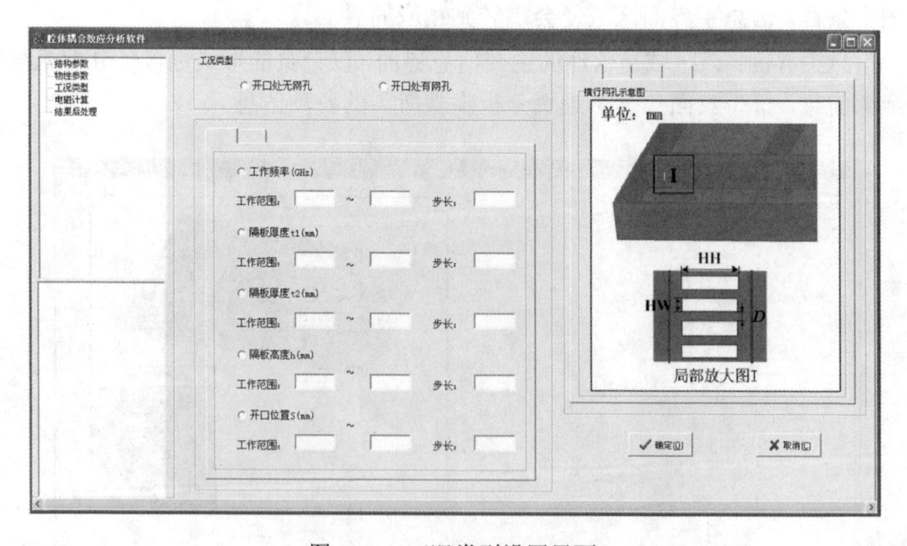

图 8.29　工况类型设置界面

图 8.30 计算及结果后处理界面

2. 软件实现关键技术

1) HFSS 软件的自启技术

微波组件腔体耦合效应分析软件是以 HFSS 软件为基础，利用 VBS 语言进行了二次开发，因此在软件运行时，首先需要启动 HFSS 软件，通过 HFSS 软件在后台实现腔体耦合软件各模块的功能。

这里运用 Windows API 函数来调用 HFSS 软件，在比较了三种方法的优缺点之后，同样选择 ShellExecute 函数来后台启动 HFSS 软件，在 C++ Builder 编写的程序中，ShellExecute 函数可按以下格式来启动运行 HFSS 软件，这样就可通过 ShellExecute 函数来直接打开 VBS 文件，进而自启动 HFSS 执行相应操作。

```
String Path= "D:\\HFSS_temp\\EXIT .vbs";
String Path2="D:\\";
ShellExecute(NULL, "Open",Path.c_str(),
          NULL,Path2.c_str(),SW_HIDE);
```

2) 图形显示界面的嵌入技术

微波组件腔体耦合效应分析软件中，将 HFSS 的图形显示界面嵌入到了软件主界面中，这一功能的实现同样是借助 Windwos API 函数。首先，通过 FindWindow 函数获得 HFSS 软件主窗口的句柄；然后，利用 SetParent 函数将 HFSS 软件主窗口设置为软件的子窗口；最后，通过 CreateRectRgn 函数创建一个矩形区域，利用 SetWindowRgn 函数显示出 HFSS 图形窗口，屏蔽 HFSS 的其他界面。利用上述方法，便可以将 HFSS 图形显示界面嵌入到腔体耦合分析软件界面中。

8.6.4　软件操作方法

(1) 输入模型结构参数。

在流程控制栏，单击 结构参数 ，弹出如图 8.31 所示的输入框，根据多通道腔体模型信息示意图，输入腔体结构模型信息，输入完成后单击 ✓确定(O) 按钮。若输入出现错误，单击 ✗取消(C) 按钮，便可将输入内容清空，重新输入。

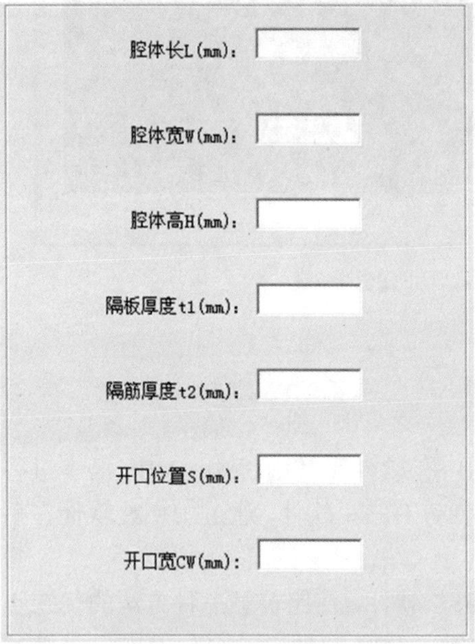

图 8.31　结构参数输入框

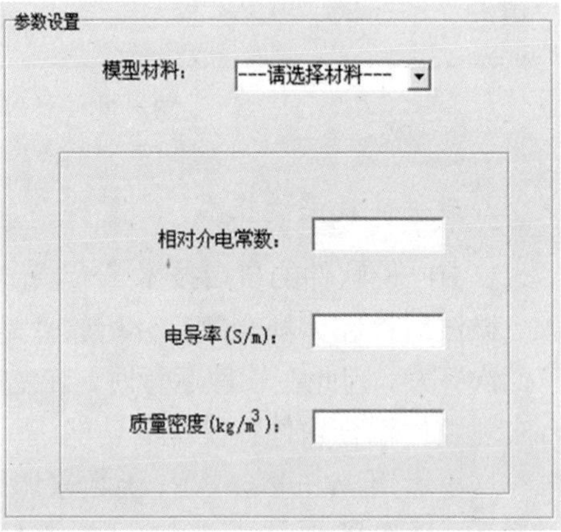

图 8.32　模型材料参数输入框

(2) 确定模型物性参数。

首先单击 物性参数，弹出如图 8.32 所示的输入框，输入组件腔体物性参数，根据示意图选择电场激励方向。然后，选择模型的材料类型，输入材料相关参数。最后，输入工作频率。完成后选择 ✓确定(O) 按钮，重新输入可选项 ✗取消(C) 按钮，清空输入信息，重新输入。

(3) 设置工况类型。

在流程控制栏，选择 工况类型 ，进入工况类型设置界面。首先选择开口处是否有无网孔弹出如图 8.33 和如图 8.34 所示的输入框，再选择具体工况类型，根据示意图输入相应参数。

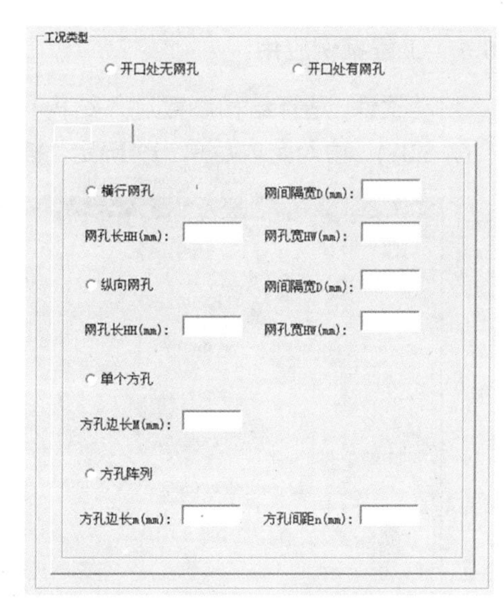

图 8.33 无网孔工况类型参数输入框　　图 8.34 有网孔工况类型参数输入框

(4) 电磁计算。

在流程控制栏，选择 **电磁计算**，进入电磁计算求解界面。单击 建立模型，弹出自动建模提示框，如图 8.35 所示。

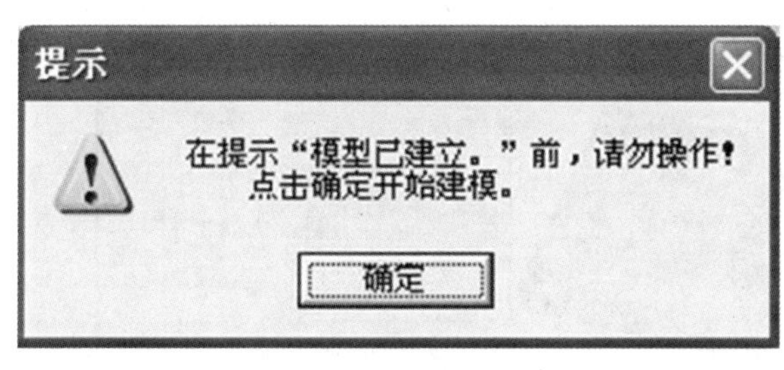

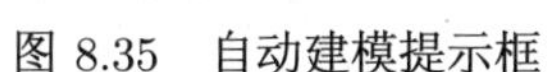

图 8.35 自动建模提示框　　图 8.36 建模完成提示框

单击确定后，软件在后台调用 HFSS 软件生成多通道腔体电磁模型，建模完成后，自动弹出提示框 (图 8.36)，并将 HFSS 显示界面嵌入软件图形显示区。

然后，单击 开始计算 按钮，调用 HFSS 求解对应工况下腔体的电磁耦合特性。

(5) 结果后处理。

计算完成后，根据不同工况，单击 隔离度 按钮，可查看无网孔工况下的隔离度变化曲线并自动保存分析结果；单击 电场强度云图 按钮，可查看有网孔工况下的腔体的电场强度云图。全部结束后，单击 退出HFSS 按钮，关闭后台的 HFSS 软件。

8.6.5　工程案例应用

启动软件，选择结构参数进入结构参数输入界面，首先输入腔体模型的外形尺寸 (图 8.37)，输入完成后单击“确定”按钮。

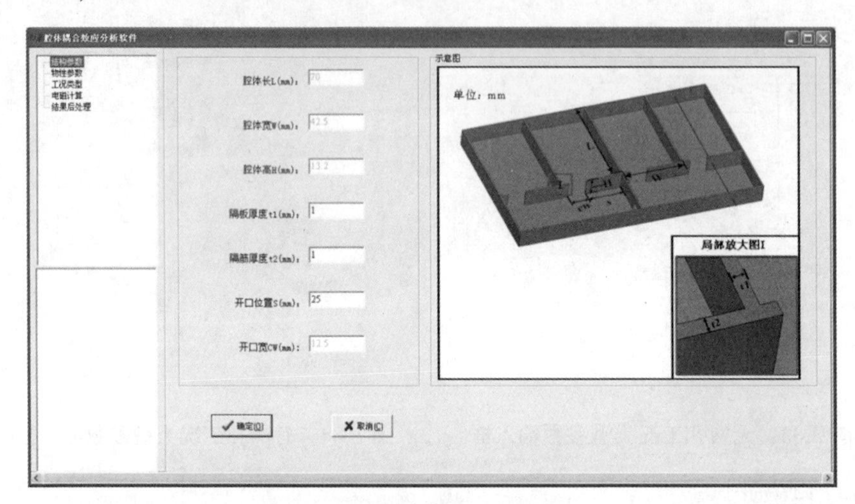

图 8.37　输入模型尺寸参数

选择物性参数进入模型物性参数输入界面 (图 8.38)，根据图示选择激励方向，选择模型材料，输入材料属性和模型工作频率，输入完成后单击“确定”按钮，进入工况类型设置界面。

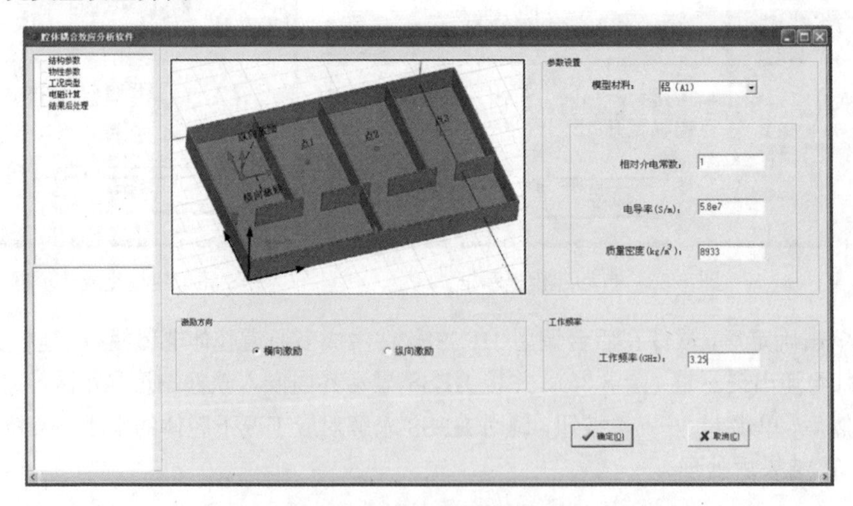

图 8.38　输入模型物性参数

在工况设置界面，如图 8.39 所示，工况类型分为两大类，开口处无网孔和开口处有网孔。开口处无网孔分为五种工况，当选择开口处无网孔时，工作频率、隔板厚度、隔板高度和开口位置等工况被激活变为可选，然后选择工况类型，输入对应参数，单击“确定”按钮。

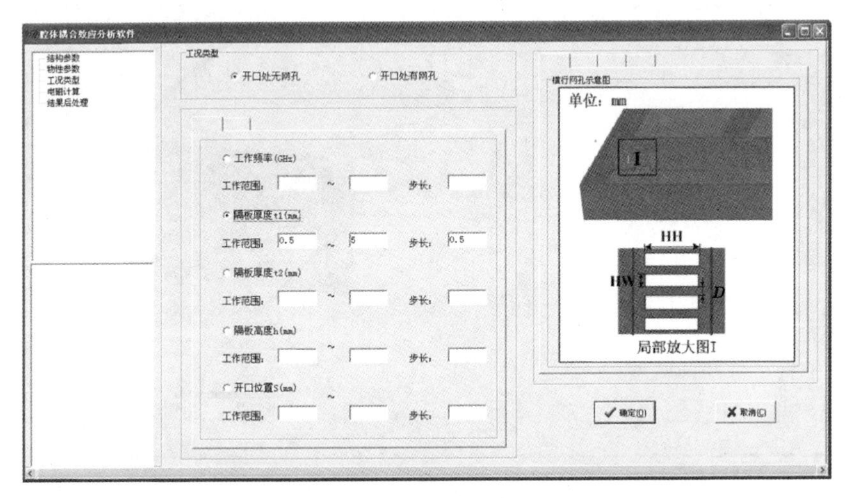

图 8.39 开口处无网孔工况类型

开口处有网孔分为四种工况，当选择开口处有网孔时，横向网孔和纵向网孔等被激活变为可选，选择工况类型后，图示区自动跳转显示对应结构示意图，根据示意图 8.40 输入参数，完成后单击“确定”按钮。

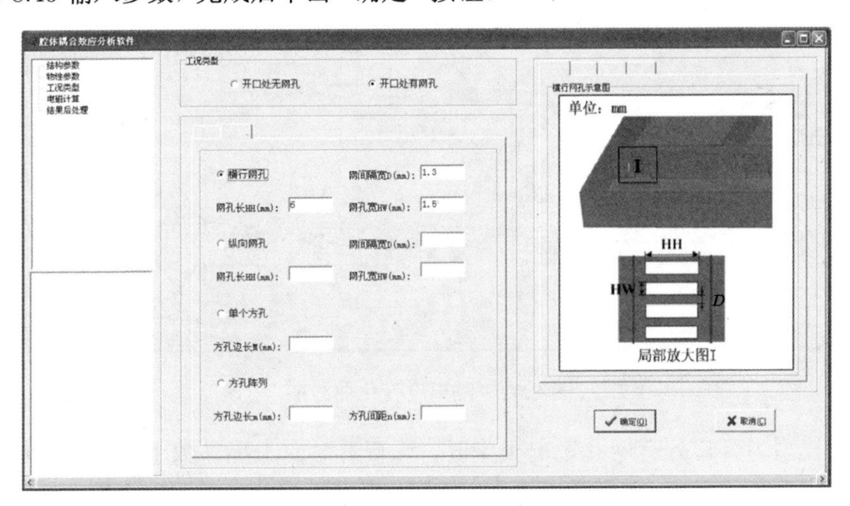

图 8.40 开口处有网孔工况类型

选择电磁计算进入电性能计算界面。单击建立模型后软件自动开始建模，建模完成后单击开始计算键，计算完成后，当模型为开口处无网孔工况类型时，可查看模型隔离度随结构尺寸变化的曲线 (图 8.41)，单击“隔离度”按钮，查看隔离度变

化曲线 (图 8.42)。

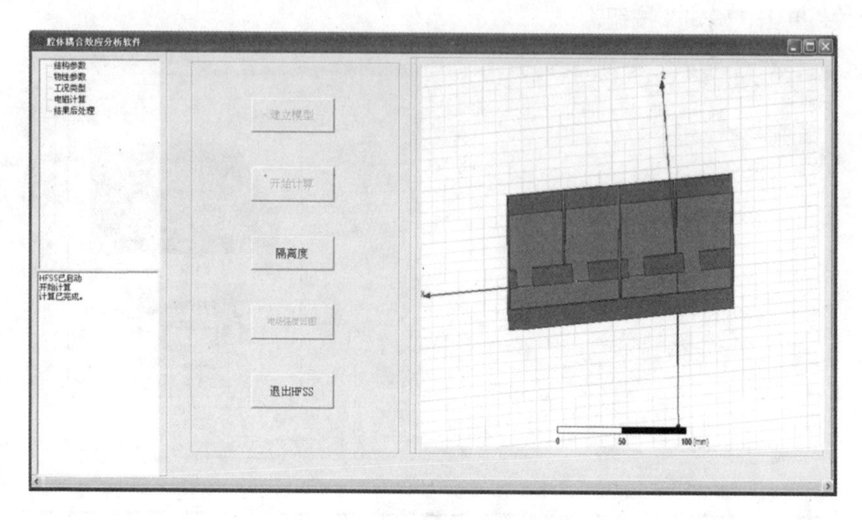

图 8.41　无网孔工况结果

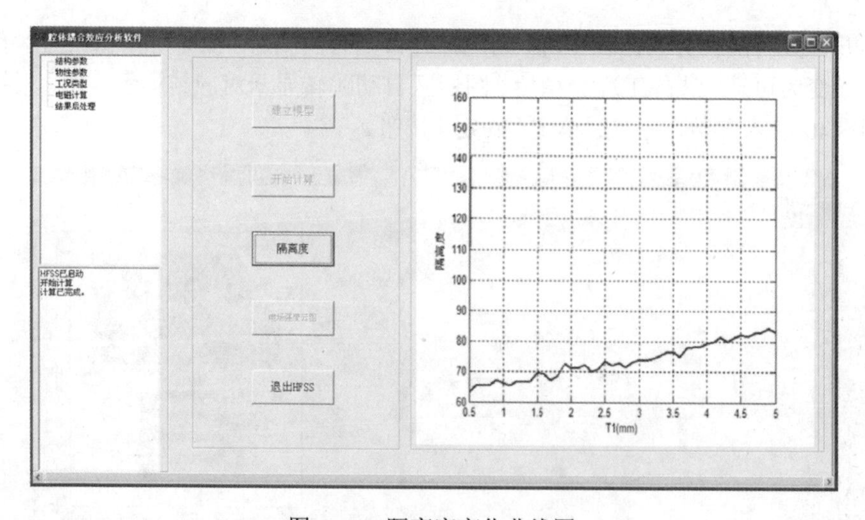

图 8.42　隔离度变化曲线图

当模型为开口处有网孔工况类型时，可查看对应工况参数下模型的电场强度云图 (图 8.43)，单击 “电场强度云图” 按钮，查看模型的电场强度云图 (图 8.44)。

运行完成后，单击“退出 HFSS”按钮，该软件将自动关闭 HFSS 软件，退出微波组件多通道腔体耦合效应分析软件。

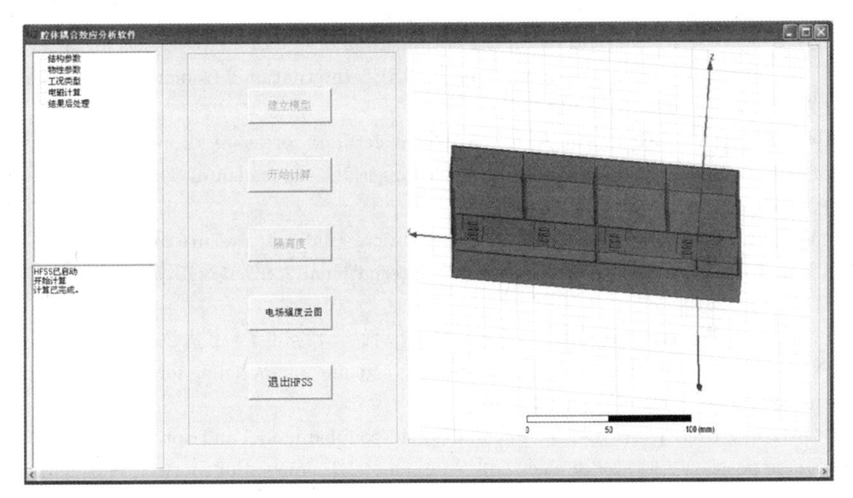

图 8.43 有网孔工况结果

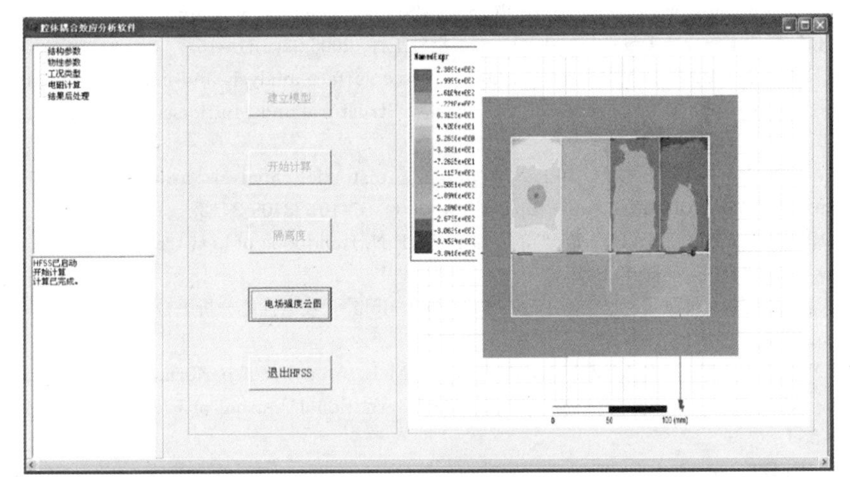

图 8.44 电场强度云图

参考文献

[1] 王从思, 王伟, 宋立伟. 微波天线多场耦合理论与技术 [M]. 北京: 科学出版社,2015.

[2] WANG C S, DUAN B Y, ZHANG F S, ZHU M B. Coupled structural-electromagnetic-thermal modelling and analysis of active phased array antennas[J]. IET Microwaves, Antennas & Propagation, 2010, 4(2): 247-257.

[3] 宋立伟. 天线结构位移场与电磁场耦合建模及分析研究 [D]. 西安: 西安电子科技大学, 2011.

[4] ROLLER D. An approach to computer-aided parametric design[J].Computer Aided Design, 1991: 23(5)385-391.

[5] 王从思, 段宝岩, 仇原鹰. 电子设备的现代防护技术 [J]. 电子机械工程, 2005, 21(3): 1-4.

[6] FENG W J, HUANG D G. Study on the optimization design of flow channels and heat dissipation performance of liquid cooling modules[C]. IEEE International Conference on Mechatronics and Automation, 2009: 3145-3149.

[7] MANGLIK R M, BERGLES A E. Heat transfer and pressure drop correlations for the rectangular offset strip fin compact heat exchanger[J]. Experimental Thermal and Fluid Science, 1995, 10(2): 171-180.

[8] QU W, MUDAWAR I. Experimental and numerical study of pressure drop and heat transfer in a single-phase micro-channel heat sink[J]. International Journal of Heat and Mass Transfer, 2002, 45(12): 2549-2565.

[9] 李申. 面天线结构参数化快速建模的研究和开发 [D]. 西安: 西安电子科技大学,2005.

[10] KONDO K. PIGMOD: Parametric and interactive geometric modeling for mechanical design[J]. Computer Aided Design, 1990: 633-644.

[11] DUAN B Y, QIAO H, ZENG L Z. The multi-field-coupled model and optimization of absorbing material's position and size of electronic equipments[J]. Journal of Mechatronics and Applications, 2010, 1(1): 1-6.

[12] KISHIMOTO T, OSAKI T. VLSI packaging technique using liquid cooled channels[J]. IEEE Transactions on Components, Hybrids, and Manufacturing Technology, 1986, 9: 328-335.

[13] 徐德好. 微通道液冷冷板设计与优化 [J]. 电子机械工程, 2006,22(2):14-15.

[14] WANG C S, DUAN B Y, QIU Y Y. On distorted surface analysis and multidisciplinary structural optimization of large reflector antennas[J]. Structural and Multidisciplinary Optimization, 2007, 33(6): 519-528.

[15] DUAN B Y, WANG C S. Reflector antenna distortion analysis using MEFCM[J]. IEEE Transactions on Antennas and Propagation, 2009, 57(10): 3409-3413.

[16] ROHSENOW W M, HARTNETT J P, GANIC E N. Handbook of heat transfer applications[M]. New York: McGraw-Hill, 1985.

[17] 王从思, 段宝岩, 仇原鹰, 等. 基于 ANSYS 与 Delphi 天线电性能分析平台的设计 [J]. 现代雷达, 2005, 27(5): 75-78.

[18] WANG C S, DUAN B Y, ZHANG F S, ZHU M B. Analysis of performance of active phased array antennas with distorted plane error[J]. International Journal of Electronics, 2009, 96(5): 549-559.

[19] KISHIMOTO T. High Performance air cooling for microelectronics[J]. Proceedings of the International Symposium on Cooling Technology for Electronic Equipment, 1987, 17(21): 608-625.

第 9 章 微波组件散热冷板集成优化设计

目前，微波组件热源具有高达 1000W/cm^2 以上的热流密度[1]。微波组件正常工作时会产生大量的热量，若不能及时散出热量，对温度敏感的电子器件的性能就会迅速恶化，这将严重影响微波组件及电子装备的功能、工作可靠性，严重时甚至会引起设备的失效[2]。据统计，由于温度超过允许值而造成组件失效的比率高达 55%。因此，为确保微波组件正常可靠地工作，需对其进行合理的热设计[3,4]。

为了达到减轻微波组件系统质量的目的，应设计合理的散热冷板。单纯追求散热冷板的轻质量，会带来一系列问题，如质量太轻。冷板结构的刚强度若不满足要求，在极端恶劣的使用环境下会发生破坏，从而影响微波组件的正常使用[5,6]。与此同时，散热冷板流道过细，也会影响其散热效果，最终导致微波组件的电性能达不到要求，甚至不能正常发挥作用。因此，有必要从机电热耦合的角度出发，综合考虑微波组件散热冷板的结构强度、散热性能与质量要求之间的矛盾关系，对冷板进行结构和热综合设计，使其既能满足组件的结构强度及质量要求，又能满足电子器件的温度要求，从而确保微波组件能高效且可靠地工作[7-9]。

9.1 散热冷板结构模型简化与特性分析

本章选用一种典型的微波组件散热冷板，其上布置着多个热源，且各热源的尺寸及发热功率各不相同。在组件正常工作时，这些发热器件会发出大量热量，影响冷板上电子器件的电性能，同时由于温度产生的热应力也可能会使冷板局部变形。因此，为了保证组件能够正常可靠地工作，有必要对冷板进行散热设计[10]。

9.1.1 散热冷板结构模型

这种典型的微波组件来源于航空航天电子信息系统，该组件模型构造非常复杂，其内部集成了多个电子器件，且这些器件结构各异，功能主要是包括信息传输功能、数字模拟功能等，其散热冷板的 Pro/E 实体模型如图 9.1 所示。

为了确保微波组件冷板散热效果，其流道的设计通常位于热源正下方。因此，这里根据热源位置，将流道设计于热源正下方，流道形式为深孔 S 型流道，流道截面为圆形，如图 9.2 所示。

图 9.1　微波组件散热冷板 Pro/E 实体模型

图 9.2　散热冷板流道形式

9.1.2　散热冷板结构简化

微波组件原散热冷板实体模型结构复杂，结构上有承载部分、非承载部分和工艺孔等，如果不对其进行简化，则不仅会给参数化建模带来很大困难，而且在网格划分时易造成网格畸形，导致计算特别耗时、结果不精确甚至求解失败[11,12]，故应将微波组件原散热冷板进行合理结构简化。

这里采用的简化原则有：①准确性，即保留原模型的主要结构特点和主要力学特性，保留原模型中对结构刚、强度影响较大的部分，使其力学性能接近原模型；②高效性，即降低模型复杂度，提高计算分析效率，提升网格划分质量，从而使求解精度与求解时间能够平衡。

根据上述简化原则，可进行如下冷板结构简化操作：

(1) 删除原模型中安装孔和工艺孔。原模型中有很多螺栓安装孔、电气连接孔、混装插座孔、编程口孔和光纤孔，这些孔尺寸较小，对模型力学性能影响不大，但会增加网格划分难度，因此需删除该类孔，如图 9.3 所示。

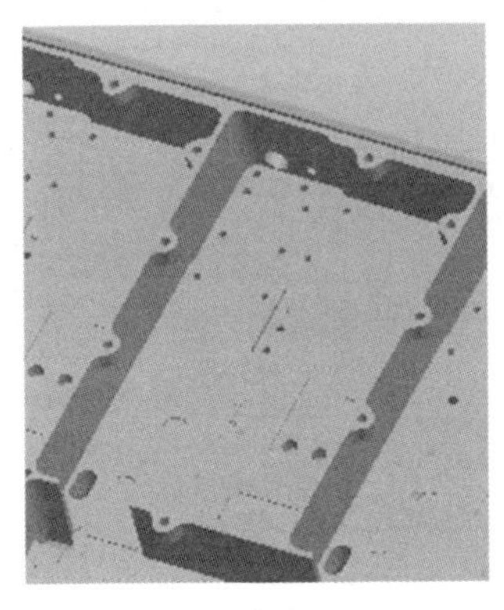

(a) 删除前

(b) 删除后

图 9.3 冷板局部删除前后对比图

(2) 删除原模型中倒角和圆弧等细小结构。原模型中由于安装要求，部分平面不平整，但差异较小；原模型中由于工艺要求，存在大量倒角，删除后既能提高网格划分质量，又对原模型力学性能影响较小。因此，可以将模型中不平整处平整化处理，将倒角删除，具体如图 9.4 和图 9.5 所示。

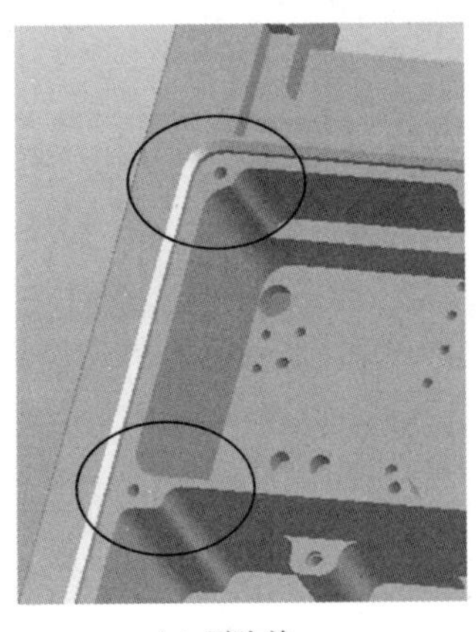

(a) 删除前

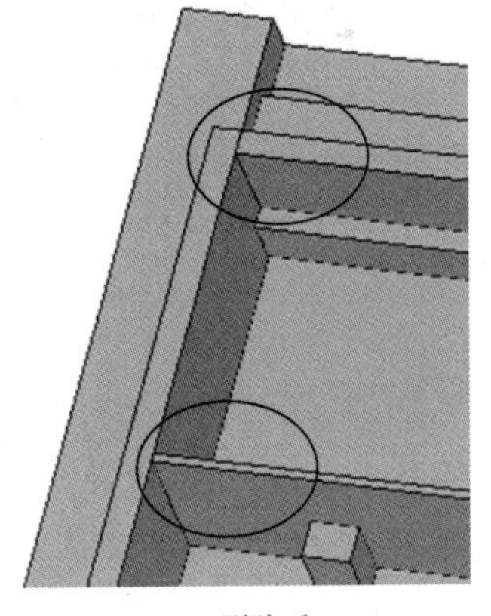

(b) 删除后

图 9.4 局部倒角删除前后对比图

(3) 简化不规则界面形状。原模型中有些凸台起承载作用，对结构强度影响较大，不可省略，但为建模及分析简单，将其适当简化成规则的几何形状，如图 9.6 所示。

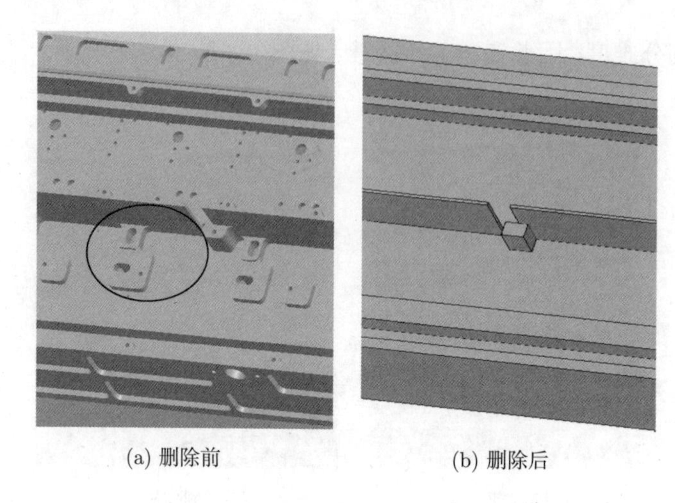

(a) 删除前　　(b) 删除后

图 9.5　局部不平整删除前后对比图

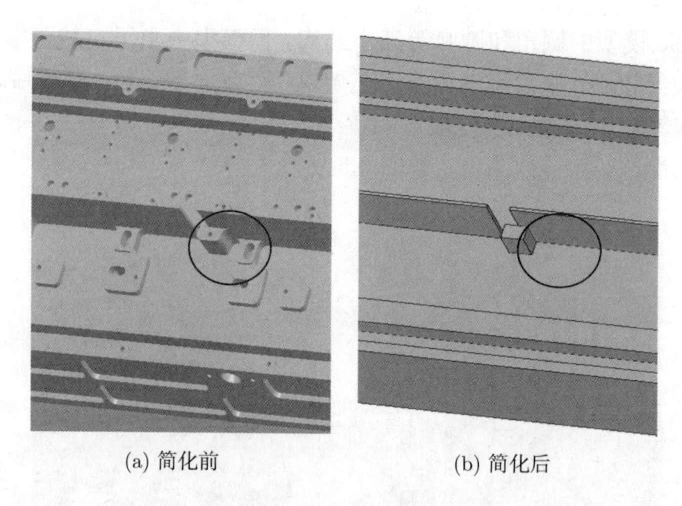

(a) 简化前　　(b) 简化后

图 9.6　局部不规则界面形状简化前后对比图

(4) 删除水接头安装口与锁紧器安装处。水接头安装口与锁紧器安装处其尺寸由水接头和锁紧器尺寸决定，不是优化对象，且其对结构分析影响不大，故可以省略，如图 9.7 所示。

(5) 简化原模型集中式电源安装位置与分布式频率源安装位置。集中式电源安装位置处与分布式频率源安装位置处仅起承载电源和分布式频率源的作用，其本身结构复杂，会给建模带来困难，但对模型整体的结构特性影响微小，故可将其简化，如图 9.8 和图 9.9 所示。

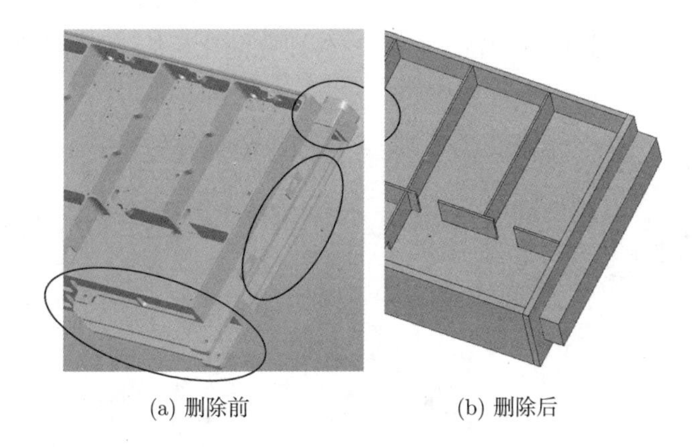

(a) 删除前 (b) 删除后

图 9.7 局部连接安装口删除前后对比图

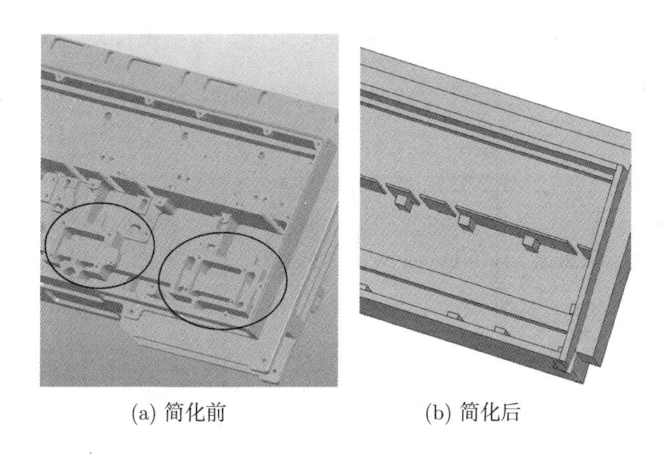

(a) 简化前 (b) 简化后

图 9.8 局部电源安装位置简化前后对比图

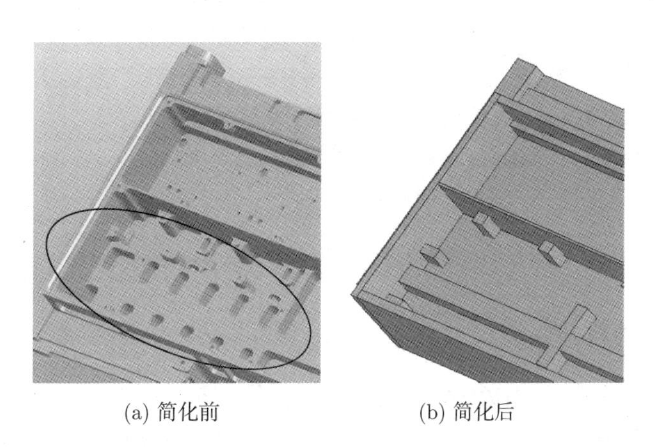

(a) 简化前 (b) 简化后

图 9.9 局部频率源安装位置简化前后对比图

按照简化原则及简化过程在 Pro/E 软件建立简化后的微波组件散热冷板模型如图 9.10 所示。

图 9.10　简化后的散热冷板模型

该散热冷板包括四个通道信号发射接收组件，其正反面均有安装多个电子器件，其结构尺寸如图 9.11 所示。

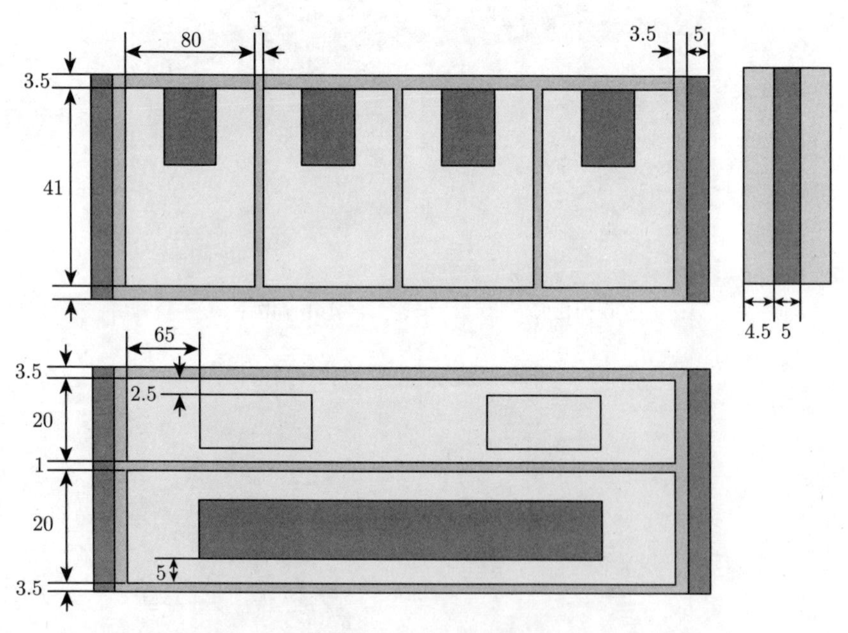

图 9.11　散热冷板结构尺寸图 (单位：mm)

9.1.3　散热冷板特性分析

下面对结构简化后的微波组件散热冷板进行散热特性分析。冷板材料选用铝，发热芯片材料选用砷化镓 (GaAs)，冷却液为乙二醇水溶液，入口温度为 20℃，入口速度为 1.5m/s，流道直径为 2.5mm。铝、砷化镓和乙二醇水溶液的物性参数在

表 9.1 给出。

表 9.1 各材料的物性参数

类型	热传导率/(W/m·K)	比热容/(J/kg·K)	密度/(kg/m^3)	黏度/(MPa·s)
铝	217.7	880	2700	—
砷化镓	45	325	5330	—
乙二醇水溶液	0.593	4182.6	1000	1

该微波组件散热冷板的热源有：集中式电源、数字接收器和功率放大器，各发热器件参数如表 9.2 所列。

表 9.2 各发热器件参数

发热器件	热耗/W	尺寸/mm^2	数量/个
集中式电源	8	30×15	2
数字接收器	10	193×10	1
功率放大器	15	10×20	4

1. 有限元建模

首先将建立的 Pro/E 模型以 x_t 的格式导入 ICEM，以在一定程度上保证几何形状的完整性，便于后续在 ICEM 中保证模型完整性，方便模型修复和网格划分。在模型导入时注意设置单位，保证 Pro/E 建模单位与 ICEM 中单位一致。

然后，在 ICEM 中设置模型修复容差为 0.05，对模型进行几何修复。在 ICEM 中修补流道进出口面，并命名进口面为 IN，出口面为 OUT。将流道曲面所形成的空间设置成封闭的域，即建立 block，命名为 fluid。同样将冷板曲面所形成的空间设置成封闭的域，并命名为 solid。为方便后续进行热分析，在 ICEM 中创建 part，将集中式电源表面命名为 heat1，数字接收器表面命名为 heat2，功率放大器表面命名为 heat3。

最后，在 ICEM 网格划分功能中设置网格质量和最小尺寸，进行网格划分得到有限元模型，保存格式为 cfx5。最终 ICEM 中建立的散热冷板有限元模型如图 9.12 所示。

2. 设置边界条件

将 ICEM 划分好的网格模型导入 CFX 前处理，设置单位要与 Pro/E 建模单位一致，并进行边界条件设置。在进行流固耦合仿真设置时，对仿真环境进行如下简化和假定[13]：①流体不可压缩，忽略温度等对冷却液物性属性的影响；②流体的运动是定常的，且流体与壁面无滑移；③忽略冷板散热过程中的自然对流换热及辐射换热；④冷却液入口处的流速是均匀分布的；⑤采用稳态热分析方法[14,15]。

给热源施加热流密度载荷，热流密度计算公式为

$$q = P/S \tag{9.1}$$

式中，P 为热源发热功率；S 为冷板与热源接触面积[16,17]。

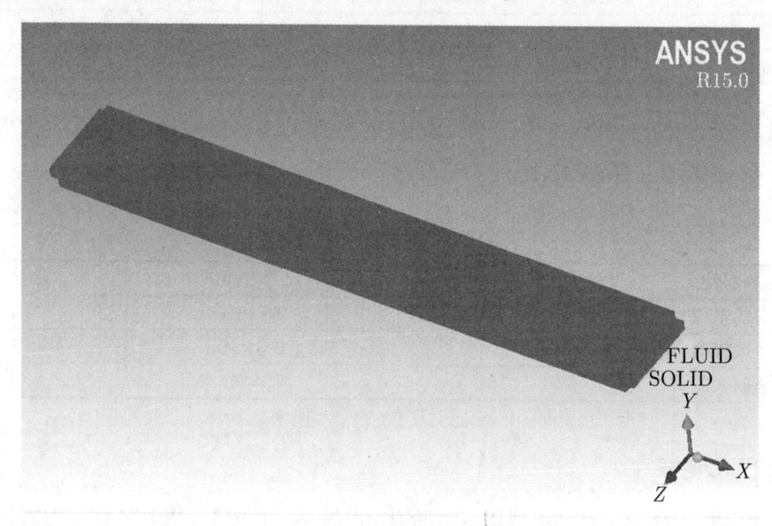

图 9.12 ICEM 中建立的散热冷板有限元模型

因此，可以得到表 9.3 所列的各个发热器件热流密度。

表 9.3 发热器件热流密度表

发热器件	热耗/W	接触面积/mm^2	热流密度/(W/mm^2)
集中式电源	10	193×10	5180
数字接收器	8	30×15	18000
功率放大器	15	10×20	75000

根据以上假设及热流密度的计算，在 CFX 中定义如下传热设置及边界条件：

```
in: Boundary Type INLET, Static Temperature 20℃, Normal Speed
    1.5m/s;
out: Boundary Type OUTLET, Relative Pressure 0 Pa;
heat1: Heat Flux 5180 [W m^-2];
heat2: Heat Flux 18000 [W m^-2];
heat3: Heat Flux 75000 [W m^-2];
Maximum Number of Iterations: 100;
Domain Interface: Interface Type: Fluid-Solid, Mesh Connection:
GGI;
```

因此，在 CFX-Pre 中的热边界条件设置如图 9.13 所示。

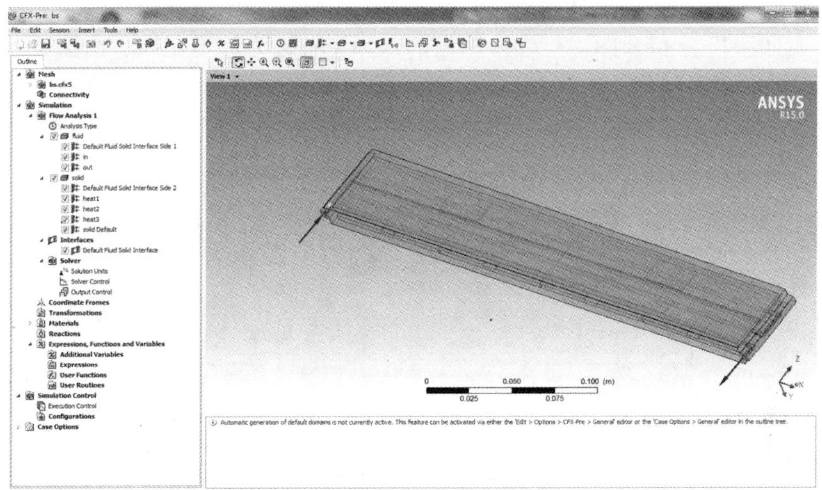

图 9.13 CFX-Pre 热边界条件设置

3. 散热特性分析

经上述设置，输出 res 格式求解文件，图 9.14 为热分析收敛迭代图。由图 9.14 可以看出，经过 100 步迭代，所有微分方程的收敛残差均已达到 10^{-5} 以下，迭代停止，散热达到平衡状态。

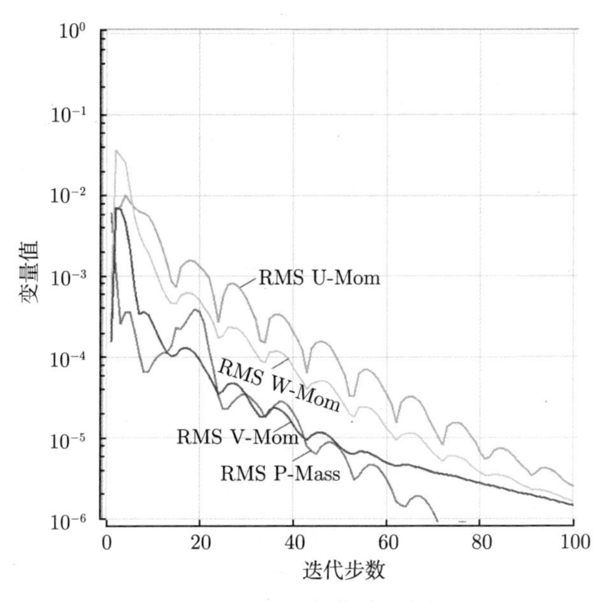

图 9.14 热分析收敛迭代图

将计算后的结果文件导入 CFX 后处理，以便输出或查看热分析结果，可以查看冷板温度分布云图、流道压降云图、流道温度分布和速度分布云图等[18]。图 9.15 为冷板表面温度分布云图，左边为流道的入口，右边为流道出口。由图 9.15 可以看出，冷板最高温度集中在中间区域，表面温度最高为 40.39℃[19]。图 9.16 为流道压降分布云图，由图可知，随着流道的延伸，流道压力值越来越小，流道进出口压降为 0.0299MPa。

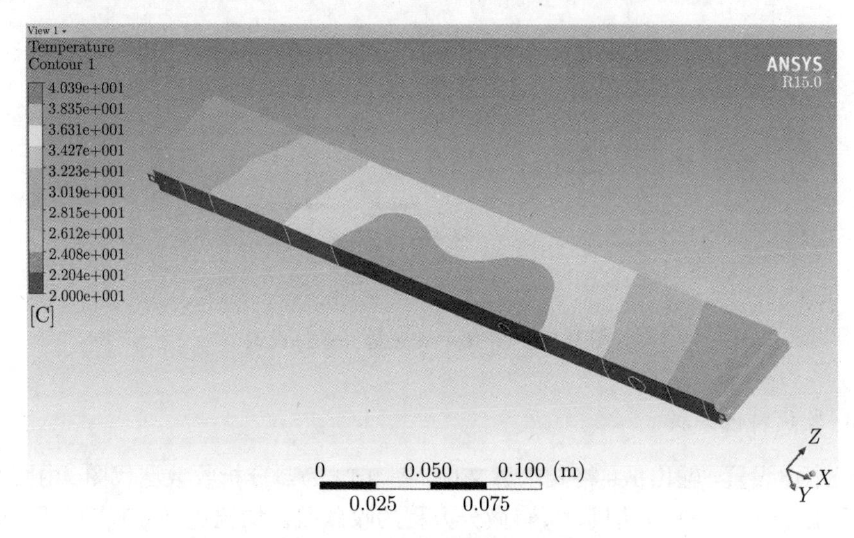

图 9.15　冷板表面温度分布云图

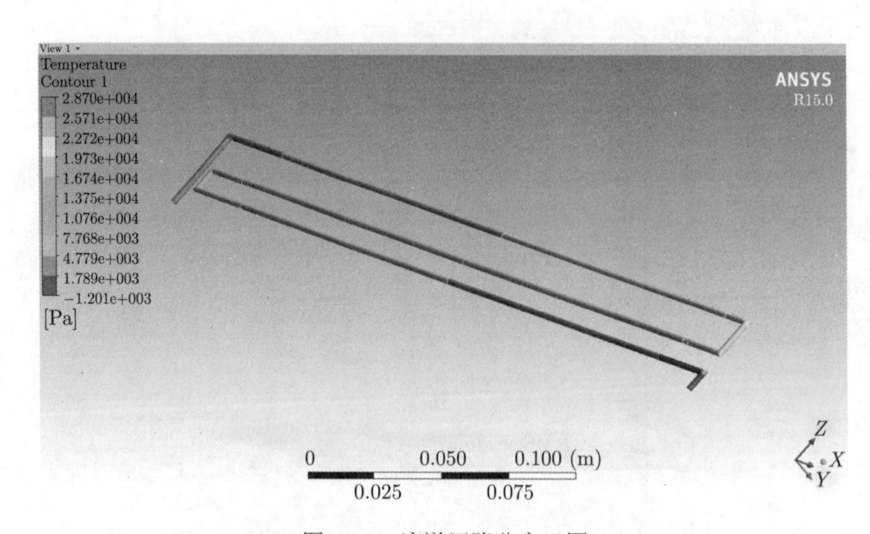

图 9.16　流道压降分布云图

在流道所在平面中间 XOZ 面建立新平面 plane，查看该平面上冷却液温度分布云图和流速分布云图。图 9.17 是 plane 平面上冷却液温度分布云图，由图可以看到，冷却液进口位置温度最低为 20℃，随着冷却液经过各个热源下方，冷却液温度逐渐升高。图 9.18 所示为 plane 平面上冷却液流速分布云图，由图可看出在流道各拐角处，冷却液流速明显变快，而在其他各处冷却液流速均趋于平稳，在整个流道中流速相对稳定。拐角处流速较大，这是由于该处流道几何形状发生改变，冷却液边界层被扰乱，换热效率明显增大。

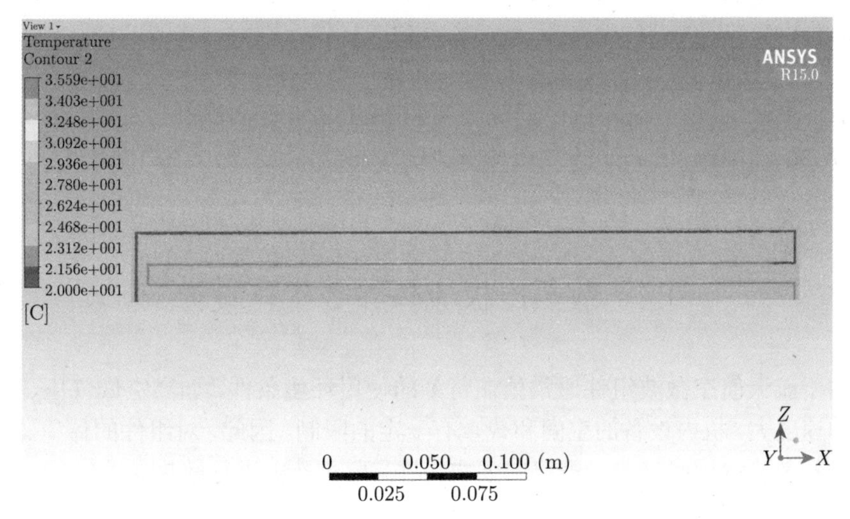

图 9.17 plane 平面上冷却液温度分布云图

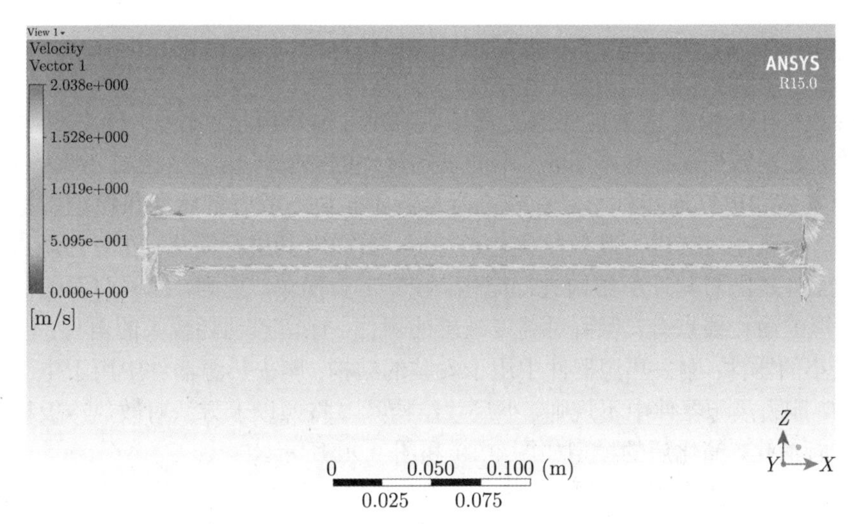

图 9.18 plane 平面上流速分布云图

利用 CXF 后处理提取各热源表面最高温 Theat_1、Theat_2、Theat_3，功率放大

器表面最大温差 ΔT_1，流道进出口温差 ΔT_2 以及进出口压降 ΔP，并以表格形式输出，具体如下：

```
TABLE: Table 1
T1:B1="=maxVal(Temperature)@heat1",30.75℃;
T2:B2="=maxVal(Temperature)@heat2",34.85℃;
T3:B3="=maxVal(Temperature)@heat3",35.55℃;
dT1:B4="=maxVal(Temperature)@heat3-minVal(Temperature)@heat3",
      5.898℃;
dT1:B5="=ave(Temperature)@out-ave(Temperature)@in",2.159℃;
dP:B6= "=ave(Pressure)@in-ave(Pressure)@out",0.02797MPa;
```

9.2 散热冷板流体参数优化设计

由于航天航空微波组件通常处在苛刻的使用环境条件，如高空低气压、高速、过载加速度大，机内设备的空间和载重有一定的限制。因此，对组件的体积、质量、抗振性和散热等同时提出了严格的要求，故需要对冷板进行散热参数优化。

9.2.1 热源特点与流道结构

1. 热源特点分析及简化

冷板外形尺寸与微波组件内的发热芯片尺寸数量级相差较大，且发热器件数量较多，位置布局规律性不明显，不同发热器件的热功耗也不尽相同。因为各器件上用于安装和电气连接外形尺寸较小且形状不规则，考虑到后期热模型网格划分的要求，所以在对其进行高效热优化设计时，首先对其进行简化。在对热源进行筛选简化后，还需对其外形结构进行简化，使其尽量简单、规则，根据前面的简化原则，这里的简化要点有：保留对温度敏感的器件；保留热功耗较大的器件；略去热功耗较小的器件；删去热源器件中用于安装的结构；删去热源器件中用于电气连接等结构；删去热源器件中不规则、小尺寸结构[20]。按照以上方法对散热冷板模型及热源进行简化，简化后的模型如图 9.19 和图 9.20 所示。

在对热源进行简化的过程当中，保留对温度敏感且作为散热效果校核标准的功能模块和分布式电源模块以及发热功耗较大的集中式电源模块和功率放大器[21]。简化后的各发热器件尺寸及安装位置如图 9.21 所示，相应各发热器件参数见表 9.4。

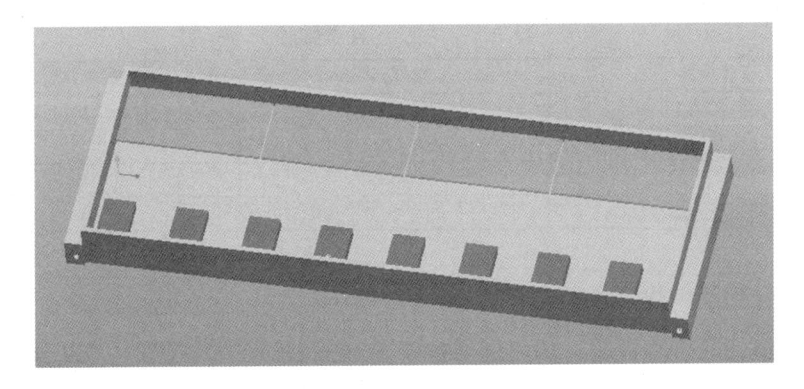

图 9.19 简化后散热冷板的正面 (去上盖板)

图 9.20 简化后散热冷板的背面 (去下盖板)

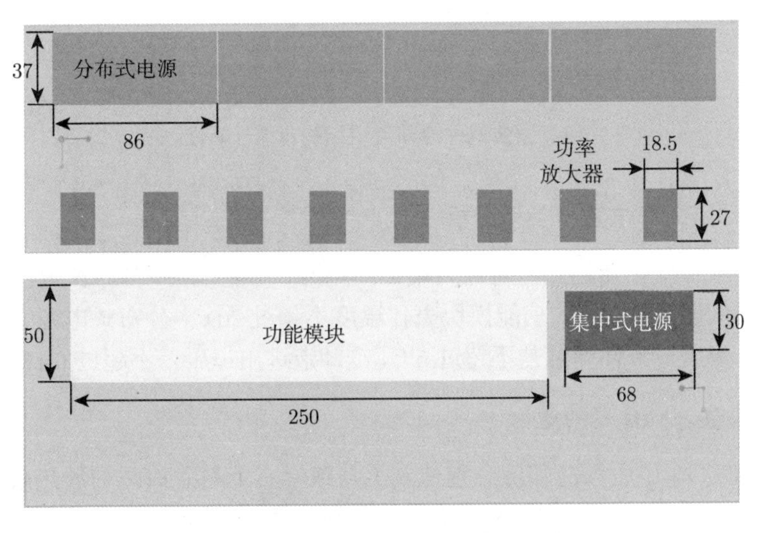

图 9.21 发热器件示意图 (单位：mm)

表 9.4　发热器件参数表

发热器件	热耗/W	数量/个
FPGA	9	1
分布式电源	4.5	4
集中式电源	6.8	1
功率放大器	8	8

2. 冷却流道结构

微波组件散热冷板的冷却流道结构如图 9.22 所示[22]，从图中可以看出，该冷却流道中三个长直圆流道的截面直径为 4mm，记为 D_1；左右两端连接长直圆流道部分的截面为 9mm× 6mm 和 6.5mm×5mm 的矩形，出入口位置为截面直径为 3.3mm 的圆形孔径，记为 D_2。

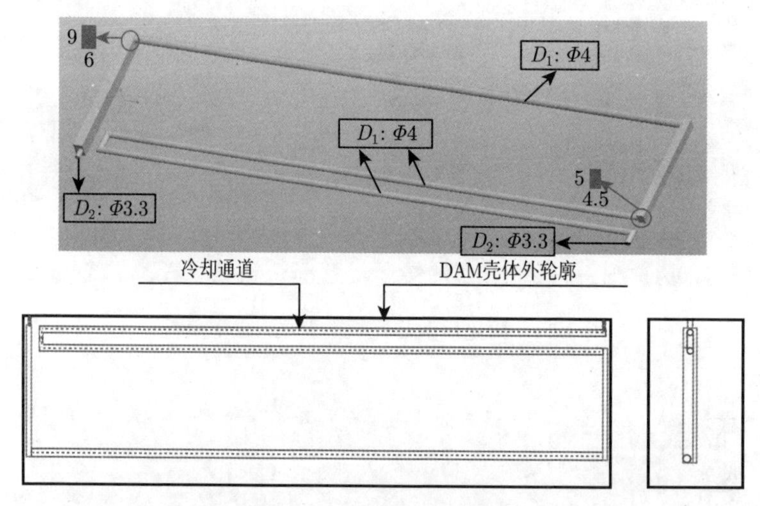

图 9.22　微波组件冷却流道结构示意 (单位：mm)

9.2.2　冷却液入口位置与类型分析

经过简化后，主要的热控对象为集中式电源、功能模块、分布式电源和功率放大器；主要的散热指标有：功能模块壳体温度不超过 70℃，分布式电源壳体温度不超过 85℃，温度一致性即温差不超过 5℃，冷却液进出口压差不超过 0.1MPa[23,24]。

1. 冷却液入口位置的选取

分析图 9.23 中所示冷却液分别从左上角或者右上角入口时的散热效果，从而来选取适当的冷却液入口位置来对微波组件进行散热。

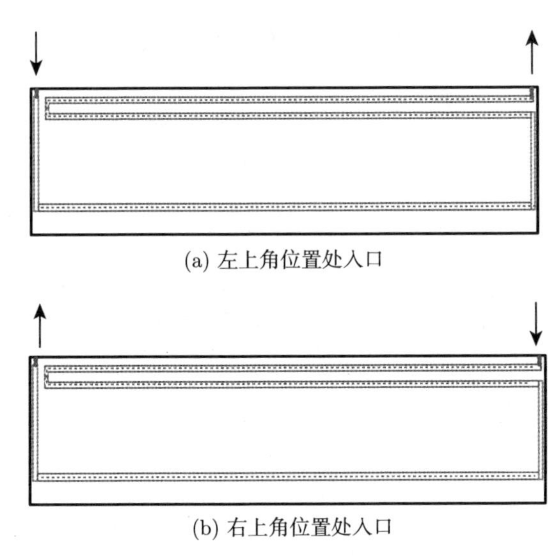

图 9.23 冷却流道不同入口位置

当冷却流道从左上角位置入口时，冷却液依次经过集中式电源、功能模块、分布式电源和功率放大器；当冷却流道从右上角位置入口时，冷却液依次经过功率放大器、分布式电源、功能模块和集中式电源。针对这两种不同入口位置的冷却方案进行散热分析，得到的散热结果数据如表 9.5 所示。

表 9.5 不同入口位置的散热影响情况

项目	参数	左上角入口	右上角入口
冷却参数	冷却液	JSFDG-60	JSFDG-60
	冷却液入口流速/(m/s)	2	2
	冷却液入口温度/℃	35	35
散热指标	FPGA 最高温度/℃	38.98	38.68
	分布电源最高温度/℃	37.58	38.45
	功放最大温差/℃	0.65	0.81
	流道进出口温差/℃	2.76	2.33
	流道进出口压差/℃	0.09	0.12

分析表中数据可以发现，当冷却液在左上角位置处入口时，分布电源上的最高温度比右上角位置入口时低 0.87℃，功率放大器上的最大温差比右上角位置入口时下降了 0.16℃，且流道进出口压差比右上角位置入口时降低了 0.03MPa。FPGA 上的最高温度比右上角位置入口时高 0.3℃，流道进出口温差比右上角位置入口时高 0.43℃。

由此可见，这两种位置入口的最高温度和温差的散热效果相差并不大。右上角位置入口的温度指标有略微的降低，这是因为集中式电源、功能模块和功率放大器位置排布比较密集，集中安装在冷板上方，且发热量比较大，冷却液优先通过发热量较大的器件可以在一定程度上减少热量累加。但由于对于左上角位置入口时，流道进出口压差较小，且未超过允许范围，因此选择左上角位置作为冷却液入口位置。

2. 冷却液类型的选取

为选取适当的冷却液类型来对微波组件进行散热，下面分析不同浓度的乙二醇水溶液 JSFDG60 和 JSFDG65 分别作为冷却液时的散热效果。JSFDG-65 是体积浓度为 65%，其中乙二醇占 65%水占 35%(质量浓度为 66%) 的乙二醇水溶液，JSFDG-60 是体积浓度为 60%(质量浓度约为 62%) 的乙二醇水溶液。具体的物性参数在表 9.6 中给出。

表 9.6　不同浓度的乙二醇水溶液物性参数

温度/°C	冷却剂类型	密度/(kg/m³)	比热容/(kJ/kg·k)	热传导率/(m·K)	黏度/(×10⁻³Pa·s)
35	JSFDG-60	1078.71	3.149	0.358	3.29
	JSFDG-65	1079	3.113	0.342	4.46
20	JSFDG-60	1086.27	3.084	0.349	5.38
	JSFDG-65	1089	2.999	0.337	6.99
0	JSFDG-60	1094.6	2.997	0.336	12.05
	JSFDG-65	1102	2.847	0.329	16.4
−20	JSFDG-60	1101.06	2.909	0.321	34.28
	JSFDG-65	1116	2.694	0.322	54.7

针对这两种不同类型的冷却液进行散热分析，得到的散热结果数据如表 9.7 所示。分析表中数据可知，选用 JSFDG-60 作为冷却液进行散热时，FPGA 上最高温度比 JSFDG-65 作为冷却液时降低了 0.03℃，分布式电源上最高温度比 JSFDG-65 作为冷却液时降低了 0.02℃，功率放大器上的最大温差相等，流道进出口压差比 JSFDG-65 作为冷却液时降低了 0.01MPa；流道进出口温差比 JSFDG-65 作为冷却液时高了 0.04℃。

表 9.7　不同冷却液的散热影响情况

项目	参数	JSFDG-60	JSFDG-65
冷却参数	冷却液入口位置	左上角	左上角
	冷却液入口流速/(m/s)	2	2
	冷却液入口温度/°C	35	35
散热指标	FPGA 最高温度/°C	38.98	39.01
	分布电源最高温度/°C	37.58	37.60
	功放最大温差/°C	0.65	0.65
	流道进出口温差/°C	2.76	2.72
	流道进出口压差/MPa	0.09	0.10

由表 9.7 中数据可以看出，这两种冷却液进行散热时各项散热指标都相差很小，因此其散热效果并没有明显的优劣之分。这是因为这两种冷却液在本质上是同一种物理量、不同浓度的水溶液，所以物性参数相近，特别是比热容和传导率等与散热相关的物理量，在数值上相差很小，故这两种冷却液的散热效果相差不多。但因为选用 JSFDG-60 作为冷却液进行散热时，流道进出口压差较小，且未超过允许范围，所以选择 JSFDG-60 作为微波组件散热冷板流道里的冷却液[25]。表 9.8 给出了 JSFDG-60 在不同温度下的主要物性参数。

表 9.8 不同温度下 JSFDG-60 的物性参数

温度/℃	密度/(kg/m^3)	比热容/(kJ/kg·K)	热传导率/(m·K)	黏度/(×10^{-3}Pa·s)
10	1090.70	3.04	0.343	7.85
15	1088.54	3.062	0.346	6.46
20	1086.27	3.084	0.349	5.38
25	1083.87	3.106	0.352	4.52
30	1081.35	3.127	0.355	3.84
35	1078.71	3.149	0.358	3.29

9.2.3 冷板流道和流体参数影响机理

1. 流道入口位置对散热影响分析

下面分析如图 9.24 所示分别选择左、右侧入口时的散热影响情况，从而确定流道入口位置。

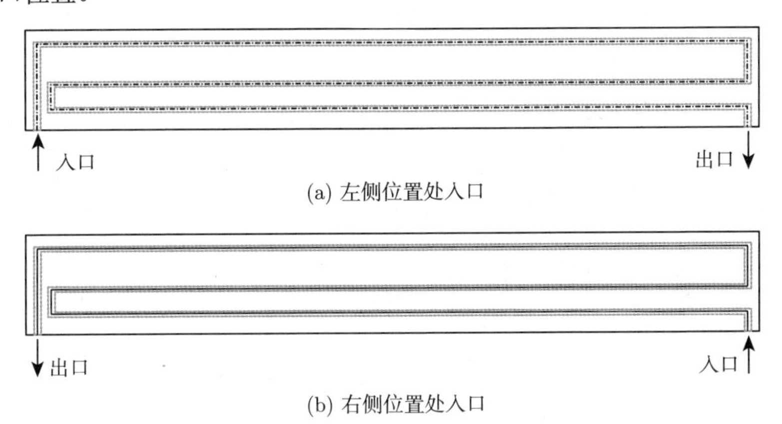

图 9.24 冷却流道不同入口位置

针对以上两种不同位置入口的冷却方案进行散热分析，冷却液为乙二醇水溶液，入口温度为 20℃，入口流速为 1.5m/s，流道直径为 2.5mm，得到的散热结果数据如表 9.9 所示。

表 9.9　不同位置入口的散热影响情况

散热指标	左侧入口	右侧入口
集中式电源最高温 $Theat_1$/℃	30.75	30.55
数字接收模块最高温 $Theat_2$/℃	34.85	34.55
功率放大器最高温 $Theat_3$/℃	35.35	35.15
功率放大器最大温差 ΔT_1/℃	5.898	5.783
流道进出口温差 ΔT_2/℃	2.519	1.850
流道进出口压降 ΔP/MPa	0.0279	0.0294

分析表 9.9 中数据可知，当流道入口位置选择左侧时，流道进出口压降比入口位置为右侧时低 0.0015MPa；当流道入口位置选择右侧时，集中式电源表面最高温比流道左侧入口时低 0.2℃，数字接收模块表面最高温比流道左侧入口时低 0.3℃，功率放大器表面最高温比流道左侧入口时低 0.2℃，功率放大器最大温差比流道左侧入口时低 0.115℃，进出口温差比流道左侧入口时低 0.669℃，即各热源表面温度以及热源表面温差、流道进出口温差均比左侧入口位置的要低。

经过分析可知，选择不同入口位置 (当前入口流速和温度)，对冷板散热有一定影响，当冷板散热对流道压降要求严格时，应选择左侧为流道入口位置；而当对各器件表面最高温以及温差要求严格时，应选择右侧为流道入口位置。

2. 流道直径大小对散热影响分析

将冷板及冷却液其他参数保持不变，只改变流道直径大小，在 1.0 ～ 3.0mm 内取不同值，研究其对冷板散热效果影响。表 9.10 给出了不同流道直径下的冷板散热情况。

表 9.10　不同流道直径对散热效果影响

直径 D/mm	进出口压降 ΔP/MPa	功率放大器表面最大温差 ΔT_1/℃	进出口温差 ΔT_2/℃	集中式电源表面最高温 $Theat_1$/℃	数字接收器表面最高温 $Theat_2$/℃	功率放大器表面最高温 $Theat_3$/℃
1.0	0.0702	8.617	4.768	42.05	45.65	46.35
1.2	0.0581	7.135	4.4684	40.25	44.75	44.45
1.4	0.0521	6.475	4.136	38.05	42.05	42.75
1.6	0.0448	6.334	4.03	36.55	40.55	41.25
1.8	0.0427	6.304	3.856	36.05	40.15	40.85
2.0	0.0369	5.889	2.467	32.15	36.15	36.85
2.2	0.0321	5.898	2.307	32.05	36.05	36.75
2.4	0.0295	5.916	1.965	31.15	35.25	35.95
2.6	0.0279	5.775	1.741	30.25	34.35	35.05
2.8	0.0249	5.816	1.657	30.15	34.25	34.95
3.0	0.0226	5.750	1.439	29.05	33.35	34.05

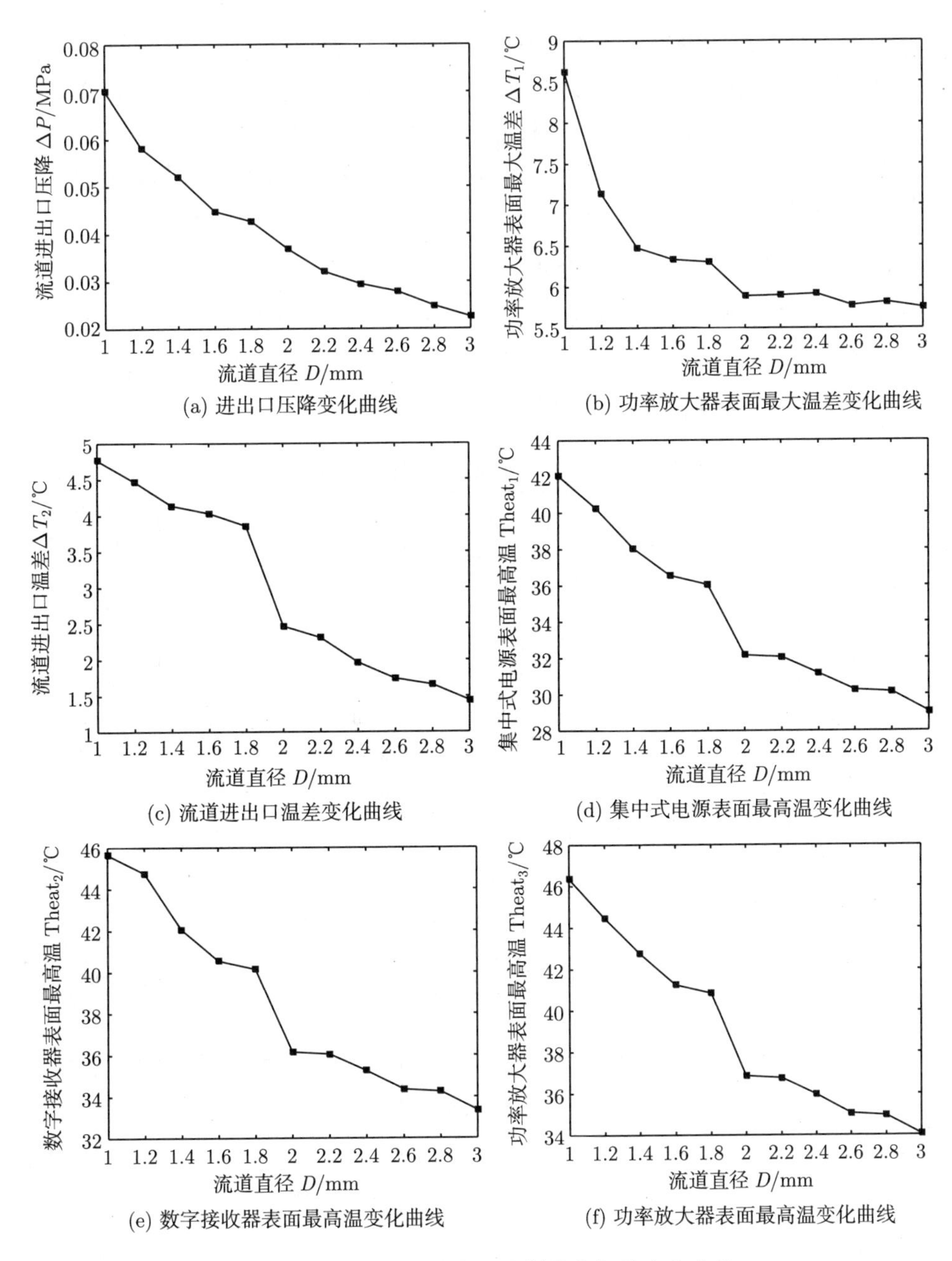

图 9.25 不同流道直径下各散热指标的变化曲线

由以上图表数据可以看出，随着流道直径大小的不同，冷板各散热指标均会受到不同程度的影响[26,27]。由图 9.25 可以明显看出，随着流道直径大小在 1.0 ~ 3.0mm 内变化，冷板进出口压降呈下降趋势，由 0.0226MPa 增大到 0.0702MPa；而随着流道直径变大，发热器件表面最高温、冷却液进出口温差和功率放大器表面最高温均随之降低，但当流道直径大于 2.0mm 时，各器件表面温度和温差改善效果不再明显。因此，为了保证冷板具有良好的散热效果，应综合考虑压降和器件最高温、温度一致性，流道直径应保持在 2.0mm 左右，具体可根据散热指标和结构质量指标共同确定[28,29]。

3. 流体入口流速对散热影响分析

将冷板及冷却液其他参数保持不变，选择冷板入口位置为右侧，只改变冷却液入口流速，流速在 1.0 ~ 3.0m/s 内取不同的值，研究流体不同入口流速对冷板散热效果的影响。表 9.11 给出了不同流速下的冷板散热指标情况。

表 9.11　不同流速对散热指标影响

流速 v/(m/s)	进出口压降 ΔP/MPa	功率放大器表面最大温差 ΔT_1/℃	进出口温差 ΔT_2/℃	集中式电源表面最高温 Theat_1/℃	数字接收器表面最高温 Theat_2/℃	功率放大器表面最高温 Theat_3/℃
1.0	0.014	7.000	2.845	35.35	39.75	40.55
1.2	0.019	6.432	2.348	33.05	37.25	37.95
1.4	0.026	5.978	1.992	31.25	35.35	36.05
1.6	0.033	5.606	1.727	29.95	33.95	34.65
1.8	0.042	5.295	1.521	28.85	32.75	33.45
2.0	0.052	5.03	1.357	27.95	31.75	32.55
2.2	0.062	4.803	1.223	27.25	30.95	31.75
2.4	0.074	4.604	1.112	26.65	30.25	31.05
2.6	0.086	4.429	1.018	26.15	29.75	30.45
2.8	0.100	4.274	0.9376	25.65	29.25	29.95
3.0	0.115	4.135	0.8684	25.25	28.75	29.45

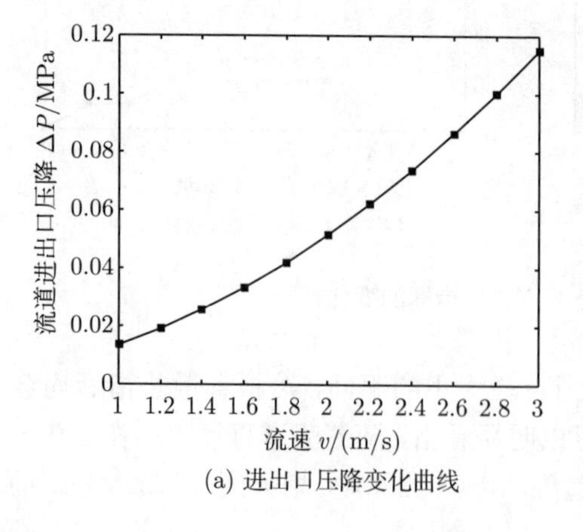

(a) 进出口压降变化曲线

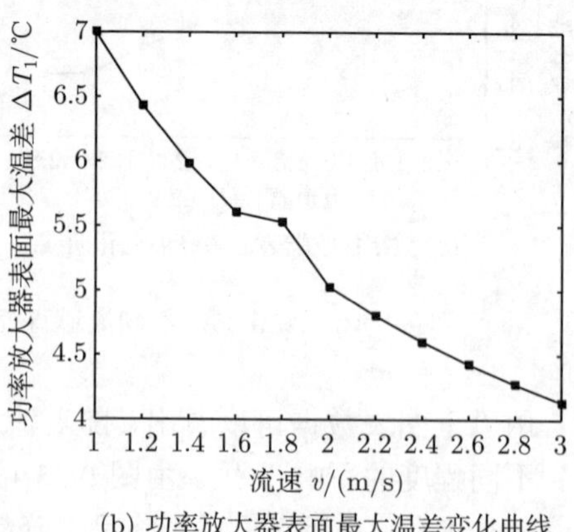

(b) 功率放大器表面最大温差变化曲线

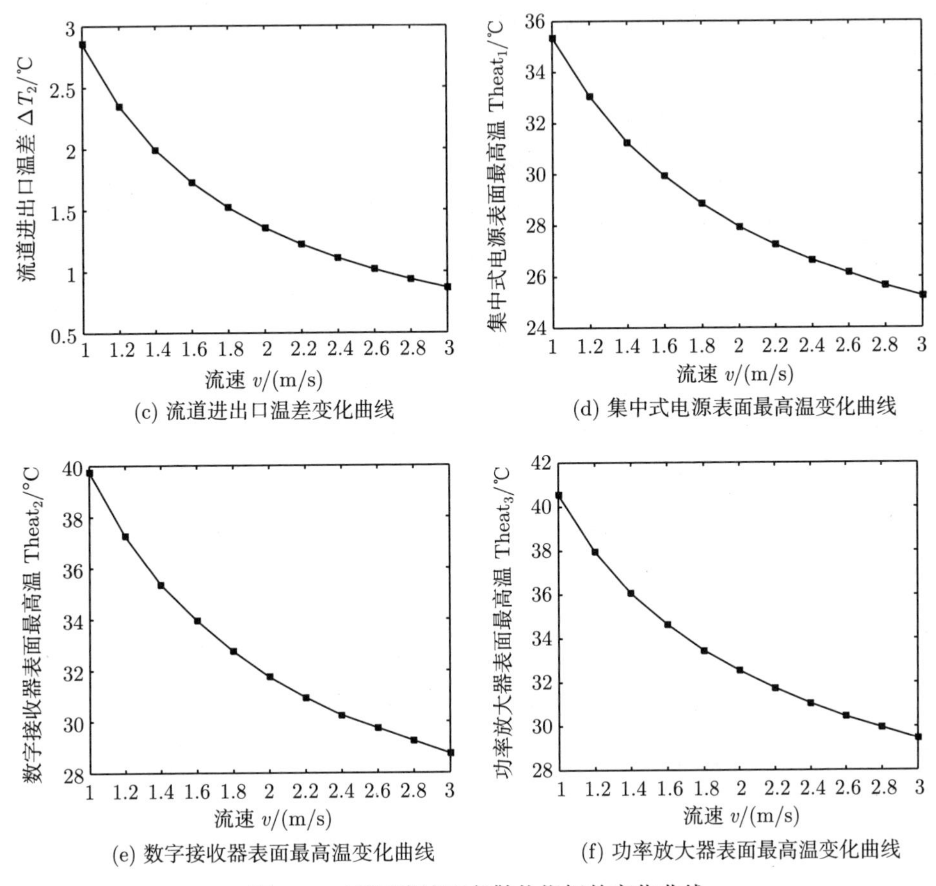

(c) 流道进出口温差变化曲线

(d) 集中式电源表面最高温变化曲线

(e) 数字接收器表面最高温变化曲线

(f) 功率放大器表面最高温变化曲线

图 9.26 不同流速下各散热指标的变化曲线

由以上图表数据可以看，随着冷却液入口流速的不同，冷板各散热参数均会受到不同程度的影响。由图 9.26 可以看出，随着入口流速在 1.0 ～ 3.0m/s 内变化，冷板进出口压降明显增大，由 0.014MPa 增大到 0.115MPa；而随着入口流速增大，各发热器件表面最高温、冷却液进出口温差和功率放大器表面最高温均随之降低。因此，为了保证冷板具有良好的散热效果，应综合考虑压降和器件最高温、温度一致性，选择合适的入口流速。

4. 流体入口温度对散热影响分析

将冷板及冷却液其他参数保持不变，只改变冷却液入口温度，入口温度在 20 ～ 30℃内取不同值，研究其对冷板散热效果的影响。表 9.12 给出了不同冷却液入口温度下的冷板散热指标情况。

表 9.12　不同冷却液入口温度对散热指标影响

入口温度 T_0/℃	进出口压降 ΔP/MPa	功率放大器表面最大温差 ΔT_1/℃	进出口温差 ΔT_2/℃	集中式电源表面最高温 Theat_1/℃	数字接收器表面最高温 Theat_2/℃	功率放大器表面最高温 Theat_3/℃
20	0.0294	5.783	1.85	30.55	34.55	35.35
21	0.0294	5.783	1.85	31.55	35.55	36.35
22	0.0294	5.783	1.85	32.55	36.55	37.35
23	0.0294	5.783	1.85	33.55	37.55	38.35
24	0.0294	5.783	1.85	34.55	38.55	39.35
25	0.0294	5.783	1.85	35.55	39.55	40.35
26	0.0294	5.783	1.85	36.55	40.55	41.35
27	0.0294	5.783	1.85	37.55	41.55	42.35
28	0.0294	5.783	1.85	38.55	42.55	43.35
29	0.0294	5.783	1.85	39.55	43.55	44.35
30	0.0294	5.783	1.85	40.55	44.55	45.35

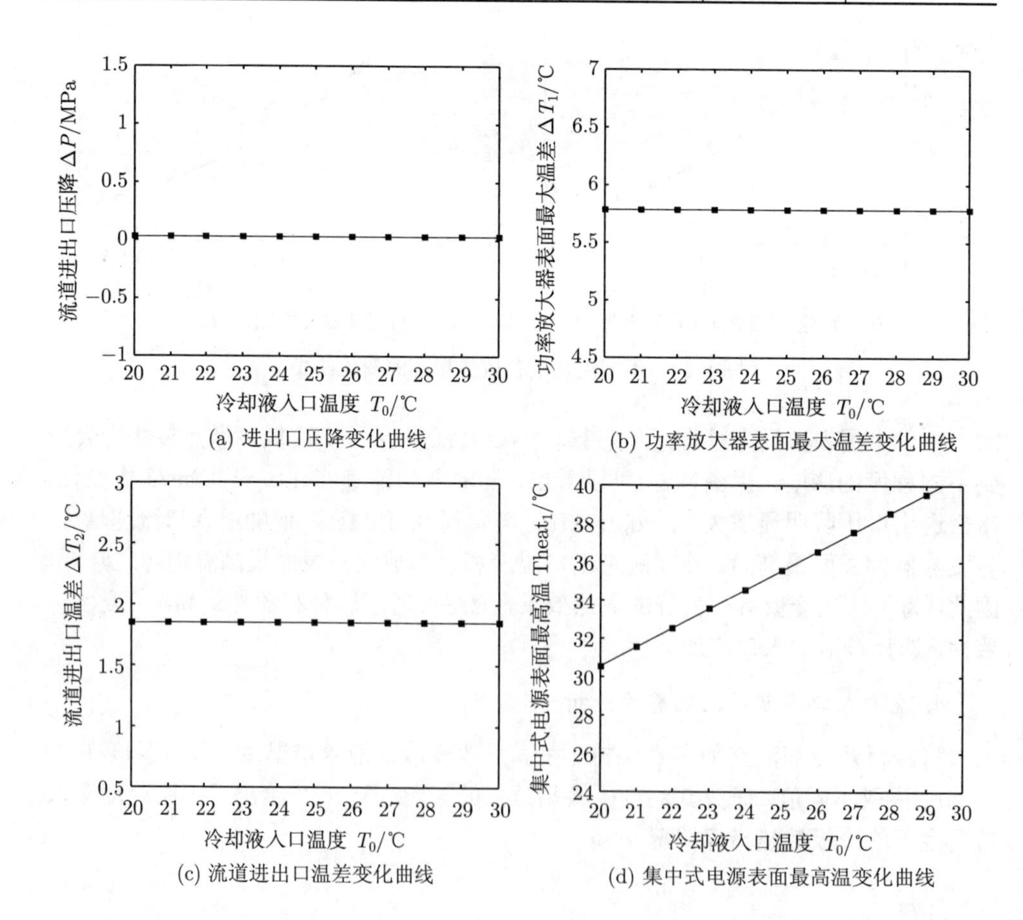

(a) 进出口压降变化曲线

(b) 功率放大器表面最大温差变化曲线

(c) 流道进出口温差变化曲线

(d) 集中式电源表面最高温变化曲线

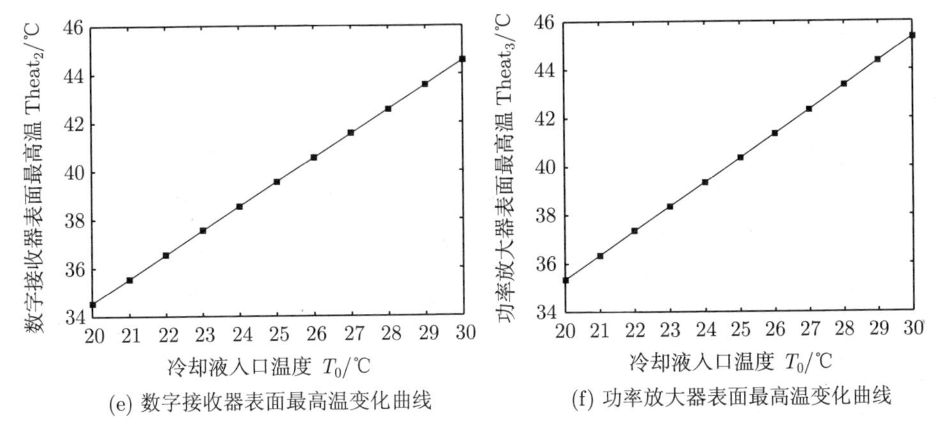

(e) 数字接收器表面最高温变化曲线 (f) 功率放大器表面最高温变化曲线

图 9.27 不同入口温度下各散热指标的曲线

由以上图表数据可以发现，随着冷却液入口温度的变化，冷板部分散热指标均会受影响。由图 9.27 可以看出，随着入口温度在 20 ～ 30℃内变化，冷板进出口压降、功率放大器表面最大温差和流道进出口温差均不变；而各热源表面最高温均随着冷却液入口温度增大而升高。因此，为了保证冷板具有良好的散热效果，且工程实际经济方便，冷却液入口温度应选择为 20℃。

9.2.4 流体冷却参数设计

1. 优化设计模型

在液冷冷板散热中，冷却液的流动依靠泵来提供动力，冷却液在流动过程中压降越小，对泵的要求越低，成本也就越低，因此选择进出口压降为优化设计目标[30]。由冷板和流体参数影响机理分析可知，流道直径的变化对冷板散热有直接影响，直径大则冷板换热效果好，反之变差，但是流道直径太大，冷板强度变弱，因此要综考虑散热和冷板强度，选择合适的流道直径。同样，通过分析入口流速的影响机理可以知道，流速越大则冷板换热效率越高、散热效果越好，但是无限制的增加流速对供液泵提出更高的要求，因此要选择合适的冷却液入口流速，以降低成本。综上，冷板散热优化设计选择流道直径 D 和冷却液入口流速 v 作为设计变量[31]。

至于优化约束条件，随着电子器件的热流密度的不断增大，而微波组件散热冷板中电子器件对温度较为敏感，其电性能随着温度升高变得恶化[32]。为确保其正常可靠工作，必须使器件的结温低于许可值，以保证其性能，增长使用寿命[33]。具体要求为集中式电源表面最高温度不超过 32℃，数字接收器和功率放大器表面最高温度不超过 40℃。

这里选用的典型冷板散热冷板，其上布置很多热源，在热设计过程中，既要保证各器件最高温不超过最大允许值，又要保证温度均匀性。温度的不均匀不仅会影响各器件电性能的一致性，也会因温差造成热应力和热变形[34]。具体要求为冷却液进出口温差不超过 5℃，功率放大器最大温差不超过 8℃[35]。

冷板压降是指冷却液在流动过程中受到的压力损失，冷却液要在流道中正常流动就需克服压力损失[36]。通常液冷冷板由水泵来提供其冷却液流动的动力，因此泵的功率决定了所能提供的最大流量，一定程度上也就决定了冷却液入口流速[37]。也就是说，泵的功率大小决定了压降的大小，压损越大，对泵的要求越高。实际工作中泵的功率大小是有限的，因此对冷板压降也应提出要求，具体为进出口压降不大于 0.05MPa。

考虑流体参数优化模型的目标函数较为复杂，目标函数与各变量间关系不能用显函数描述，为此，采用直接搜索方法来寻找最优值。直接搜索无需计算任何函数梯度，能有效探索初始设计点周围的局部区域，探索阶段采用大步长，能探索到比梯度优化算法更大的设计空间，适合中等数量规模的设计变量和中度非线性的优化设计问题，因此这里采用 Hooke-Jeeves 优化算法[38,39]。

根据以上确定的优化目标、优化变量和约束条件，可建立如下优化模型：

$$
\begin{aligned}
&\text{Find } X=(D、v)\\
&\text{Min } \Delta P(X)\\
&\text{s.t.}\begin{cases}\text{Theat}_1\leqslant 32,\ \text{Theat}_2\leqslant 40,\ \text{Theat}_3\leqslant 40\\ \Delta T_1\leqslant 8,\ \Delta T_2\leqslant 5\\ 2.0\leqslant D\leqslant 3.0,\ 1.0\leqslant v\leqslant 3.0\end{cases}
\end{aligned}
\tag{9.2}
$$

式中，Theat_1 为集中式电源表面最高温 (℃)；Theat_2 为数字接收器表面最高温 (℃)；Theat_3 为功率放大器表面最高温 (℃)；ΔT_1 为功率放大器表面最大温差 (℃)；ΔT_2 为流道进出口温差 (℃)；ΔP 流道进出口压降 (MPa)；D 流道直径 (mm)；v 冷却液入口流速 (m/s)。

2. iSIGHT 软件设置过程

这里采用商业优化软件 iSIGHT 来集成三维建模软件、网格划分软件、热分析软件进行。iSIGHT 软件工作原理是按照选定的优化算法对集成的软件输入数据文件进行修正，通过调用求解软件进行特征数值计算，提取目标函数值，判断目标函数值是否达到最优，如果目标函数值最优则优化结束，否则再次对输入文件进行修正并重复计算，如此循环直至目标函数取得最优值。具体过程如图 9.28 所示，整个集成过程包括以下步骤：

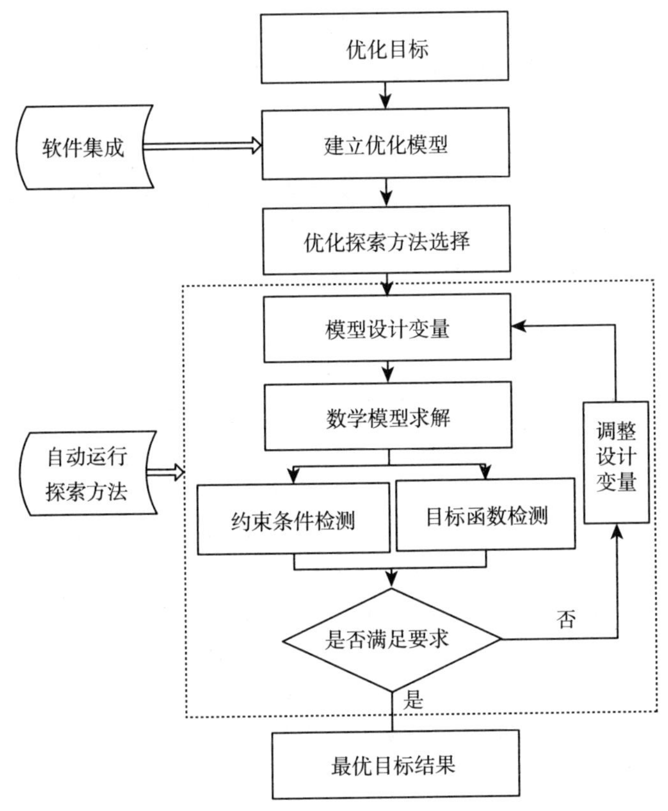

图 9.28 iSIGHT 优化集成流程图

(1) Pro/E 软件参数化建模。

使用 Pro/E 软件参数建模功能，在 Pro/E 软件建立需要优化的散热冷板模型(包括上、下盖板和热源器件)，并将流道直径设置为参数。在 Pro/E 软件中定义参数，将文件输出到指定目录，作为 iSIGHT 输入文件。Pro/E 参数化建模后，将文件保存成 prt 格式和 x_t 格式，便于后续为热分析提供输入模型。打开 prt 格式 Pro/E 文件，将以上整个 Pro/E 参数化、保存文件步骤重新执行一次，录制命令流文件 trailfile.txt。设置用于 iSIGHT 调用 Pro/E 的批处理文件，其格式及内容如下：

```
"D:\ALL\proe\proeWildfire5.0\bin\proe1.bat"
pro_wait
"D:\learn\PROE\trailfile.txt"
taskkill /f /im nmsd.exe
```

(2) ICEM-CFD 划分网格。

首先要激活记录命令流文件的功能，然后将 Pro/E 软件保存的 x_t 格式文件导入 ICEM。为保证导入模型不存在几何缺陷，如非封闭面、开裂、缺失等，设置模型修复容差为 0.05，重新生成几何模型；在流道进出口处添加新的面，使流道形成一个封闭的空间；建立各个 Parts 对边界条件进行预定义，对进出口面、热源表面进行预定义。设置网格最小尺寸为 2.0mm，划分四面体网格，保存网格划分后的有限元模型保存，得到 cfx5 格式文件。关闭软件并命名为 rpl 格式文件。ICEM 批处理文件格式及内容如下：

```
"C:\Program Files\ANSYSInc\v150\icemcfd\win64_amd\bin\icemcfd.bat"
-batch
-script
D:\learn\PROE\bs.rpl
```

(3) CFXPre 前处理。

打开 CFXPre，激活录制命令功能，命名脚本文件为 pre 格式，并开始记录命令。设置材料属性，在 Materials 中增加新的冷板材料铝，冷却液乙二醇水溶液，并修改其物性参数。设置边界条件，将 ICEM 划分好的网格模型文件 cfx5 导入 CFXPre 中。在前处理中完成域 Domain 的创建和流固耦合传热分析边界条件的定义。设置求解精度为 10^{-4}，最大迭代步长为 100，调用 CFXSolver 求解器进行计算，并定义输出文件为 def 格式。CFXPre 批处理文件格式及内容如下：

```
"C:\Program Files\ANSYS Inc\v150\CFX\bin\cfx5pre.exe" -batch
D:\learn\PROE\bs.pre
```

(4) CFXSolver 求解处理。

CFXSolver 负责求解前处理生成的定义文件，在计算过程中，判断收敛残差或者最大步长来结束计算。其批处理文件格式及内容如下：

```
"C:\Program Files\ANSYS Inc\v150\CFX\bin\cfx5solve.exe" -def
D:\learn\PROE\bs.def"
```

(5) CFXPost 后处理。

录制命令流文件，打开 CFXPost，激活录制命令功能，命名脚本文件为 pre 格式，并开始记录命令。设置求解输出，在 CFXPost 中进行后处理，得到热分析结果，依次进行导入计算结果文件、创建云图、创建表达式、输出图表。输出图表内容包括集中式电源表面最高温、数字接收模块表面最高温、功率放大器表面最高温、功率放大器表面最大温差、流道进出口温差和压降。CFXPost 批处理文件格式和内容如下：

```
"C:\Program Files\ANSYS Inc\v150\CFX\bin\cfx5post.exe" -batch
D:\learn\PROE\bs.cse
```

(6) ISIGHT-FD 集成优化设计。

在 iSIGHT 软件中集成 Proe、ICEM、CFXpre、CFXsolver、CFXpost 和 Calculator 六个模块，设置输入输出变量和优化算法，进行集成优化设计[40]。iSIGHT 软件集成优化平台如图 9.29 所示，各变量之间的映射关系如图 9.30 所示。

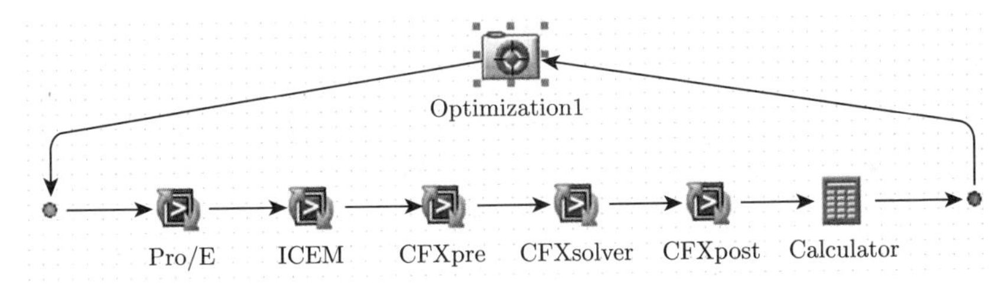

图 9.29 iSIGHT 软件优化集成平台

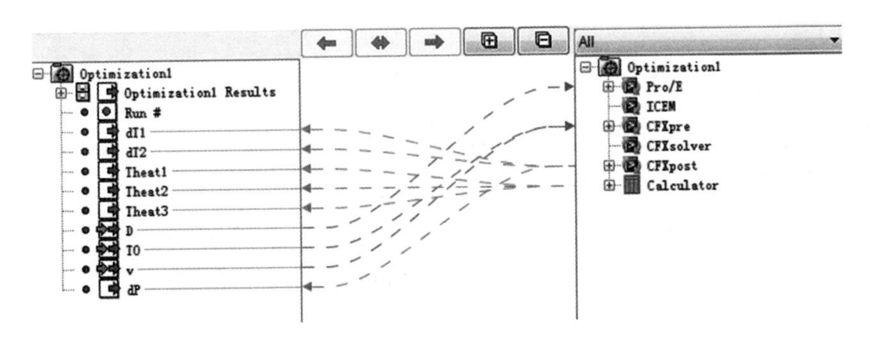

图 9.30 各变量间映射关系

3. 优化迭代过程

运用 iSIGHT 软件经过 30 次迭代，得到最优解，主要散热对象的温度迭代曲线如图 9.31 所示。

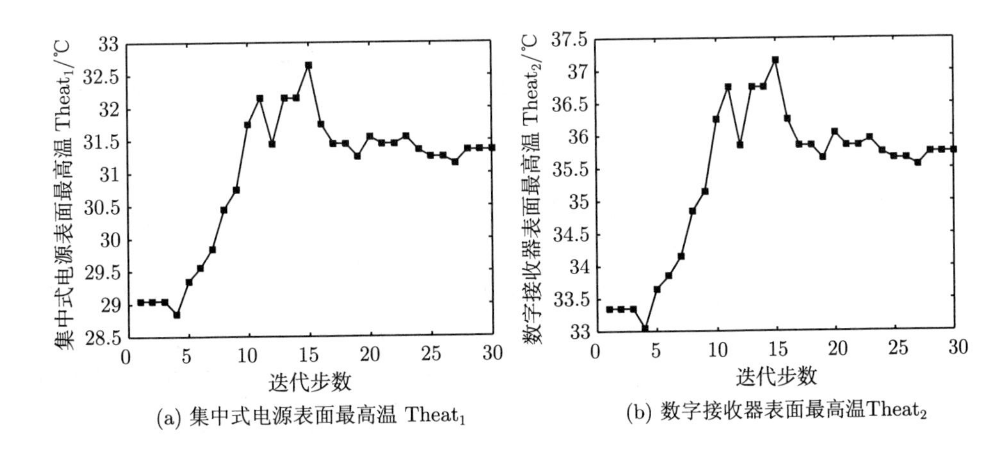

(a) 集中式电源表面最高温 Theat_1 (b) 数字接收器表面最高温 Theat_2

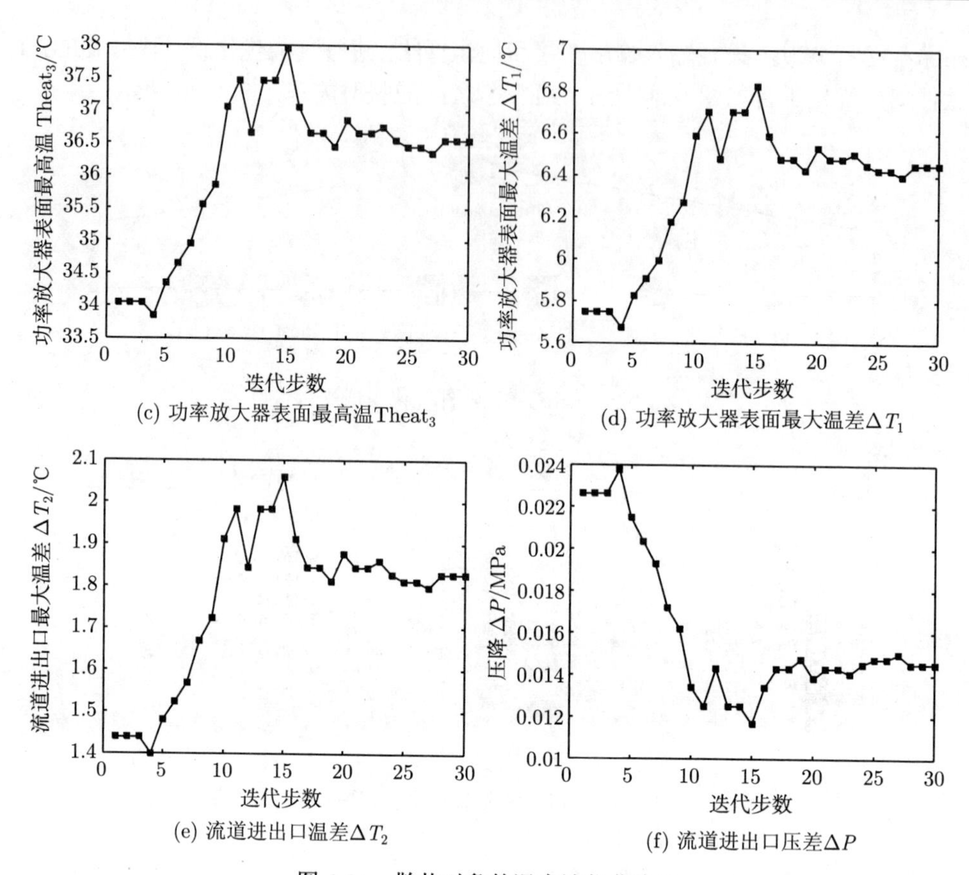

(c) 功率放大器表面最高温Theat_3　(d) 功率放大器表面最大温差ΔT_1

(e) 流道进出口温差ΔT_2　(f) 流道进出口压差ΔP

图 9.31　散热对象的温度迭代曲线图

4. 优化结果分析

散热冷板热优化前后，主要散射指标对比如表 9.13 所示。

表 9.13　热优化结果

散热指标	D/mm	v/(m/s)	Theat_1/℃	Theat_2/℃	Theat_3/℃	ΔT_1/℃	ΔT_2/℃	ΔP/MPa
优化前	2.5	1.5	29.05	33.35	34.05	5.75	1.439	0.0226
优化后	2.378	1.19	31.35	35.75	36.55	6.451	1.828	0.0145

由优化结果可知，优化后散热冷板主要器件表面的最高温均升高，其中集中式电源表面最高温由 29.05℃升高到 31.35℃，数字接收器表面最高温由 33.35℃升高到 35.75℃，功率放大器表面最高温由 34.05℃升高到 36.55℃，功率放大器表面最大温差由 5.75℃升高到 6.451℃，流道进出口温差由 1.439℃升高到 1.828℃，但这些均在器件工作温度允许范围内。另外，流道进出口压降由原来 0.0226MPa 降低到 0.0145MPa。可见经过优化后，在保证器件工作温度的同时，可明显减轻散热冷板

的重量，以及对供液泵的功率需求。

9.3 散热冷板结构轻量化设计

微波组件散热冷板作为电子信息系统的结构承载件，其功能不仅是提供良好的散热作用，还需保证微波组件模块在复杂环境下可靠工作。因此，为实现微波组件在复杂多变环境下能高效工作，首先对微波组件在典型工作环境，即随机振动环境下进行结构分析。然后，利用散热冷板结构动力学分析。对散热冷板进行了以降低冷板质量为目标的结构轻量化设计。

9.3.1 冷板结构动力学分析

振动是电子信息设备在服役过程中最为普遍的现象。微波组件在使用过程中，由于气流、起飞、降落和缓冲等因素会受到振动、冲击等作用。因此，为了保证微波组件在服役过程中能够可靠地工作，需要对其散热冷板进行振动分析[41]。

1. 模态分析

模态是一个结构系统的固有振动特性[42]，包含特定的模态振型、固有频率和阻尼比。一个结构固定已知的设备，其模态也是确定。模态振型、固有频率和阻尼比等参数可以表征模型受振时的结构特性，其数值可通过试验或计算的方式得到，这样一个获得数据的过程叫做模态分析[43-45]。

1) 有限元模型

将散热冷板 Pro/E 模型保存 x_t 格式文件，导入 ANSYS，并进行模型修复。在 ANSYS 中设置单元类型为 solid92；材料属性为铝 (表 9.14)；在 MESH 选项中进行网格划分，得到如图 9.32 所示的有限元模型。

表 9.14 铝材料属性

材料名称	弹性模量/($\times10^9$ Pa)	泊松比	密度/(kg/m^3)	热膨胀系数/($\times10^{-6}$/K)	屈服极限/MPa
铝	73	0.3	2.7	23	⩾ 125

2) 设置边界条件

为便于组件安装固定，实际模型在散热冷板左右两侧使用锁紧条进行约束，约束位置如图 9.33 中红色区域。

3) 求解模态

由于该微波组件散热冷板用于机载电子信息系统，根据国家标准 GJB150.16-86，提取工作频率范围为 15 ～ 2000Hz，计算散热冷板模型的前 10 阶模态，如表 9.15 所示。

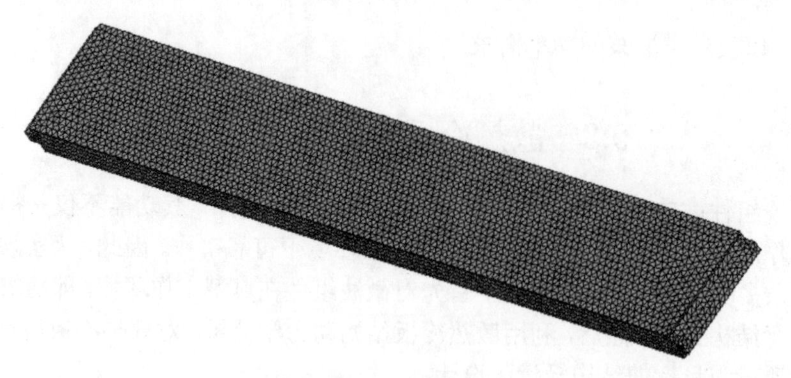

图 9.32　有限元模型

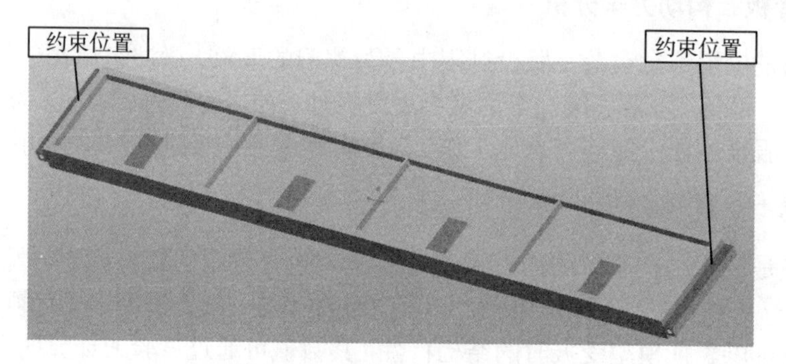

图 9.33　冷板约束位置示意图

表 9.15　前10阶固有频率

模态阶数	频率/Hz	模态阶数	频率/Hz
1	433.81	6	4610.7
2	1332.4	7	4720.8
3	1847.2	8	4880.9
4	2403.4	9	7167.7
5	2797.1	10	7260.9

由以上数值可以看出，该模型第四阶固有频率已超出了载体平台工作频率，因此下面重点分析散热冷板前四阶振型，具体如图 9.34 所示。

由图 9.34(a) 第 1 阶振型和图 9.43(c) 第 3 阶振型可以看出，散热冷板在激励频率为 433.81Hz 和 1847.2Hz 时发生共振，在散热冷板中间位置发生大的弯曲变形；由图 9.34(b) 第 2 阶振型可见，散热冷板在激励频率为 1332.4Hz 时发生共振，在距左右两侧约束位置 1/4 冷板处发生大弯曲变形；由图 9.34(d) 第 4 阶振型可见，散热冷板在激励频率为 2043.4Hz 时发生共振，在冷板中间位置发生大的扭转变形。

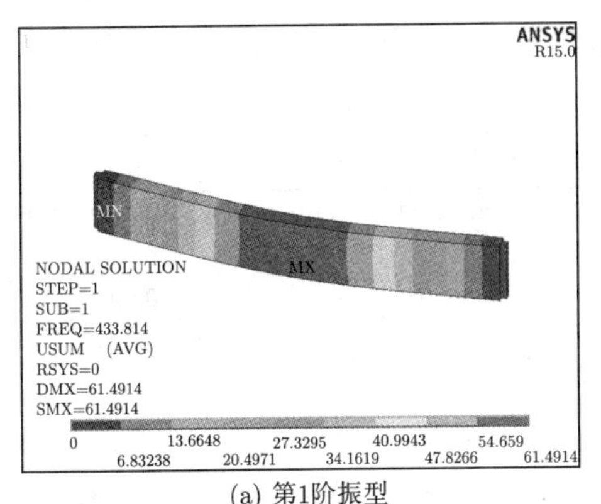

(a) 第1阶振型

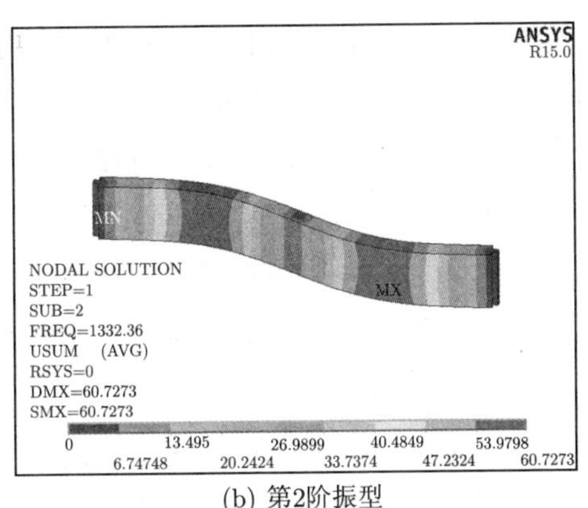

(b) 第2阶振型

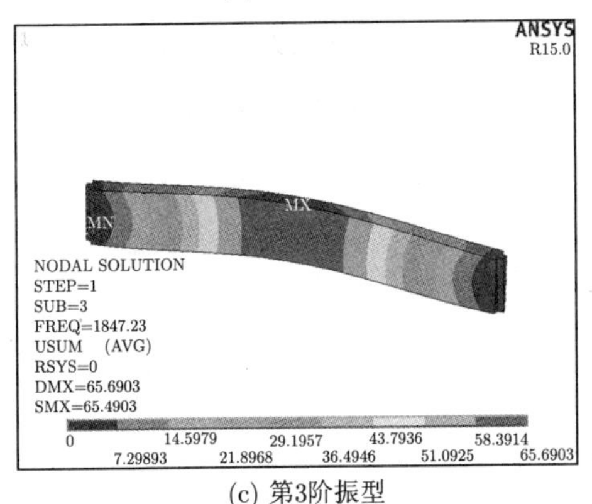

(c) 第3阶振型

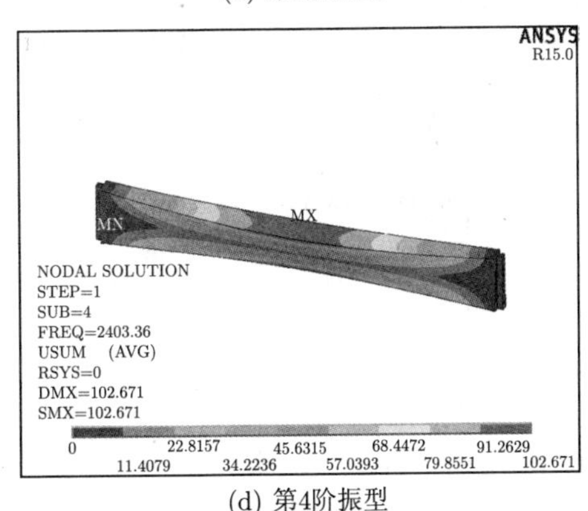

(d) 第4阶振型

图 9.34 散热冷板前 4 阶振型

综上可见，由冷板在实际工作环境发生共振可以看出，其中间位置刚度不足，容易发生变形和疲劳破坏，为了确保冷板安全可靠工作，应该加强其中间位置的刚度或者在冷板中间部分增加约束。同时，为了避免散热冷板在载体工作环境下发生共振，应在设计之初尽量避开其共振频率区间。

2. 随机振动分析

随机振动指那些无法用确定性解析式来描述，但又有一定统计规律的振动，其过程只能用概率统计的方法来描述。随机振动分析即谱分析，是基于概率统计学的分析方法，通过施加功率谱载荷确定结构的响应。功率谱载荷曲线是响应均方根和激励频率的关系，其横坐标是频率值，纵坐标是功率谱密度值。功率谱载荷可以是位移载荷、速度载荷、加速度载荷或者力载荷 (如这里用到的是加速度功率谱载荷，单位：g^2/Hz)。

1) 功率谱载荷

根据国家标准 GJB 150.16—86《设备环境试验方法》规定，对喷气式飞机施加固定功率谱密度载荷进行散热冷板随机振动分析，频率范围在 15 ～ 2000Hz，并选用如表 9.16 所示的加速度功率谱值。

表 9.16 某机载电子信息系统的加速度功率谱

频率/Hz	原始载荷/(g^2/Hz)	频率/Hz	原始载荷/(g^2/Hz)
15	0.02	1000	0.1
36	0.02	2000	0.02
100	0.1	—	—

在 ANSYS 中进行随机振动设置，首先选择分析类型为功率谱 PSD 分析，在模型约束位置施加 PSD 基础激励[46]。考虑模型 Z 方向刚度较差，因此选择在 Z 轴施加激励，进行随机振动分析，施加的功率谱载荷相应曲线如图 9.35 所示。

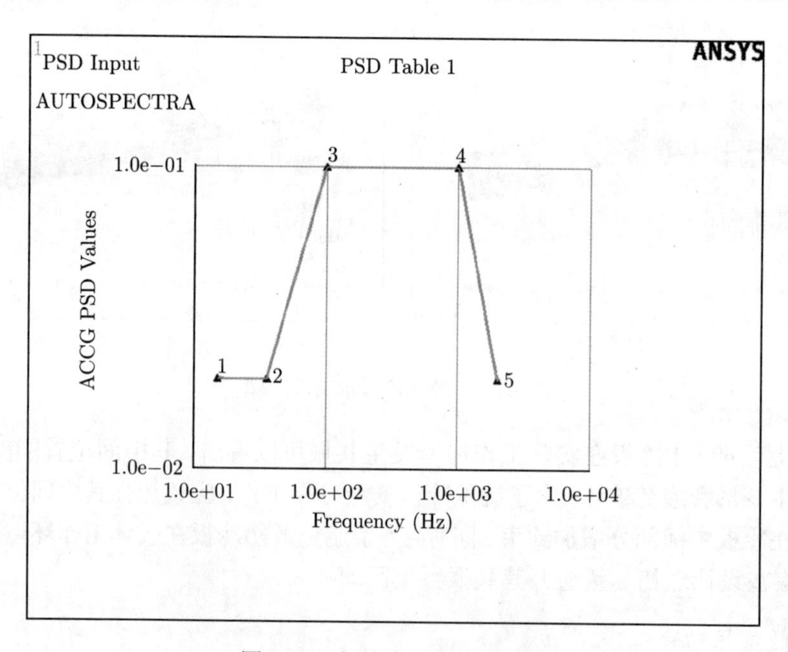

图 9.35 加速度功率谱曲线图

2) 随机振动响应结果

通过随机振动分析，得到相应结果。提取散热冷板 1σ 最大均方根应力，给出散热冷板 1σ 最大均方根位移云图和等效应力云图。

由以上可知，散热冷板 1σ 均方根最大位移发生在冷板中间位置，1σ 均方根最大位移为 0.07mm；散热冷板 1σ 均方根最大应力发生在冷板侧壁处，其值为 18.026MPa，3σ 均方根最大应力值为 54.078MPa，小于材料许用应力。

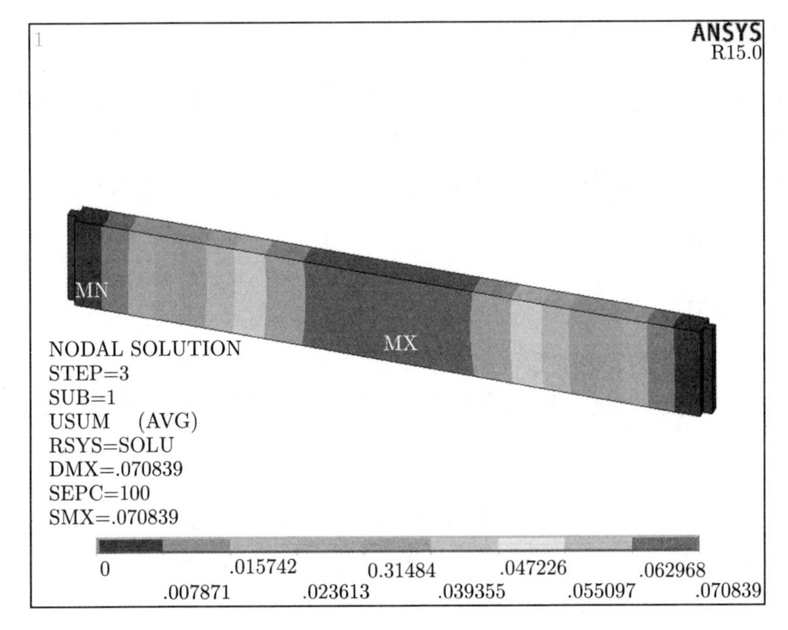

图 9.36 散热冷板随机振动下位移云图

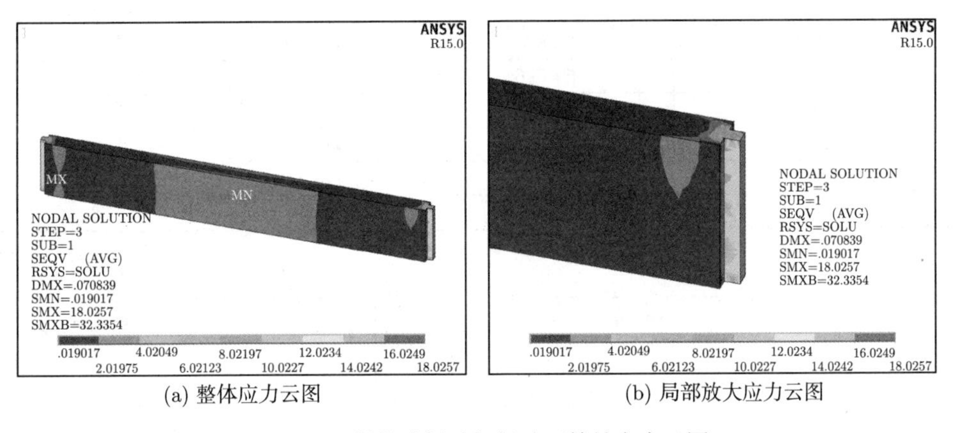

(a) 整体应力云图 (b) 局部放大应力云图

图 9.37 散热冷板随机振动下等效应力云图

综上可知，同模态分析结果一致，冷板在中间位置刚度最差，位移最大，需要在中间位置增大冷板刚度或者增加约束，限制其自由度；由随机振动下应力云图可知，在冷板左右两侧约束位置应力最大，出现应力集中情况，当环境恶劣时，冷板约束位置有可能被破坏。由以上分析结果可知，虽然最大应力并不显著，但若微波组件处于该环境下长期工作，在长期激励的重复作用下，上述应力分布区域有可能由于交变应力的作用产生而疲劳破坏。因此，在结构设计过程中应采取适当措施减少集中应力的存在，增加结构可靠性[47]。

9.3.2 冷板结构特性分析

为研究冷板各部分对散热冷板结构的影响，找出对冷板质量、应力和基频影响的结构薄弱环节。下面将盖板厚度、格筋厚度和冷板侧壁厚分别作为分析对象，在单个因素变化时对冷板进行模态和随机振动分析，探讨其变化对冷板结构的影响。

1. 盖板厚度

1) 上盖板厚度

将冷却液及冷板其他参数保持不变，只改变冷板上盖板厚度在 0.5 ~ 1.2mm 内的值，分析上盖板厚度对散热冷板应力、基频和质量的影响，得到的数值结果如表 9.17 所示。

表 9.17 上盖板厚度变化对冷板结构影响

上盖板厚度 x_1/mm	应力 $\sigma_{\max}$/MPa	基频 f_1/Hz	质量/kg
0.5	49.095	440.052	0.548
0.578	49.929	440.765	0.552
0.656	50.067	441.475	0.555
0.733	50.316	441.388	0.558
0.811	53.874	442.703	0.562
0.889	54.096	442.898	0.565
0.967	54.435	443.332	0.568
1.044	54.627	444.25	0.572
1.122	54.894	444.515	0.575
1.2	55.257	445.007	0.578

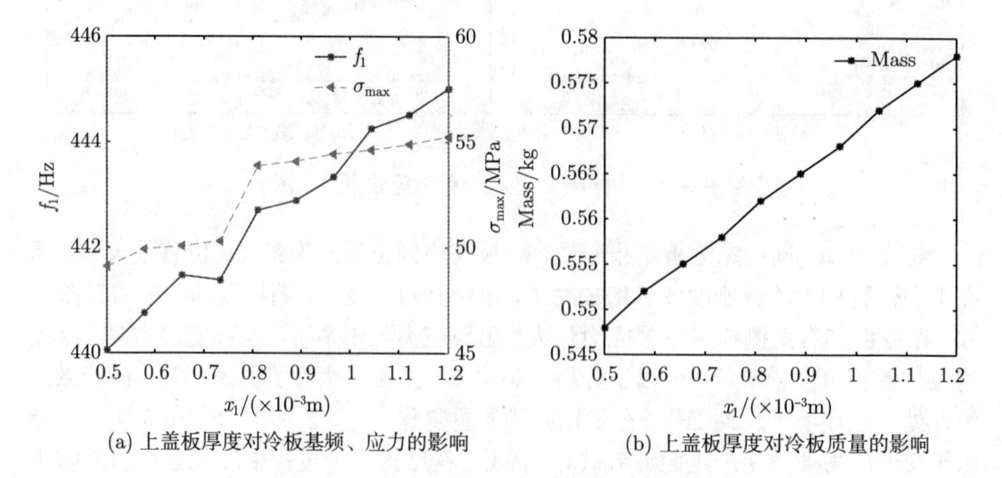

(a) 上盖板厚度对冷板基频、应力的影响　　(b) 上盖板厚度对冷板质量的影响

图 9.38 上盖板厚度对冷板结构特性影响曲线

由图 9.38(a) 可知，随着冷板上盖板厚度 x_1 增加，冷板基频和应力均逐渐增大；由图 9.38(b) 可知，随着冷板侧壁厚度 x_1 增加，冷板质量逐渐增大。综合考虑上盖板厚度的影响，冷板上盖板厚度 x_1 取值范围应为 0.5 ～ 1.02mm。

2) 下盖板厚度

将冷却液及冷板其他参数保持不变，只改变冷板下盖板厚度在 0.5 ～ 1.5mm 内的值，分析下盖板厚度对散热冷板应力、基频和质量的影响，得到的数值结果如表 9.18 所列。

表 9.18 下盖板厚度变化对冷板结构影响

下盖板厚度 x_2/mm	应力 $\sigma_{\max}$/MPa	基频 f_1/Hz	质量 Mass/kg
0.50	52.791	428.657	0.536
0.61	49.287	430.558	0.540
0.72	51.612	431.662	0.545
0.83	51.768	433.577	0.55
0.94	51.615	436.024	0.554
1.06	51.087	437.833	0.560
1.17	51.954	439.409	0.564
1.28	54.822	441.651	0.569
1.39	54.972	443.293	0.574
1.50	55.257	445.007	0.578

由图 9.39(a) 可知，随着冷板下盖板厚度 x_2 增加，冷板基频逐渐增大，而应力变化无明显规律；由图 9.39(b) 可知，随着下盖板厚度 x_2 增加，冷板质量逐渐增大。综合考虑冷板下盖板厚度的影响，冷板下盖板厚度 x_2 取值范围应为 0.61 ～ 1.5mm。

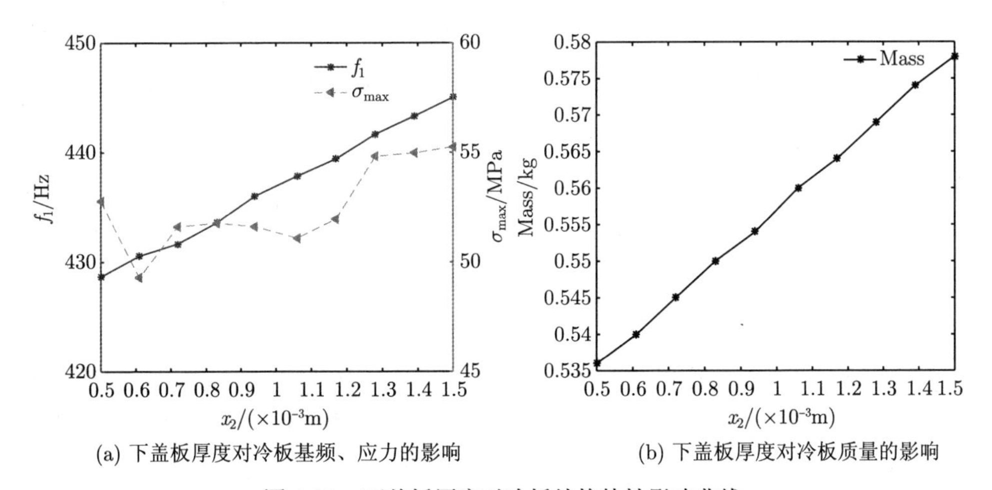

(a) 下盖板厚度对冷板基频、应力的影响　(b) 下盖板厚度对冷板质量的影响

图 9.39 下盖板厚度对冷板结构特性影响曲线

2. 冷板壁厚

将冷却液及冷板其他参数保持不变，只改变冷板壁厚在 0.5 ～ 3.5mm 内的值，分析壁厚对散热冷板应力、基频和质量的影响，得到的结果如表 9.19 所示。

表 9.19 壁厚变化对冷板结构影响

冷板壁厚度 x_3/mm	应力 $\sigma_{\max}$/MPa	基频 f_1/Hz	质量 Mass/kg
0.50	49.293	459.112	0.495
0.83	45.891	457.877	0.504
1.17	50.568	456.434	0.514
1.50	49.419	454.674	0.523
1.83	49.791	452.943	0.532
2.17	45.24	451.2	0.541
2.50	49.857	449.682	0.55
2.83	50.787	448.076	0.56
3.17	50.394	446.624	0.569
3.50	55.257	445.007	0.578

由图 9.40(a) 可知，随着冷板壁厚 x_3 增加，冷板基频呈逐渐减小趋势，而最大应力无明显变化；由图 9.40(b) 可知，随着冷板壁厚 x_3 增加，冷板质量逐渐增大。综合考虑冷板壁厚的影响，冷板壁厚 x_3 取值范围应为 0.83 ～ 3.17mm。

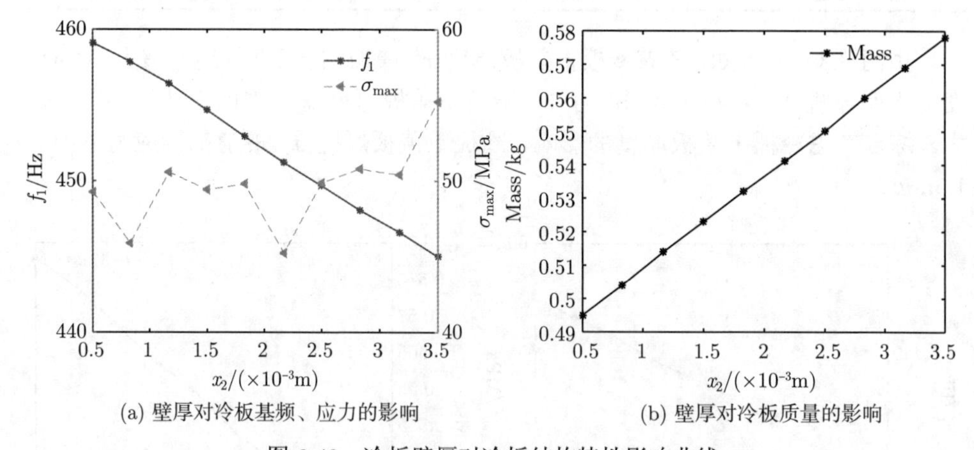

(a) 壁厚对冷板基频、应力的影响 (b) 壁厚对冷板质量的影响

图 9.40 冷板壁厚对冷板结构特性影响曲线

3. 格筋厚度

将冷却液及冷板其他参数保持不变，只改变冷板格筋厚度在 0.5 ～ 1.0mm 内的值，分析格筋厚度对散热冷板应力、基频和质量的影响，得到的结果如表 9.20 所示。

表 9.20 格筋厚度变化对冷板结构影响

格筋厚度 x_4/mm	应力 $\sigma_{\max}$/MPa	基频 f_1/Hz	质量 Mass/kg
0.500	50.433	448.934	0.570
0.556	50.397	447.726	0.571
0.611	51.111	447.797	0.5716
0.667	52.056	447.232	0.5725
0.722	53.893	446.893	0.573
0.778	54.372	446.307	0.574
0.833	55.218	446.286	0.575
0.889	55.275	445.749	0.576
0.944	55.026	446.039	0.577
1.000	55.257	445.007	0.578

由图 9.41(a) 可知，随着冷板格筋厚度 x_4 增加，冷板基频逐渐减小，而最大应力逐渐增大；由图 9.41(b) 可知，随着冷板格筋厚度 x_4 增加，冷板质量逐渐增大。综合考虑格筋厚度的影响，格筋厚度 x_4 取值范围应为 0.556 ～ 1mm。

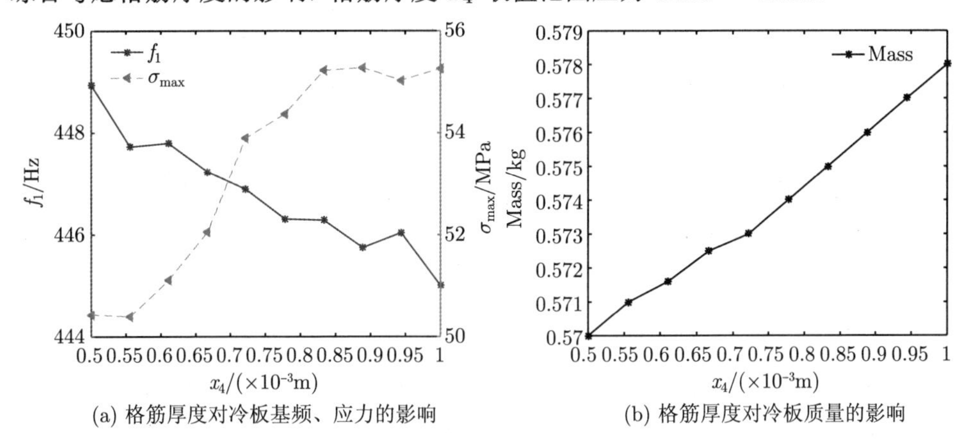

(a) 格筋厚度对冷板基频、应力的影响　　(b) 格筋厚度对冷板质量的影响

图 9.41 格筋厚度对冷板结构特性影响曲线

9.3.3 冷板结构质量优化设计

由以上分析可知道，随着散热冷板结构参数变化，散热冷板应力、基频和质量等都会发生变化，为确保散热冷板在微波组件服役过程中能够正常、可靠工作，有必要对散热冷板进行合理结构设计。这里选用的微波组件散热冷板初始质量为 0.578kg，不满足冷板质量小于 0.5kg 的设计要求，故需要对其进行轻量化设计[48]。

1. 结构动力优化模型

通过分析散热冷板结构参数对冷板质量、应力和基频的影响程度，找出对质量影响大的结构因素作为结构优化变量[49]，综合考虑其对基频和应力的影响，最终确定优化变量为上盖板厚度 x_1、下盖板厚度 x_2 和散热冷板壁厚 x_3。因为优化目的是使微波组件散热冷板越轻越好，所以选择冷板质量 Mass 为优化目标。

关于约束条件: ①根据加工工艺要求，对优化变量的尺寸提出了限制，即不小于 0.5mm; ②机载电子信息系统为避免机身设备共振，应对设备固有频率提出要求，即设备一阶固有频率要大于允许基频，本书对基频要求不小于 $f_0 = 432\text{Hz}$; ③为保证冷板结构强度，使冷板在使用过程中不会被破坏，冷板 3σ 最大均方根应力值不大于材料许用应力 $[\sigma]$。但考虑机载组件可靠性要求，选择安全系数为 $n = 2.5$，因此冷板许用应力不大于 50MPa。

根据以上确定的优化目标、优化变量和约束条件，可建立如下优化模型:

$$\begin{aligned}
&\text{Find } X = (x_1, x_2, x_3)\\
&\text{Min Mass}(X)\\
&\text{s.t.}\begin{cases}
432 - f_1 \leqslant 0\\
\sigma_{\max} - 50 \leqslant 0\\
0.5 \leqslant x_1 \leqslant 1.02\\
0.61 \leqslant x_2 \leqslant 1.5\\
0.83 \leqslant x_3 \leqslant 3.5
\end{cases}
\end{aligned} \tag{9.3}$$

式中，f_1 为散热冷板一阶固有频率 (Hz); $\sigma_{\max}$ 为散热冷板 3σ 最大均方根应力值 (MPa); x_1 为上盖板厚度 (mm); x_2 为下盖板厚度 (mm); x_3 为冷板壁厚 (mm)。根据优化模型特点，采用的优化算法为序列二次规划法[50]。

2. iSIGHT 软件设置过程

优化过程利用 iSIGHT 软件来集成 ANSYS 软件进行结构动力优化，其优化流程如图 9.42 所示。

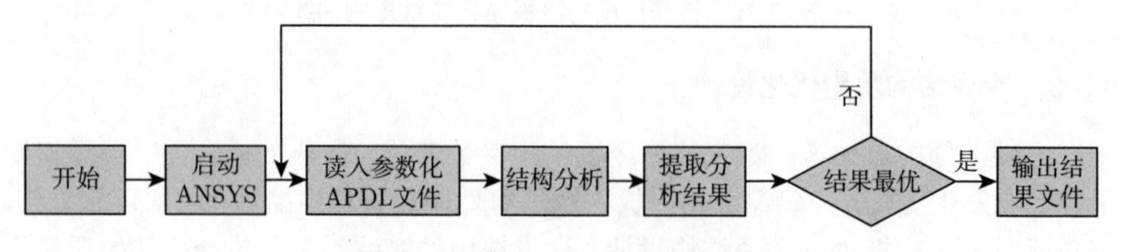

图 9.42 iSIGHT 软件求解流程图

整个集成过程包括以下步骤:

(1) Pro/E 软件参数化建模。

使用 Pro/E 软件参数化建模功能，在 Pro/E 中建立需要优化的散热冷板模型 (包括上、下盖板和热源器件)，并将冷板上、下盖板的厚度、壁厚和格筋厚度均设置为参数。定义参数及参数间关系，将关系文件输出到指定目录，作为 iSIGHT 输入文件。Pro/E 参数化建模后，将文件保存成 prt 格式和 x_t 格式，便于后续为结构分析提供输入模型。打开文件 prt，将以上整个 Pro/E 参数化、保存文件步骤重新执行一次，录制命令流文件 trailfile.txt。设置 Pro/E 批处理文件用于 iSIGHT 调用 Pro/E，其格式及内容如下：

```
"D:\ALL\proe\proeWildfire 5.0\bin\proe1.bat" pro_wait
"D:\learn\PROE\trailfile.txt"
taskkill /f /im nmsd.exe
```

(2) ANSYS 软件力学分析。

将 Pro/E 软件保存的 x_t 格式模型文件导入 ANSYS 软件，并进行模型修复以确保导入模型无缺陷。用 APDL 形式进行材料属性、网格划分及边界条件设置，并对冷板模型进行模态分析和随机振动分析 (具体过程与前述设置相同)。

用 APDL 形式提取结构力学分析结果数据，将模态分析和随机振动分析后的冷板质量 Mass、一阶固有频率 f、最大均方根应力值 σ 以 txt 文件格式输出，保存名为 out.txt 文件，便于后续 iSIGHT 设置输出文件。然后设置 ANSYS 批处理文件用于 iSIGHT 调用 ANSYS 软件，其格式及内容如下：

```
"C:\Program Files\ANSYS Inc\v150\ANSYS\bin\winx64\ansys150.exe"
-b-i
bsmodel1.txt -o file.out
```

3. iSIGHT 平台搭建与优化结果

在 iSIGHT 软件中有集成 Pro/E、ANSYS 和 Calculator 三个模块，根据结构动力优化模型设置输入输出变量及优化算法，进行集成优化设计。iSIGHT 集成优化平台如图 9.43 所示。

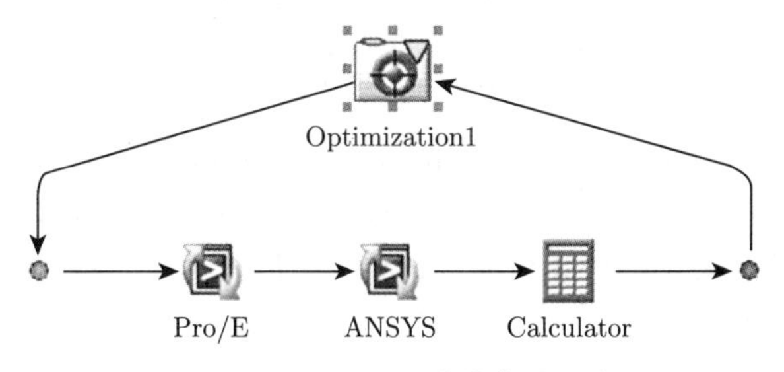

图 9.43 iSIGHT 优化集成平台

在 iSIGHT 设置监控，经过 83 步迭代取得最优目标值，主要参数的迭代过程和优化结果分别如图 9.44 和表 9.21 所示。

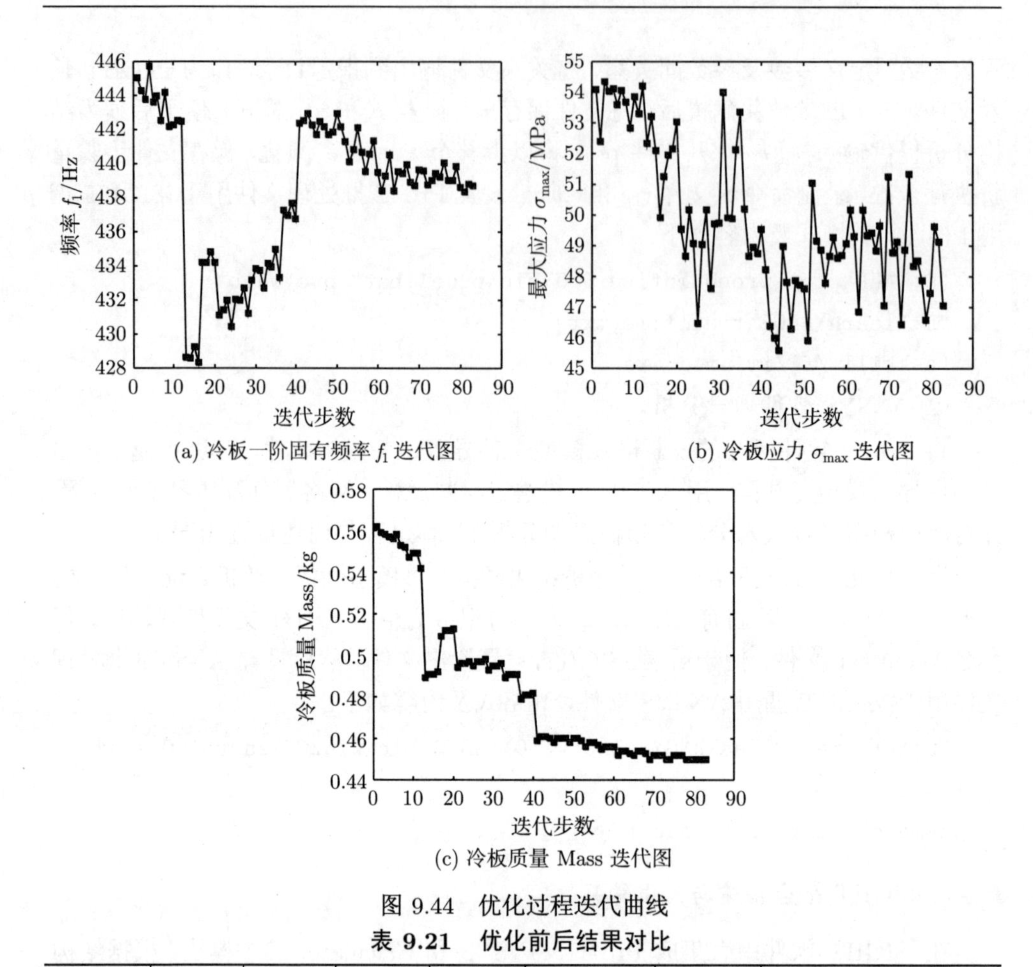

(a) 冷板一阶固有频率 f_1 迭代图

(b) 冷板应力 $\sigma_{\max}$ 迭代图

(c) 冷板质量 Mass 迭代图

图 9.44 优化过程迭代曲线

表 9.21 优化前后结果对比

结构参数	x_1/mm	x_2/mm	x_3/mm	f_1/Hz	$\sigma_{\max}$/MPa	Mass/kg	Mass变化百分比/%
优化前	1.2	1.5	3.5	433.81	54.078	0.562	19.93
优化后	0.503	0.764	0.83	438.711	47.055	0.45	

由优化结果表可以看出，经过结构动力优化，散热冷板质量有明显下降，质量由原模型 0.562kg 降低到 0.45kg，较初始模型质量下降了 19.93%，同时冷板结构强度和基频均能得到保证，优化后的冷板结构满足力学设计要求。

9.4 散热冷板结构–热集成优化设计

前面对微波组件散热冷板分别进行以供液能力和轻量化为目标的两种优化设计。然而，由于微波组件散热冷板上布置有大量发热器件，在进行冷板设计过程中，不仅需要考虑结构设计要求，还应考虑微波组件散热需求[51]。因此，为了设计出最佳的散热冷板，使其满足结构、散热和轻量化的需求，有必要对散热冷板进行结构–热集成优化设计[52-54]。

9.4.1 结构–热集成优化设计流程

基于前面流体参数优化和结构轻量化设计方法，这里对微波组件散热冷板进行结构–热集成优化设计的流程如图 9.45 所示。该方法可以使微波组件散热冷板既能满足散热设计要求，又能满足结构刚强度要求，并实现冷板的轻量化设计[55,56]。优化过程中首先需要对冷板进行参数化建模，其次对冷板进行热分析，若热分析不满足要求，则修改设计参数；若满足要求，则在此模型基础上进行结构分析，判断此时模型是否满足结构要求。若不满足要求，则返回顶层修改设计变量，进行重新设计；若满足要求，则继续判断冷板质量是否满足要求，如此循环得到最优的冷板参数[57-60]。

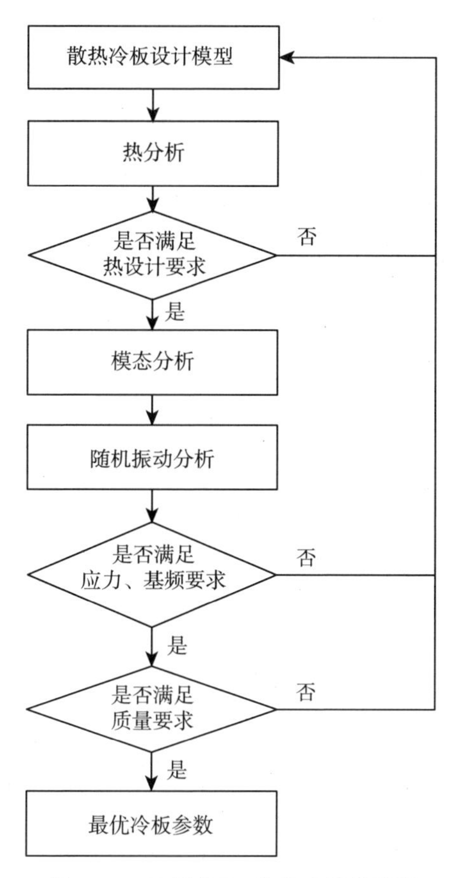

图 9.45 冷板结构–热集成优化流程

9.4.2 结构–热集成优化设计模型

微波组件结构–热集成优化的优化变量、优化目标和约束条件的选择，均以结构优化 (轻量化设计) 和热优化 (流体参数优化) 为基础[61,62]，选择冷板流道入口位置为左端，冷却液为乙二醇水溶液，冷却液入口温度为 20℃。

综合考虑结构和热设计要求，集成优化选择结构优化和热优化设计全部变量，即上盖板厚度 x_1、下盖板厚度 x_2、散热冷板壁厚 x_3、流道直径 D 和冷却液入口流速 v。同结构优化设计一样，集成优化选择冷板质量 Mass 最小为优化目标。

基于结构优化和热优化约束条件，具体集成优化的约束条件有：①根据加工工艺要求，对优化变量尺寸提出的限制，格筋及流道壁厚、盖板等厚度不小于 0.5mm，其他变量根据各变量尺寸的相互制约，调整变量上下限范围；②优化设计过程中为避开冷板共振频率，优化后冷板模型的一阶固有频率 f_1 应大于 432Hz；③为保证冷板强度要求，选择安全系数 $n = 2.5$，冷板最大应力 $\sigma_{\max}$ 不大于材料许用应力 50MPa；④要求集中式电源表面最高温度不超过 32℃，数字接收器和功率放大器表面最高温度不超过 40℃；⑤温度一致性方面要求流道进出口温差不超过 5℃，且功率放大器上的温差不超过 8℃；⑥流道进出口压降要求不大于 0.05MPa。

考虑集成优化模型特点，目标函数与变量间关系复杂，不能用显函数描述，此时适合用直接搜索的方法搜索最优值[63]，因此结构热集成优化采用 Hooke-Jeeves 算法。

根据以上确定的优化变量、优化目标和约束条件，建立如下集成优化模型：

$$
\begin{aligned}
&\text{Find } X = (x_1, x_2, x_3, D, v)\\
&\text{Min Mass}(X)\\
&\text{s.t.}\begin{cases}
432 - f_1 \leqslant 0,\ \sigma_{\max} - 50 \leqslant 0\\
\text{Theat}_1 \leqslant 32,\ \text{Theat}_2 \leqslant 40,\ \text{Theat}_3 \leqslant 40\\
\Delta T_1 \leqslant 8,\ \Delta T_2 \leqslant 5,\ \Delta P \leqslant 0.05\\
0.5 \leqslant x_1 \leqslant 1.2,\ 0.61 \leqslant x_2 \leqslant 1.5,\ 0.83 \leqslant x_3 \leqslant 3.5\\
2.0 \leqslant D \leqslant 3.0,\ 1.0 \leqslant v \leqslant 3.0
\end{cases}
\end{aligned}
\tag{9.4}
$$

式中，f_1 为散热冷板一阶固有频率 (Hz)；$\sigma_{\max}$ 为散热冷板 3σ 最大均方根应力值 (MPa)；Theat_1 为集中式电源表面最高温 (℃)；Theat_2 为数字接收器表面最高温 (℃)；Theat_3 为功率放大器表面最高温 (℃)；ΔT_1 功率放大器表面最大温差 (℃)；ΔT_2 为流道进出口温差 (℃)；ΔP 为流道进出口压降 (MPa)；x_1 为上盖板厚度 (mm)；x_2 为下盖板厚度 (mm)；x_3 为散热冷板壁厚 (mm)；D 为流道直径 (mm)；v 为冷却液入口流速 (m/s)。

9.4.3 集成优化过程及结果分析

采用 iSIGHT 软件设置结构–热集成优化设计，整个集成过程依次集成三维建模软件 Pro/E、网格划分软件 ICEM、热分析软件 CFX、结构分析软件 ANSYS，共七个模块：Pro/E、ICEM、CFXpre、CFXsolver、CFXpost、ANSYS、Calculator。其中，参照前述热优化方法建立散热冷板模型、设置热分析边界条件，并进行热分析，通过 iSIGHT 设置集成 Pro/E、ICEM、CFXpre、CFXsolver、CFXpost；参照结构优化方法将 Pro/E 模型导入 ANSYS，并对散热冷板进行网格划分，设置边界条件，进行模态分析和随机振动分析，通过 iSIGHT 设置集成 ANSYS，用 Calculator 对数据进行后处理。最后在 iSIGHT 中选择优化算法 Hooke-Jeeves，设置优化变量及其取值范围、优化目标和优化约束条件。具体 iSIGHT 集成过程如图 9.46 所示，各变量映射关系如图 9.47 所示

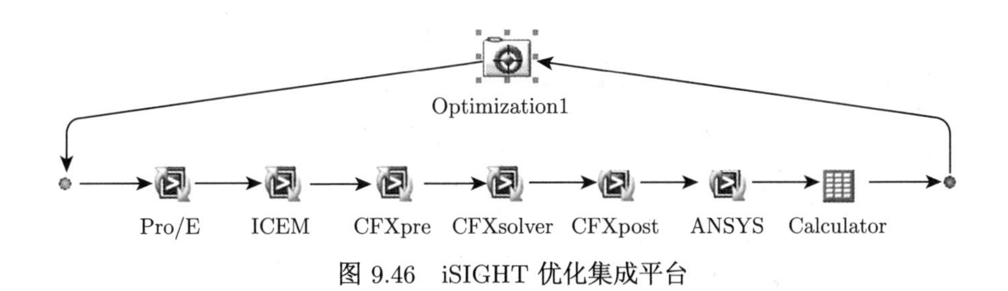

图 9.46 iSIGHT 优化集成平台

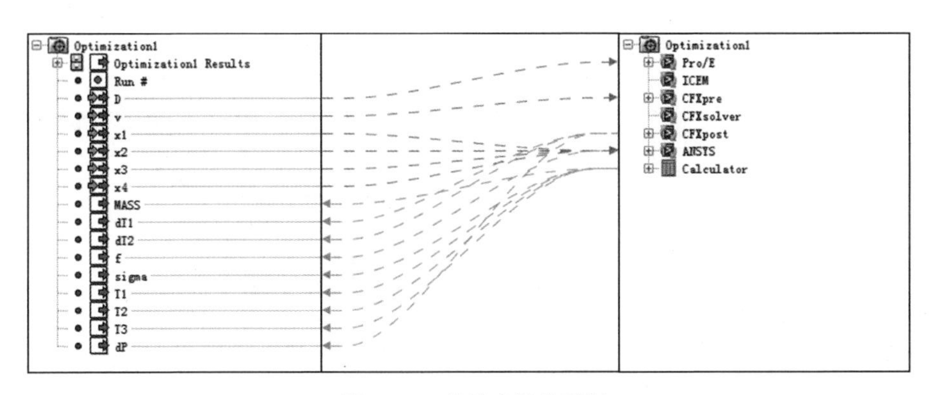

图 9.47 变量映射关系图

在 iSIGHT 软件中设置监控，经过 80 步迭代，微波组件散热冷板结构–热集成优化设计得到目标最优值，主要参数的迭代过程如图 9.48 所示，相应的优化前后数据对比如表 9.22 所示。

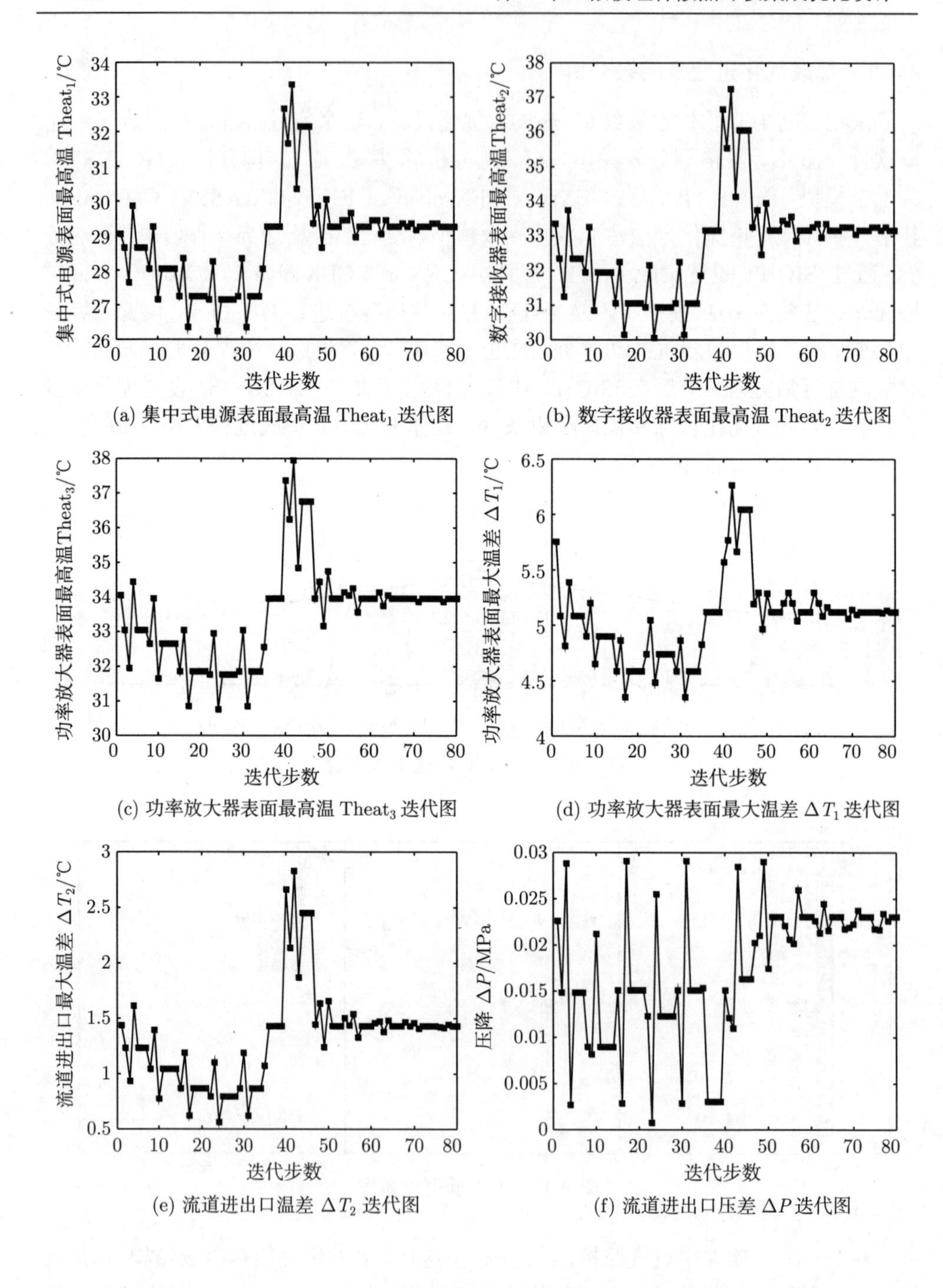

(a) 集中式电源表面最高温 Theat_1 迭代图

(b) 数字接收器表面最高温 Theat_2 迭代图

(c) 功率放大器表面最高温 Theat_3 迭代图

(d) 功率放大器表面最大温差 ΔT_1 迭代图

(e) 流道进出口温差 ΔT_2 迭代图

(f) 流道进出口压差 ΔP 迭代图

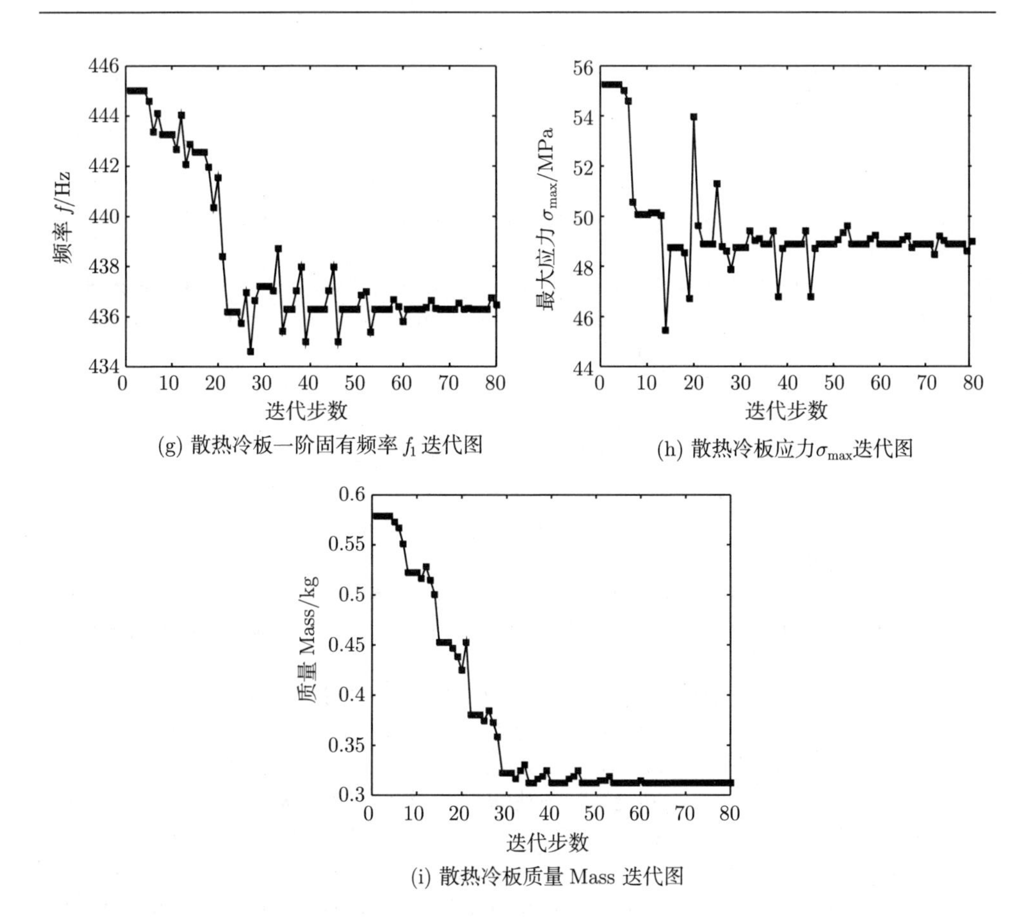

(g) 散热冷板一阶固有频率 f_1 迭代图

(h) 散热冷板应力$\sigma_{\max}$迭代图

(i) 散热冷板质量 Mass 迭代图

图 9.48　主要优化参数迭代曲线

表 9.22　集成优化前后对比数据

散热参数	x_1/mm	x_2/mm	x_3/mm	D/mm	v/(m/s)	f_1/mm	$\sigma_{\max}$/MPa
优化前	1.20	1.50	3.50	2.5	1.5	433.81	54.078
优化后	0.5	0.613	0.83	2.7	1.3	436.468	48.993
散热参数	Theat_1/℃	Theat_2/℃	Theat_3/℃	ΔT_1/℃	ΔT_2/℃	ΔP/MPa	Mass/kg
优化前	29.05	33.35	34.05	5.75	1.439	0.0226	0.562
优化后	29.25	33.15	33.95	5.119	2.508	0.0230	0.311

分析以上优化结果可以看出，经过结构热集成优化，散热冷板模型质量较初始质量有明显下降，优化后模型减轻 0.251kg，较原模型降低了 44.7%，而此时冷板既满足结构设计要求，又满足散热设计要求，冷板的结构–热集成优化设计取得了显著的效果[64]。可见，通过集成优化设计方法可以满足微波组件散热需求和结构设计指标，还可以实现散热冷板轻量化，解决了微波组件散热性能、结构性能与质

量要求之间的矛盾关系[65,66]。

参 考 文 献

[1] 徐尚龙, 秦杰, 胡广新. 芯片冷却用微通道散热结构热流耦合场数值研究[J]. 中国机械工程, 2011, 22(23): 2863-2866.

[2] PARLAK M, MCGLEN R J. Cooling of high power active phased array antenna using axially grooved heat pipe for a space application[C]. International Conference on Recent Advances in Space Technologies, 2015: 743-748.

[3] COPPOLA A. Reliability engineering of electronic equipment a historical perspective[J]. IEEE Transactions on Reliability, 1984, 33(1): 29-35.

[4] 刘立勇. 电子产品的可靠性与可靠性增长试验 [J]. 实用测试技术, 2001, 1.

[5] 李玉峰, 秦志刚. 某机载电子设备的抗振设计 [J]. 电子机械工程, 2007, 23(3): 3-6.

[6] STEINBERG D S. Vibration analysis for electronic equipment[M]. New York: Wiley-Interscience, 2000.

[7] GARIMELLA S V, FLEISCHER A S, MURTHY J Y, et al. Thermal challenges in next-generation electronic systems[J]. IEEE Transactions on Components and Packaging Technologies, 2008, 31(4): 801-815.

[8] 宋正梅. 微波组件天线微通道冷却技术研究 [D]. 西安: 西安电子科技大学, 2013.

[9] 虞庆庆, 范宁惠. 系留气球载雷达系统雷达结构总体分析 [J]. 现代雷达, 2010 (3): 88-90.

[10] 赵惇殳. 电子设备热设计 [M]. 北京: 电子工业出版社, 2009.

[11] 葛玮, 左言言, 沈哲. 车身有限元简化建模与几何清理研究[J]. 拖拉机与农用运输车, 2009, 36(4): 97-99.

[12] 赵韩, 钱德猛. 基于 ANSYS 的汽车结构轻量化设计 [J]. 农业机械学报, 2005, 36(6): 19-15.

[13] CHO E S, CHOI J W, YOON J S, et al. Modeling and simulation on the mass flow distribution in microchannel heat sinks with non-uniform heat flux conditions[J]. International Journal of Heat and Mass Transfer, 2010, 53(7): 1341-1348.

[14] SCHOEBEL J, BUCK T, REIMANN M, et al. Design considerations and technology assessment of phased-array antenna systems with RF MEMS for automotive radar applications[J]. IEEE Transactions on Microwave Theory and Techniques, 2005, 53(6): 1968-1975.

[15] LEE P S, GARIMELLA S V. Thermally developing flow and heat transfer in rectangular microchannels of different aspect ratios[J]. International Journal of Heat and Mass Transfer, 2006, 49(17): 3060-3067.

[16] 张割, 问建. 密集型窄缝矩形通道冷板的结构优化 [J]. 机械制造, 2012, 50(579).

[17] 孔祥举. 某雷达发射机热分析与冷却系统研究 [D]. 南京: 南京理工大学, 2008.

[18] COPELAND D, BEHNIA M, NAKAYAMA W. Manifold microchannel heat sinks: isothermal analysis[J]. IEEE Transactions on Components, Packaging, and Manufacturing Technology, 1997, 20(2): 96-102.

[19] LEE T Y T. Design optimization of an integrated liquid-cooled IGBT power module using CFD technique[J]. IEEE Transactions on Components and Packaging Technologies, 2000, 23(1): 55-60.

[20] 王延. 液冷冷板流动及传热特性的数值研究 [D]. 西安: 西安电子科技大学, 2012.

[21] 武洪云, 赵玉民. 机载远程监视雷达的体制研究 [J]. 无线电工程, 2015, 45(2): 60-63.

[22] ZHANG Y P, YU X L, FENG Q K, et al. Thermal performance study of integrated cold plate with power module[J]. Applied Thermal Engineering, 2009, 29(17): 3568-3573.

[23] SCOTT M. SAMPSON MFR active phased array antenna[J]. IEEE International Symposium on. Phased Array Systems and Technology, 2003: 119-123.

[24] 梅启元. 热仿真分析技术在相控阵雷达天线散热设计中的应用 [J]. 电子机械工程, 2007, 23(3).

[25] 陶汉中, 张红, 庄骏. 高速芯片模块热管散热器的数值传热分析 [J]. 南京工业大学学报, 2004, 26(1): 68-71.

[26] 魏忠良. 相控阵天线阵面的热设计 [J]. 电子机械工程, 2003, 19(4): 15-18.

[27] 林林, 吴睿, 张欣欣. 微通道热沉几何结构的多参数反问题优化 [J]. 浙江大学学报: 工学版, 2011, 45(4): 734-740.

[28] KURNIA J C, SASMITO A P, MUJUMDAR A S. Numerical investigation of laminar heat transfer performance of various cooling channel designs[J]. Applied Thermal Engineering, 2011, 31(6): 1293-1304.

[29] 张设林. 机载大型固态有源平面相控阵阵面的结构设计与综合初探 [J]. 现代雷达, 1997, 19(3): 93-96.

[30] 王艳. 基于机电热耦合的微波组件散热冷板热设计 [D]. 西安: 西安电子科技大学, 2014.

[31] 解金华, 邹吾松. 某机载 S 形深孔液冷板优化设计 [J]. 电子机械工程, 2014, (4): 1-4.

[32] 陈洁茹, 朱敏波, 齐颖. Icepak 在电子设备热设计中的应用 [J]. 电子机械工程, 2005, 21(1).

[33] SCHUH P, SLEDZIK H, REBER R, et al. T/R-Module technologies today and future trends[C]. Microwave Conference, 2010: 1540-1543.

[34] LUO X, MAO Z. Thermal modeling and design for microchannel cold plate with high temperature uniformity subjected to multiple heat sources[J]. International Communications in Heat and Mass Transfer, 2012, 39(6): 781-785.

[35] 王从思, 王伟, 宋立伟. 微波天线多场耦合理论与技术 [M]. 北京: 科学出版社, 2015.

[36] 李兆. 基于 S 型与 Z 型流道冷板的微波组件天线的热设计研究 [D]. 西安: 西安电子科技大学, 2014.

[37] QU W, MUDAWAR I. Experimental and numerical study of pressure drop and heat transfer in a single-phase micro-channel heat sink[J]. International Journal of Heat and Mass Transfer, 2002, 45(12): 2549-2565.

[38] KIM S J, SEO J K, DO K H. Analytical and experimental investigation on the operational characteristics and the thermal optimization of a miniature heat pipe with a grooved wick structure[J]. International Journal of Heat and Mass Transfer, 2003, 46(11): 2051-2063.

[39] KIM S J. Methods for thermal optimization of microchannel heat sinks[J]. Heat Transfer Engineering, 2004, 25(1): 37-49.

[40] 聂勇军, 廖启征. 基于 ISIGHT 的桁架结构优化设计 [J]. 煤矿机械, 2011, 32(2): 39-34.

[41] 平丽浩. 雷达热控技术现状及发展方向 [J]. 现代雷达, 2009, 5: 1-6.

[42] 孙建刚. 基于环境振动的实验模态分析方法研究 [D]. 哈尔滨: 哈尔滨工业大学,2006.

[43] 李苏泷, 赵德印. 空调机组盘管段设计研究 [J]. 制冷与空调, 2006, 5(6): 59-60.

[44] NAKAGAWA M, MORIKAWA E, KOYAMA Y, et al. Development of thermal control for phased array antenna[C]. Proceedings 21st International Communications Satellite Systems Conference, 2003: 2226.

[45] PRICE D C. A review of selected thermal management solutions for military electronic systems[J]. IEEE Transactions on Components and Packaging Technologies, 2003, 26(1): 26-39.

[46] 吕晓宇. 航空相机性能测试模拟仿真技术研究 [D]. 长春: 长春理工大学, 2008.

[47] 王建峰. 固态微波组件雷达热控制技术 [J]. 电子机械工程, 2008, 23(6): 27-32.

[48] 严伟, 姜伟卓, 禹胜林. 小型化、高密度微波组件微组装技术及其应用 [J]. 国防制造技术, 2009, 10(5): 43-47.

[49] 何庆强, 姚明, 任志刚. 结构功能一体化相控阵天线高密度集成设计方法 [J]. 电子元件与材料, 2015, 5.

[50] LU M C, WANG C C. Effect of the inlet location on the performance of parallel-channel cold-plate[J]. IEEE Transactions on Components and Packaging Technologies, 2006, 29(1): 30-38.

[51] WANG C S, DUAN B Y, ZHANG F S, et al. Coupled structural-electromagnetic-thermal modelling and analysis of active phased array antennas[J]. IET Microwaves, Antennas & Propagation, 2010, 4(2): 247-257.

[52] INCROPERA F P. Liquid cooling of electronic devices by single-phase convection[M]. New York: Wiley-Interscience, 1999.

[53] 王从思, 宋正梅, 康明魁, 等. 微通道冷板在微波组件天线上的应用 [J]. 电子机械工程, 2013, 1(1).

[54] WEI X, JOSHI Y. Optimization study of stacked micro-channel heat sinks for micro-electronic cooling[J]. IEEE Transactions on Components and Packaging Technologies, 2003, 26(1): 55-61.

[55] 吴金彪. 两种冷板结构设计的对比分析 [J]. 舰船电子对抗, 2002, 25(2): 45-48.

[56] KALENITCHENKO S P, RODIONOV R V. Clutter suppression in radar by quasi-continuous complex signal and processing algorithm structure optimization[C]. Proceedings of the Radar Conference, 2001: 438-443.

[57] WANG C S, DUAN B Y, QIU Y Y. On distorted surface analysis and multidisciplinary structural optimization of large reflector antennas[J]. Structural and Multidisciplinary Optimization. 2007, 33(6): 519-528.

[58] DUAN B Y, WANG C S. Reflector antenna distortion analysis using MEFCM[J]. IEEE Transactions on Antennas and Propagation, 2009, 57(10): 3409-3413.

[59] WANG C S, DUAN B Y, ZHANG F S, et al. Coupled structural-electromagnetic-thermal modelling and analysis of active phased array antennas[J]. IET Microwaves, Antennas & Propagation, 2010, 4(2): 247-257.

[60] WANG C S, DUAN B Y, ZHANG F S, et al. Analysis of performance of active phased array antennas with distorted plane error[J]. International Journal of Electronics, 2009, 96(5): 549-559.

[61] 王从思, 段宝岩, 仇原鹰. 电子设备的现代防护技术 [J]. 电子机械工程, 2005, 21(3): 1-4.

[62] 卢学成, 叶正寅, 张陈安. 基于 ANSYS/CFX 耦合的机翼颤振分析 [J]. 计算机仿真, 2010, 27(9): 88-91

[63] SEN S, TANG G, NEHORAI A. Multiobjective optimization of OFDM radar waveform for target detection[J]. IEEE Transactions on Signal Processing, 2011, 59(2): 639-652.

[64] STANGL M, WERNINGHAUS R, ZAHN R. The TerraSAR-X active phased array antenna[J]. IEEE International Symposium on Phased Array Systems and Technology, 2003: 70-75.

[65] 黄建. 毫米波微波组件 TR 组件集成技术 [J]. 电讯技术, 2011, 51(2): 1-6.

[66] 王从思. 天线机电热多场耦合理论与综合分析方法研究 [D]. 西安: 西安电子科技大学, 2007.